Wolfgang Forker

Elektrochemische Kinetik

Elektrochemische Kinetik

von
Prof. Dr. rer. nat. habil. WOLFGANG FORKER
Technische Universität Dresden

2. bearbeitete Auflage

Mit 39 Abbildungen und 1 Tabelle

AKADEMIE-VERLAG BERLIN
1989

ISBN 3-05-500486-8

Erschienen im Akademie-Verlag Berlin, Leipziger Straße 3–4, Berlin, DDR-1086

Lizenznummer: 202 · 100/518/89
Printed in the German Democratic Republic
Gesamtherstellung: VEB Druckhaus „Maxim Gorki", 7400 Altenburg
Lektor: Fritz Schulz
LSV 1215
Bestellnummer: 763 822 0 (5598)
02800

Vorwort zur zweiten Auflage

Die zweite Auflage dieses Buchs ist — wie die erste — als eine kurzgefaßte, systematische Einführung in die elektrochemische Kinetik für fortgeschrittene Studenten und bisher nicht speziell geschulte Interessenten unterschiedlichster Fachrichtungen in Forschung und Praxis gedacht. Wiederum wird besonderer Wert auf die Darstellung wesentlicher Grundaspekte gelegt, deren Kenntnis für das Verständnis, die vielfältige Nutzanwendung und die Erforschung elektrochemischer Reaktionsabläufe erforderlich ist.

Die Auswahl der behandelten Stoffgebiete sowie ihre Abfolge wurden nicht grundsätzlich verändert. Ausgehend von Abrissen über den Aufbau elektrochemischer Reaktionssysteme, über thermodynamische und kinetische Grundbegriffe sowie über experimentelle Methoden folgt die Beschreibung der kinetischen Gesetzmäßigkeiten bei Vorliegen jeweils nur einer der verschiedenen Überspannungsarten sowie bei deren Überlagerung. Daran schließen sich Kapitel an, die spezielle Aspekte häufig vorkommender und für die Praxis besonders wichtiger Elektrodenprozesse zum Gegenstand haben.

In den zwanzig Jahren nach dem Erscheinen der ersten Auflage sind die Erkenntnisse auf dem Gebiet der elektrochemischen Kinetik so bedeutend verbreitert und vertieft worden, daß insbesondere die spezielleren Kapitel weitgehend neu gegliedert und geschrieben werden mußten. Ein Kapitel über Halbleiterelektroden wurde neu eingefügt. Die Kapitel mit allgemeingültigerem Inhalt wurden überarbeitet und bezüglich einiger inzwischen routinemäßig angewandter methodischer Varianten — so etwa die Dreieckspannungsmethode, die Impedanzmessung oder die Ring-Scheiben-Elektrode — erweitert.

Schließlich wurden die Literaturhinweise durch zahlreiche Zitate ergänzt, so daß auch dem an speziellen Problemkreisen näher interessierten Leser der Zugang zu neueren Informationsquellen erleichtert wird.

Wolfgang Forker

Inhalt

Zusammenstellung häufiger verwendeter Symbole

a	Konstante der TAFELschen Gleichung
a_i^α	Aktivität des Stoffs X_i im Inneren einer Phase α
a_i^*	Aktivität des Stoffs X_i am Rande der elektrochemischen Doppelschicht
a_i^{**}	Aktivität des Stoffs X_i am Rande der Durchtrittsschicht
$a_{i,gl}$	Aktivität a_i im Gleichgewicht der Bruttoreaktion
A	Fläche
A_r	chemische Reaktionsaffinität
$\tilde{A}_r$	elektrochemische Reaktionsaffinität
b	Konstante der TAFELschen Gleichung
c_i	Konzentration des Stoffs X_i (nähere Bezeichnung s. Aktivität a_i)
C_d	Diffusionskapazität
C_{diffus}	Kapazität des diffusen Anteils der elektrochemischen Doppelschicht
C_D	differentielle Kapazität der elektrochemischen Doppelschicht
C_f	FARADAY-Kapazität
C_K	Kristallisationskapazität
C_p	Polarisationskapazität
C_R	Reaktionskapazität
C_{starr}	Kapazität des starren Anteils der elektrochemischen Doppelschicht
D_i	Diffusionskoeffizient des Stoffs X_i
e^-	Elektron
E	Energie
E_F	FERMI-Energie
f_i	Aktivitätskoeffizient des Stoffs X_i
F	FARADAY-Konstante (Äquivalentladung)
g	Galvanispannung
g_{gl}	Gleichgewichts-Galvanispannung einer Elektrode
g_I	Galvanispannung einer Elektrode bei Stromfluß
g_0	Galvanispannung bei Abwesenheit eines Stromflusses
g^*	Galvanispannung über der elektrochemischen Doppelschicht
g^{**}	Galvanispannung über der Durchtrittsschicht
Δg_I	Polarisation einer Elektrode ($\Delta g_I = g_I - g_0$)
G	freie Enthalpie
i	Gesamtstromdichte ($i = I/A$)

i_i	Teilstromdichte bezüglich des Stoffs X_i
i_c	kapazitive Stromdichte
i_r	Reaktionsstromdichte (Dichte des FARADAYschen Stroms)
i_0	Austauschstromdichte
i_{00}	Standard-Austauschstromdichte
i_a, i_k	anodische bzw. katodische Teilstromdichte
$i_{gr,i}$	Diffusions-Grenzstromdichte bezüglich des Stoffs X_i
$i_{gr,R}$	Reaktionsgrenzstromdichte
i_{max}	Amplitude der Stromdichte bei Wechselstrom
I	Gesamtstromstärke (nähere Bezeichnung wie bei Stromdichte i)
$\bar{I}$	mittlere Stromstärke (Polarographie)
k	Reaktionsgeschwindigkeitskonstante
k_a, k_k	Geschwindigkeitskonstante für eine anodische bzw. katodische Durchtrittsreaktion
K	Gleichgewichtskonstante
K_D	integrale Kapazität der elektrochemischen Doppelschicht
n_i	Menge des Stoffs X_i (Maßeinheit: 1 mol)
p, p_i	chemische Reaktionsordnung bezüglich des Stoffs X bzw. X_i
q	Elektrizitätsmenge, Ladungsdichte
r	elektrochemische Bruttoreaktion
r^{**}	Durchtrittsreaktion
R	allgemeine Gaskonstante
R	chemische Bruttoreaktion
R_d	Diffusionswiderstand
R_D	Durchtrittswiderstand
R_f	FARADAY-Widerstand
R_K	Kristallisationswiderstand
R_p	Polarisationswiderstand
R_R	Reaktionswiderstand
R_Ω	OHMscher Widerstand
$\mathfrak{R}_d$	Diffusionsimpedanz, WARBURG-Impedanz
$\mathfrak{R}_f$	FARADAY-Impedanz
$\mathfrak{R}_K$	Kristallisationsimpedanz
$\mathfrak{R}_p$	Polarisationsimpedanz
$\mathfrak{R}_R$	Reaktionsimpedanz
t	Zeit
t_i	Überführungszahl des Stoffs X_i
T	absolute Temperatur
v	Geschwindigkeit
v_0	Austausch-Reaktionsgeschwindigkeit
V	Molvolumen
U	elektrische Spannung, Zellspannung
U_B	Spannung einer Bezugszelle, Elektrodenpotential
U^0	Standard-Elektrodenpotential

U_{gl}	Gleichgewichts-Zellspannung bzw. -Elektrodenpotential
U_F	FLADE-Potential
U_0	Zellspannung im stromlosen Zustand einer Zelle, Ruhepotential einer Elektrode
U_I	Zellspannung bei Stromfluß durch eine Zelle
ΔU_I	Zell- bzw. Elektrodenpolarisation ($\Delta U_I = U_I - U_0$)
X	allgemein ein an der Durchtrittsreaktion beteiligter Stoff
X^z	durchtrittsfähiger Ladungsträger
X_i	ein beliebiger, am Aufbau der Elektrode beteiligter Stoff
X_j und X_k	allgemein die Ausgangs- bzw. Endstoffe einer Bruttoreaktion
X_o, X_r	ein an der Durchtrittsreaktion beteiligter oxydierter bzw. reduzierter Stoff
z	Durchtrittswertigkeit
z_i	Ladungszahl des Stoffs X_i
z_r	Reaktionsladungszahl, Elektrodenreaktionswertigkeit
α	Durchtrittsfaktor
α	allgemeine Bezeichnung für eine stoffliche Phase
β	Phasenwinkel bei Wechselstrom
δ	Dicke der Diffusionsschicht
δ_R	Dicke der Reaktionsschicht
η	Überspannung einer einfachen Elektrode bzw. einer elektrochemischen Reaktion ($\eta = g_I - g_{gl}$)
η^{**}	Überspannung über der Durchtrittsschicht
η_c	Konzentrationsüberspannung
η_d	Diffusionsüberspannung
η_D	Durchtrittsüberspannung
η_K	Kristallisationsüberspannung
η_R	Reaktionsüberspannung
$\varkappa$	spezifische Leitfähigkeit
Θ_i	Bedeckungsgrad einer Fläche mit einem Stoff X_i
$\Theta_{i,gl}$	Gleichgewichts-Bedeckungsgrad
$\Delta\lambda_r$	Reaktionslaufzahl
μ_i	chemisches Potential des Stoffs X_i
μ_i^0	chemisches Standardpotential des Stoffs X_i
$\tilde{\mu}_i$	elektrochemisches Potential des Stoffes X_i
ν, ν_i	stöchiometrischer Koeffizient des Stoffs X bzw. X_i in einer Bruttoreaktionsgleichung
$\nu_{o,i}$, $\nu_{r,i}$	elektrochemische Reaktionsordnungen
ν_L	kinematische Viskosität
φ	Galvanipotential
τ	Zeitkonstante, Transitionszeit
ω	Winkelgeschwindigkeit, Kreisfrequenz

Einleitung

Die elektrochemische Kinetik ist ein Teilgebiet der Elektrochemie. Sie befaßt sich in Analogie zur chemischen Kinetik mit dem zeitlichen Ablauf und dem Mechanismus elektrochemischer Reaktionen. Im Mittelpunkt des Interesses stehen dabei die Art und Geschwindigkeit der elementaren Teilvorgänge, deren Zusammenwirken den jeweiligen Gesamtverlauf einer Reaktion bestimmt.

Unter einer elektrochemischen Reaktion versteht man eine heterogene Reaktion zwischen Bestandteilen zweier sich berührender, elektrisch leitender Phasen, in deren Verlauf ein Durchtritt von elektrischen Ladungsträgern (Ionen oder Elektronen) und damit ein Stromfluß durch die Phasengrenzfläche stattfindet.

Das aus den beiden Phasen (z. B. I und II) bestehende Reaktionssystem wird als Elektrode bezeichnet. In mindestens einer der beiden Phasen muß eine Wanderung von Ionen möglich sein.

Die im Rahmen der elektrochemischen Kinetik sowohl experimentell als auch theoretisch besonders eingehend untersuchten Elektroden sind die Systeme Metall(I)/Elektrolytlösung (II). Im allgemeinen Sprachgebrauch verwendet man hier den Begriff Elektrode auch häufig nur für das in die Lösung eintauchende Metall.

In manchen Fällen befindet sich zwischen dem Metall und der Elektrolytlösung noch eine weitere feste Phase (III), z. B. eine dem Metall anhaftende Salz- oder Oxidschicht. Ist eine solche Schicht elektrisch leitend, so kann das System Metall (I)/feste Phase (III)/Elektrolytlösung (II) vom Standpunkt der elektrochemischen Kinetik aus zwei Elektroden bestehen, da sowohl zwischen dem Metall (I) und der festen Phase (III) als auch zwischen der Phase (III) und der Lösung (II) elektrochemische Reaktionen ablaufen können. Im Falle einer porösen Deckschicht (III) ist infolge der unmittelbaren Berührung des Metalls (I) mit der Lösung (II) schließlich noch eine dritte Elektrode zu berücksichtigen. Auch hier wird der Begriff Elektrode im allgemeinen Sprachgebrauch vielfach nur für das Metall (I) einschließlich der Deckschicht (III) oder aber auch für das gesamte Dreiphasensystem verwendet.

Für die Kinetik elektrochemischer Reaktionen gelten in vieler Hinsicht ähnliche Gesetzmäßigkeiten wie für die Kinetik heterogener chemischer Reaktionen, bei denen kein Ladungsübergang zwischen den beiden benachbarten Phasen stattfindet. Insbesondere setzt sich auch eine elektrochemische Reaktion aus einer Folge von Teilvorgängen zusammen, wobei der am stärksten gehemmte Vorgang die Geschwindigkeit der Gesamtreaktion bestimmt.

Die Besonderheit elektrochemischer Reaktionen besteht jedoch darin, daß ihre Geschwindigkeit wegen des Übergangs von elektrischen Ladungsträgern von der einen in die andere Phase einer Elektrode noch von der Größe und dem Verlauf des elektrischen Potentialgefälles in der Phasengrenzschicht abhängt. Die Untersuchung dieses Einflusses erfordert den Einsatz spezieller (insbesondere elektrischer) Meßverfahren und führt zu spezifischen Aufgabenstellungen, die im Rahmen der Kinetik rein chemischer Reaktionen nicht auftreten.

1. Die elektrochemische Doppelschicht

Jede elektrochemische Reaktion zwischen irgendwelchen Bestandteilen der beiden aneinandergrenzenden Phasen einer Elektrode verläuft innerhalb der Phasengrenzschicht. Die Grenzschicht umfaßt diejenigen Bereiche zu beiden Seiten der Berührungsfläche der Phasen, die sich hinsichtlich ihrer Zusammensetzung und/oder Struktur von dem Inneren der jeweiligen Phase unterscheiden.

Die speziellen Eigenschaften wie auch der gesamte Aufbau der Phasengrenzschicht bestimmen in hervorragendem Maße die Kinetik elektrochemischer Reaktionen [1] und müssen daher einleitend etwas näher behandelt werden.

1.1. Begriff der elektrochemischen Doppelschicht

Wenn zwei elektrisch leitende Phasen, z. B. ein Metall und eine Elektrolytlösung, miteinander in Berührung stehen, so tritt zwischen ihnen in der Regel eine elektrische Potentialdifferenz auf. Diese Potentialdifferenz resultiert aus zwei speziellen Struktureigenschaften der Phasengrenzschicht:

a) In der Randzone jedes elektrischen Leiters befinden sich elektrische Dipolschichten, die zur Ausbildung einer Oberflächenpotentialdifferenz führen.

Am Rande eines Metalls ist eine solche Dipolschicht z. B. dadurch bedingt, daß das Elektronengas auf Grund der kinetischen Energie der Metallelektronen ein wenig über die äußerste Lage der positiven Metallionen hinausgeht. Hierbei entsteht eine Dipolschicht, deren positive Seite nach dem Inneren des Metalls gerichtet ist. Sie existiert unabhängig davon, ob das Metall z. B. an Vakuum oder an eine Elektrolytlösung grenzt. Jedoch ist die Größe des durch die Dipolschicht verursachten Potentialgefälles von dem an das Metall angrenzenden Medium abhängig. Über den Absolutwert dieses Potentialgefälles kann gegenwärtig keine genaue Angabe gemacht werden, da er experimentell nicht zugängig ist und die zu seiner Berechnung erforderlichen Kenntnisse über den Verlauf der Elektronendichte am Metallrand bisher noch unvollkommen sind [2].

Auf der Lösungsseite der Grenzschicht zwischen einem Metall und einer Elektrolytlösung entstehen Dipolschichten durch die orientierte Adsorption von in der Lösung anwesenden Dipolmolekülen (z. B. H_2O oder organische Moleküle mit polaren Gruppen) oder durch Adsorption von Atomen und Molekülen, in denen ein Dipolmoment induziert werden kann (z. B. O-Atome). Auch eine Lage von unmittelbar an der Metalloberfläche adsorbierten positiven oder negativen Ionen ergibt zusammen mit einer lösungsseitig angrenzenden äquivalenten Lage von solvatisierten Gegenionen eine (in sich elektrisch neutrale) Dipolschicht.

b) Vielfach enthält eine elektrisch leitende Phase an ihrer Oberfläche einen Überschuß von positiven oder negativen Ladungen in Form von Ionen oder Elektronen. Auch bei Berührung zweier Phasen kommt es infolge der Influenzwirkung der beiden Oberflächendipolschichten und eines direkten Übergangs von Ladungsträgern häufig zur Ausbildung einer Ladungsdoppelschicht. Dabei entspricht den überschüssigen Ionen oder Elektronen auf der einen Seite der Phasenberührungsfläche stets eine äquivalente Überschußmenge von entgegengesetzt geladenen Ladungsträgern auf der anderen Seite der Berührungsfläche.

Die Ladungsdoppelschicht und die erwähnten Dipolschichten bilden zusammen die elektrochemische Doppelschicht. Ihre Struktur bestimmt einerseits die Größe und den Verlauf des elektrischen Potentialgefälles zwischen den beiden Phasen einer Elektrode und andererseits die Konzentrationen und Energiezustände der am Ablauf einer elektrochemischen Reaktion beteiligten Stoffe in der Phasengrenzschicht.

1.2. Galvanispannung einer Elektrode

Für die elektrochemische Kinetik ist insbesondere das elektrische Potentialgefälle über der Phasengrenzschicht einer Elektrode Phase I/Phase II von Interesse.

Sind φ^{I} und φ^{II} die (mittleren) elektrischen Potentiale[1]) an den Rändern der Phasengrenzschicht in der Phase I bzw. II (Abb. 1.1.), so bezeichnet man die

---

[1]) Das elektrische Potential φ an einer beliebigen Stelle P ist definiert durch die Beziehung $\varphi = \lim\limits_{q \to 0} (w_e/q)$. Dabei bedeutet w_e die elektrische Arbeit bei dem (sehr langsamen) Transport der Ladung q von einem unendlich weit entfernten Punkt P_∞ bis zur Stelle P, vorausgesetzt, daß im Ausgangspunkt P_∞ von vornherein keine elektrischen Ladungen oder Materieteilchen auf q einwirken. Das Potential φ^α im Inneren einer Phase α wird vielfach speziell als inneres elektrisches Potential (GALVANI-Potential) bezeichnet, ist aber nicht meßbar. Es setzt sich nach $\varphi^\alpha = \psi^\alpha + \chi^\alpha$ aus dem Oberflächenpotential χ^α (verursacht durch Oberflächendipolschichten) und dem meßbaren äußeren elektrischen Potential oder VOLTA-Potential ψ^α (verursacht durch Überschußladungen in der Oberflächenschicht der Phase α) zusammen [3].

Differenz $\varphi^{\mathrm{I}} - \varphi^{\mathrm{II}}$ als Galvanispannung ${}^{\mathrm{I}}g^{\mathrm{II}}$ der Elektrode:

$$\boxed{\varphi^{\mathrm{I}} - \varphi^{\mathrm{II}} = {}^{\mathrm{I}}g^{\mathrm{II}}.} \tag{1.1}$$

Nach den Ausführungen in Kap. 1.1., enthält die gesamte Galvanispannung ${}^{\mathrm{I}}g^{\mathrm{II}}$ zwei Anteile, von denen der eine (g_{Dipol}) durch die Dipolschichten und der andere ($g_{\text{Überschußladungen}}$) durch die Ladungsdoppelschicht verursacht wird; es gilt daher

$${}^{\mathrm{I}}g^{\mathrm{II}} = g_{\mathrm{Dipol}} + g_{\text{Überschußladungen}}. \tag{1.2}$$

Bei Abwesenheit eines Stromflusses durch die Elektrode erstreckt sich die Phasengrenzschicht gerade über den Bereich der elektrochemischen Doppelschicht (I — II $\triangleq$ I* — II*), so daß die Galvanispannung der Elektrode gleich der Potentialänderung über der Doppelschicht ist (${}^{\mathrm{I}}g^{\mathrm{II}} = {}^{\mathrm{I}^*}g^{\mathrm{II}^*}$). Im (homogenen) Inneren der elektrisch leitenden Phasen ist das Potential überall konstant.

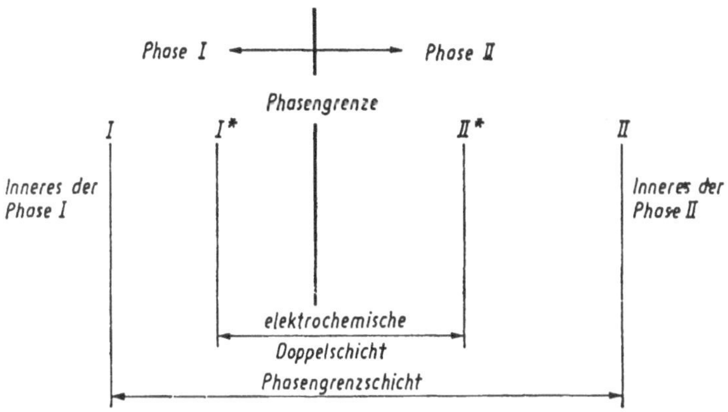

Abb. 1.1. Schematische Darstellung des Aufbaus einer Elektrode

Fließt hingegen ein Strom durch die Elektrode, so treten infolge des damit verbundenen Stoffumsatzes auch noch außerhalb der elektrochemischen Doppelschicht mehr oder weniger große Konzentrationsunterschiede einzelner Phasenbestandteile gegenüber dem Inneren der Phasen auf. Dies bedeutet, daß sich die Phasengrenzschicht über den Bereich der Doppelschicht hinaus ausweitet. Die Galvanispannung der Elektrode setzt sich dann nach der Beziehung

$${}^{\mathrm{I}}g^{\mathrm{II}} = {}^{\mathrm{I}}g^{\mathrm{I}^*} + {}^{\mathrm{I}^*}g^{\mathrm{II}^*} + {}^{\mathrm{II}^*}g^{\mathrm{II}} \tag{1.3}$$

allgemein aus der Galvanispannung ${}^{I^*}g^{II^*}$ über der Doppelschicht (I* bis II*) und je einer Potentialdifferenz zwischen dem Rande der Phasengrenzschicht und dem Rande der Doppelschicht in der Phase I bzw. II zusammen. Außerdem treten bei Stromfluß auch im Inneren beider Phasen noch mehr oder weniger große OHMsche Potentialabfälle auf.

Da — wie schon erwähnt — keine genauen Aussagen über den Anteil g_{Dipol} möglich sind, so lassen sich bisher keine Absolutwerte, sondern nur Änderungen von Galvanispannungen zwischen zwei verschiedenen Phasen angeben [4].

1.3. Struktur der elektrochemischen Doppelschicht

1.3.1. Prinzipieller Aufbau

Im einfachsten Fall besteht die Ladungsdoppelschicht in der Phasengrenzschicht z. B. zwischen einem Metall (oder auch Halbleiter) und einer Elektrolytlösung aus überschüssigen Ionen bzw. Elektronen auf dem Metall und einer äquivalenten Menge entgegengesetzt geladener, solvatisierter Überschußionen in der Lösungsphase.

Infolge der elektrostatischen Anziehungskräfte sind die Überschußladungen bestrebt, sich beiderseits der Grenzfläche in zwei zueinander parallelen Schichten mit dem kleinstmöglichen Abstand anzuordnen. Dieses von HELMHOLTZ vorgeschlagene Modell der Doppelschicht entspricht etwa einem geladenen Plattenkondensator (Abb. 1.2a) mit dem Unterschied, daß auch bei Abwesenheit von Überschußladungen, d. h. im ungeladenen Zustand, noch eine elektrische Potentialdifferenz g_{Dipol} verbleibt. Die zur Metalloberfläche parallele Fläche, in der die Mittelpunkte der solvatisierten Überschußionen liegen, wird als äußere HELMHOLTZ-Fläche (gelegentlich auch als GOUY-Fläche) bezeichnet.

Dem vollkommenen Ordnungszustand nach Abb. 1.2a. wirkt jedoch stets die Wärmebewegung (BROWNsche Molekularbewegung) der Ladungsträger entgegen, die eine gleichmäßige Verteilung der Überschußladungen über die gesamte zugehörige Phase anstrebt.

Aus der Wechselwirkung zwischen den elektrostatischen Kräften und der Wärmebewegung resultiert daher nach STERN eine Raumladungsverteilung, bei der im allgemeinen Fall auf beiden Seiten der Grenzfläche nur ein mehr oder weniger großer Anteil der Überschußladungen den kleinstmöglichen Abstand von der Grenzfläche hat, während die übrigen Ladungen mit allmählich abnehmender Dichte diffus in das Innere der jeweiligen Phase zerstreut sind (Abb. 1.2b.).

Die gesamte elektrochemische Doppelschicht enthält somit einen starren

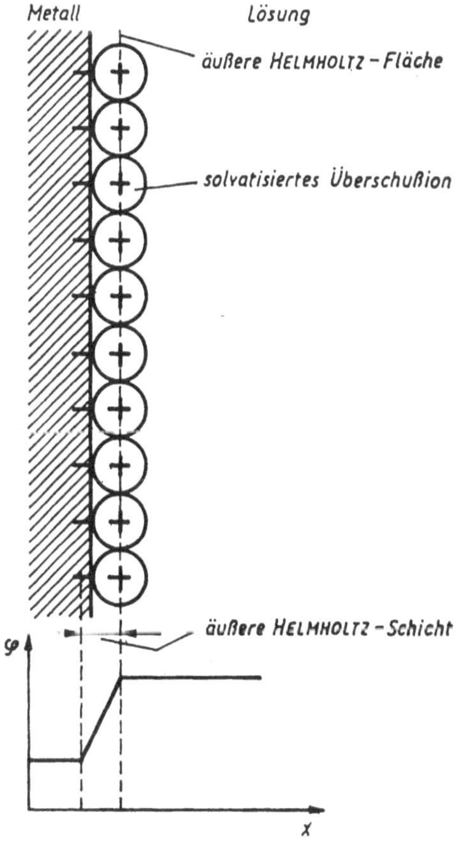

Abb. 1.2a. Aufbau der elektrochemischen Doppelschicht und Verlauf des elektrischen Potentials nach HELMHOLTZ

Anteil (starre Schicht) und daran anschließend auf beiden Seiten je einen diffusen Anteil (diffuse Schicht). Die starre Schicht wird häufig als (äußere) HELMHOLTZ-Schicht bezeichnet; für die diffuse Schicht findet man in der Literatur mitunter die Bezeichnung GOUY-Schicht.

Auf der Metallseite der Doppelschicht ist die diffuse Zerstreuung der Ladungsträger (Elektronen) wegen der großen elektrischen Leitfähigkeit vernachlässigbar gering und daher in Abb. 1.2b. nicht berücksichtigt. In Halbleitern hingegen kann der diffuse Anteil der Doppelschicht recht groß werden [6].

Auf der Lösungsseite erreicht die Dicke der diffusen Schicht bei geringen Ionenstärken (geringer Leitfähigkeit) der Lösung Werte in der Größenordnung von 10^{-4} cm. Bei hohen Ionenstärken ist sie auch hier erheblich geringer ($10^{-7} \cdots 10^{-8}$ cm) und kann dann meist vernachlässigt werden.

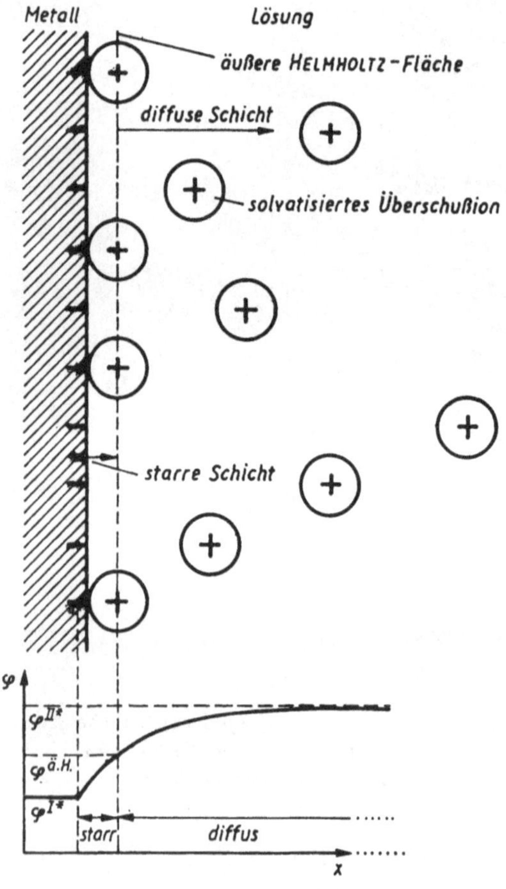

Abb. 1.2b. Aufbau der elektrochemischen Doppelschicht und Verlauf des elektrischen Potentials nach Stern

Der Aufbau der starren Schicht wird häufig dadurch kompliziert, daß die in der Lösung vorhandenen Kationen oder Anionen vielfach auch unmittelbar an der Oberfläche des Metalls (oder auch Halbleiters) adsorbiert werden können. Diese spezifisch adsorbierten Ionen haben im Gegensatz zu den solvatisierten Ionen in der äußeren Helmholtz-Fläche ihre Solvathülle metallseitig abgestreift. Ihre Mittelpunkte liegen in der sog. inneren Helmholtz-Fläche (Abb. 1.2c.). Der Bereich zwischen Metalloberfläche und innerer Helmholtz-Fläche wird als innere Helmholtz-Schicht bezeichnet.

Schließlich ist noch zu berücksichtigen, daß auch die Lösungsmittelmoleküle selbst und sonst noch in der Lösung enthaltene Moleküle, z. B. kapillaraktive

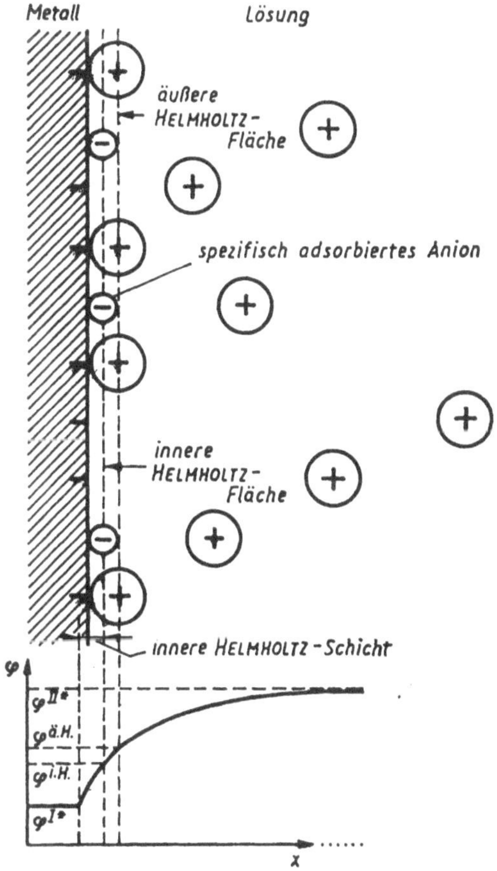

Abb. 1.2c. Aufbau der elektrochemischen Doppelschicht und Verlauf des elektrischen Potentials bei Anwesenheit spezifisch adsorbierter Ionen

organische Stoffe oder gelöste Gase, an der Metalloberfläche in spezifischer Weise adsorbiert werden.

Entsprechend der Aufteilung der elektrochemischen Doppelschicht in einen starren und einen diffusen Anteil setzt sich die Galvanispannung ${}^{\mathrm{I}^*}g^{\mathrm{II}^*} = g^*$ über der Doppelschicht einer Elektrode Metall (I)/Lösung (II) additiv aus den beiden Anteilen

$$g_{\mathrm{starr}} = \varphi^{\mathrm{I}^*} - \varphi^{\mathrm{ä.H.}} \tag{1.4a}$$

und

$$g_{\mathrm{diffus}} = \varphi^{\mathrm{ä.H.}} - \varphi^{\mathrm{II}^*} \tag{1.4b}$$

zusammen, so daß

$$g^* = g_{\text{starr}} + g_{\text{diffus}} \tag{1.5}$$

(siehe dazu Abb. 1.2b.).

Die Galvanispannung g_{starr} kann bei Anwesenheit spezifisch adsorbierter Ionen weiterhin in die beiden Anteile

$$\varphi^{\text{I}^*} - \varphi^{\text{i.H.}} \quad \text{und} \quad \varphi^{\text{i.H.}} - \varphi^{\text{ä.H.}}$$

aufgeteilt werden, so daß

$$\begin{aligned} g_{\text{starr}} &= (\varphi^{\text{I}^*} - \varphi^{\text{i.H.}}) + (\varphi^{\text{i.H.}} - \varphi^{\text{ä.H.}}) \\ &= g_{\text{i.H.}} + g_{\text{i.H.-ä.H.}} \end{aligned} \tag{1.6}$$

(siehe dazu Abb. 1.2c.).

1.3.2. Doppelschichtkapazität

Die genauesten Auskünfte über die Struktur der elektrochemischen Doppelschicht erhält man durch die experimentelle Bestimmung der Doppelschichtkapazität. Das Prinzip der Meßmethode besteht darin, daß der Metalloberfläche (und damit gleichzeitig auch der Lösungsseite der Doppelschicht) bei vorgegebener Galvanispannung ${}^{\text{I}}g^{\text{II}} = g$ eine Ladungsmenge Δq_M $(= -\Delta q_L)$ pro Flächeneinheit zugeführt wird und die dadurch hervorgerufene Änderung Δg der Galvanispannung ermittelt wird. Messungen dieser Art können nach ähnlichen Verfahren durchgeführt werden, wie sie auch zur Messung der Kapazität von gewöhnlichen Kondensatoren verwendet werden (z. B. Wechselstrommethoden, Impulsmethoden) [7].

Bei der Bestimmung der Doppelschichtkapazität einer Elektrode ist jedoch besonders zu beachten, daß die zugeführte Ladungsmenge nicht für irgendeine elektrochemische Reaktion verbraucht wird, d. h., daß kein Ladungsübergang von der einen in die andere Phase der Elektrode stattfindet. Elektroden, die diese Eigenschaft aufweisen, werden als ideal polarisierbar bezeichnet.

Die ideal polarisierbare Elektrode ist allerdings ein Grenzfall. In der Praxis verhält sich jede Elektrode mehr oder weniger wie ein Verlustkondensator, d. h. wie ein Kondensator, dem ein gewisser OHMscher Widerstand parallel geschaltet ist. Der Verluststrom ist um so geringer, je kleiner die Zeit zur Auf- bzw. Entladung des Doppelschichtkondensators gewählt wird.

Die experimentellen Ergebnisse haben gezeigt, daß die Doppelschichtkapazität im Unterschied zur Kapazität eines gewöhnlichen Plattenkondensators in der Regel nicht konstant ist, sondern von der Ladungsdichte q_M bzw. der Galvanispannung g abhängt. Will man diese Abhängigkeit experimentell unmittelbar erfassen, dann müssen die pro Flächeneinheit zugeführten Ladungsmengen Δq_M bzw. die entsprechenden Galvanispannungsänderungen Δg genügend klein sein.

Der Grenzwert des Quotienten $\Delta q_M/\Delta g$

$$\lim_{\Delta q_M \to 0} \frac{\Delta q_M}{\Delta g} = \frac{\partial q_M}{\partial g} = C_D \tag{1.7}$$

liefert die differentielle Doppelschichtkapazität C_D (bezogen auf die Einheit der Elektrodengrenzfläche).

Demgegenüber bezeichnet man den Quotienten

$$\frac{q_M}{g - g_{\mathrm{Null}}} = K_D \tag{1.8}$$

als integrale Doppelschichtkapazität K_D. g_{Null} bedeutet dabei die Galvanispannung über der Doppelschicht bei Abwesenheit von Überschußladungen ($q_M = 0$; $g = g_{\mathrm{Dipol}}$). Die Definition (1.8) berücksichtigt, daß die Kapazität für $q_M = 0$ ($g = g_{\mathrm{Null}} \pm 0$) naturgemäß nicht gleich Null werden kann. Die Differenz zwischen g_{Null} und der Galvanispannung einer geeigneten Bezugselektrode (z. B. der Standard-Wasserstoffelektrode aus dem gleichen Elektrodenmaterial, siehe dazu Kap. 2.8.3.) wird als Nulladungspotential oder LIPPMANN-Potential bezeichnet (siehe dazu Kap. 1.3.5.).

Zwischen C_D und K_D besteht nach Gl. (1.7) und (1.8) die Beziehung

$$C_D = K_D + (g - g_{\mathrm{Null}}) \cdot \frac{\partial K_D}{\partial g}. \tag{1.9}$$

Die Werte der differentiellen Doppelschichtkapazitäten von Elektroden Metall/wäßrige Elektrolytlösung liegen etwa in der Größe von 5···50 μF/cm². Sie hängen von der Art des Metalls, von der Zusammensetzung der Elektrolytlösung, von der Temperatur und von der Ladungsdichte q_M bzw. der Galvanispannung g ab.

Abbildung 1.3. zeigt den typischen Verlauf von C_D-($g - g_{\mathrm{Null}}$)-Kurven am Beispiel der Elektrode Hg/wäßrige NaF-Lösung bei Zimmertemperatur [8].

Zur Analyse und Deutung des Kapazitätsverlaufs ist es häufig zweckmäßiger, C_D nicht als Funktion der Galvanispannung, sondern in Abhängigkeit von der Ladungsdichte q_M darzustellen. q_M ist am genauesten durch Integration der Beziehung (1.7) zugängig:

$$\int_0^{q_M} dq_M = q_M = \int_{g_{\mathrm{Null}}}^{g} C_D \cdot dg. \tag{1.10}$$

Hierbei ist die Kenntnis des Nulladungspotentials erforderlich.

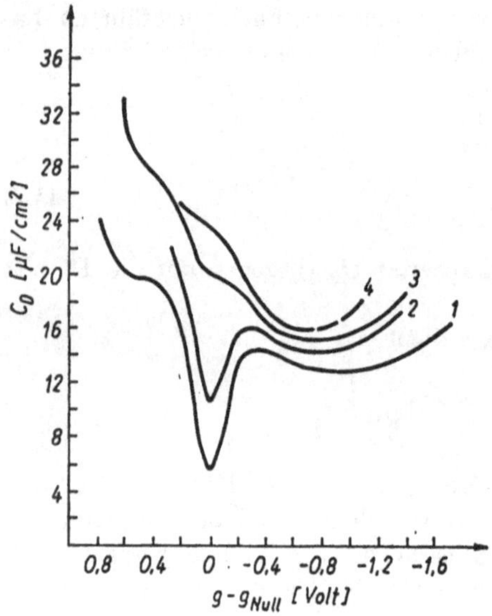

Abb. 1.3. Abhängigkeit der differentiellen Doppelschichtkapazität einer Quecksilberelektrode in wäßrigen NaF-Lösungen von der Galvanispannung [9]

Bei Abwesenheit spezifisch adsorbierter Ionen befinden sich die Überschußionen auf der Lösungsseite der Doppelschicht ausschließlich im diffusen Bereich (einschließlich der äußeren HELMHOLTZ-Fläche), so daß

$$q_M = -q_{\text{diffus}} \tag{1.11}$$

ist.

Die gesamte Doppelschichtkapazität

$$C_D = \frac{\partial q_M}{\partial g} = \frac{\partial q_M}{\partial(g_{\text{starr}} + g_{\text{diffus}})} \tag{1.12}$$

setzt sich dann aus zwei in Reihe geschalteten Anteilen zusammen, von denen der eine

$$C_{\text{starr}} = -\frac{\partial q_{\text{diffus}}}{\partial g_{\text{starr}}} = \frac{\partial q_M}{\partial g_{\text{starr}}} \tag{1.13a}$$

auf die starre Schicht und der andere

$$C_{\text{diffus}} = -\frac{\partial q_{\text{diffus}}}{\partial g_{\text{diffus}}} = \frac{\partial q_M}{\partial g_{\text{diffus}}} \tag{1.13b}$$

auf die diffuse Schicht entfällt.

Aus Gl. (1.12) und (1.13) erhält man somit

$$\frac{1}{C_D} = \frac{1}{C_{\text{starr}}} + \frac{1}{C_{\text{diffus}}}. \tag{1.14}$$

Im Falle spezifischer Ionenadsorption ist hingegen zu berücksichtigen, daß sich ein Teil der Überschußionen in der inneren HELMHOLTZ-Fläche befindet, so daß anstelle von Gl. (1.11) die Beziehung

$$q_M = -q_L = -q_{\text{i.H.}} - q_{\text{diffus}} \tag{1.15}$$

gilt. Aus der allgemeinen Definitionsgleichung (1.8) für die integrale Doppelschichtkapazität folgt dann

$$g - g_{\text{Null}} = \frac{q_M}{K_D} = -\frac{q_{\text{i.H.}}}{K_{\text{i.H.}}} - \frac{q_{\text{diffus}}}{K_{\text{starr}}} + g_{\text{diffus}} \tag{1.16}$$

($K_{\text{i.H.}}$ – Kapazität der inneren HELMHOLTZ-Schicht).

Andererseits liefert die Differentiation der Gln. (1.5) und (1.6) $g = g_{\text{i.H.}} + g_{\text{i.H.-ä.H}} + g_{\text{diffus}}$ nach q_M

$$\frac{\partial g}{\partial q_M} = \frac{\partial g_{\text{i.H.}}}{\partial q_M} + \frac{\partial g_{\text{i.H.-ä.H.}}}{\partial q_{\text{diffus}}} \cdot \frac{\partial q_{\text{diffus}}}{\partial q_M} + \frac{\partial g_{\text{diffus}}}{\partial q_M}$$

oder mit Gl. (1.15)

$$\frac{1}{C_D} = \frac{1}{C_{\text{i.H.}}} - \frac{1}{C_{\text{i.H.-ä.H.}}} \cdot \left(1 + \frac{\partial q_{\text{i.H.}}}{\partial q_M}\right) + \frac{1}{C_{\text{diffus}}}, \tag{1.17}$$

wobei die differentielle Kapazität des Doppelschichtbereichs zwischen innerer und äußerer HELMHOLTZ-Fläche durch die Beziehung $C_{\text{i.H.-ä.H.}} = \partial q_{\text{diffus}}/\partial g_{\text{i.H.-ä.H.}}$ definiert wird [9].

Mit Hilfe von Gl. (1.17) ist es prinzipiell möglich, die Abhängigkeit der Menge an spezifisch adsorbierten Ionen ($q_{\text{i.H.}}$) von der Ladungsdichte q_M aus Doppelschichtkapazitätsmessungen annähernd zu ermitteln. Ist diese wenig ausgeprägt, dann verhält sich die Grenzschicht wie in Reihe geschaltete Kondensatoren.

1.3.3. Die diffuse Schicht

Wie schon mehrfach erwähnt, sind die solvatisierten Überschußionen auf der Lösungsseite der Doppelschicht auf Grund ihrer Wärmebewegung nicht vollzählig in der äußeren HELMHOLTZ-Fläche angeordnet, sondern mehr oder weniger diffus ins Innere der Lösung verstreut. Dadurch entsteht eine Raumladungswolke (diffuse Schicht), deren ortsabhängige Ladungsdichte ϱ im Falle einer ebenen Phasengrenzfläche nach

$$\varrho(x) = \sum_i z_i F c_i(x) \tag{1.18}$$

von der Ladungszahl z_i und der ortsabhängigen Konzentration c_i aller in der Lösung vorhandenen Ionenarten X_i bestimmt wird (F — FARADAY-Konstante). Die Ladungsdichte nimmt nach dem Inneren der Lösung mit wachsendem Abstand x von der äußeren HELMHOLTZ-Fläche allmählich auf den Wert Null ab.

Die örtlich veränderliche Ladungsdichte hat gemäß der POISSONschen Gleichung [10]

$$\frac{\partial^2\varphi(x)}{\partial x^2} = -\frac{4\pi\varrho(x)}{\varepsilon} = -\frac{4\pi}{\varepsilon}\sum z_i F c_i(x) \tag{1.19}$$

zur Folge, daß zwischen der äußeren HELMHOLTZ-Fläche und dem lösungsseitigen Rand der Doppelschicht das elektrische Potentialgefälle

$$\varphi^{\text{ä.H.}} - \varphi^{\text{II}^*} = g_{\text{diffus}} \tag{1.4b}$$

auftritt (ε — Dielektrizitätskonstante). g_{diffus} wird häufig auch als ζ-Potential bezeichnet.

Für die elektrochemische Kinetik ist insbesondere der Zusammenhang zwischen g_{diffus} und den Konzentrationen der Ionen in der äußeren HELMHOLTZ-Fläche von Interesse. Für den Gleichgewichtszustand ergibt sich dieser Zusammenhang in einfacher Weise aus der allgemeinen thermodynamischen Gleichgewichtsbedingung

$$\tilde{\mu}_i(x) = \tilde{\mu}_i^{\text{II}}. \tag{1.20}$$

$\tilde{\mu}_i$ ist das elektrochemische Potential des Ions X_i, das durch die Gleichung

$$\tilde{\mu}_i = \mu_i + z_i F\varphi = \mu_i^0 + RT \ln a_i + z_i F\varphi \tag{1.21}$$

definiert ist (μ_i — chemisches Potential, μ_i^0 — chemisches Standardpotential, a_i — Aktivität).

Aus Gl. (1.20) und (1.21) folgt

$$a_i(x) = a_i^{\text{II}} \cdot \exp\left[-\frac{z_i F\left(\varphi(x) - \varphi^{\text{II}}\right)}{RT}\right] \tag{1.22a}$$

oder speziell für $x = 0$ (d. h. für die äußere HELMHOLTZ-Fläche)

$$a_i^{\text{ä.H.}} = a_i^{\text{II}} \cdot \exp\left[-\frac{z_i F}{RT}\, g_{\text{diffus}}\right] \tag{1.22b}$$

(a_i^{II} — Aktivität im Inneren der Lösung).

Wenn sich die Ionenstärke der Lösung im Bereich der diffusen Schicht nicht wesentlich ändert, dann können die Aktivitätskoeffizienten der Ionen als praktisch konstant angesehen werden, so daß Gl. (1.22) in die einfachere Beziehung

$$c_i(x) = c_i^{\text{II}} \cdot \exp\left[-\frac{z_i F\big(\varphi(x) - \varphi^{\text{II}}\big)}{RT}\right] \tag{1.23a}$$

bzw.

$$c_i^{\text{ä.H.}} = c_i^{\text{II}} \cdot \exp\left[-\frac{z_i F}{RT}\, g_{\text{diffus}}\right] \tag{1.23b}$$

übergeht.

Für hinreichend kleine Werte des Exponenten in Gl. (1.23a), d. h. $z_i(\varphi(x) - \varphi^{\text{II}}) \ll 25$ mV, kann die Approximation

$$c_i(x) = c_i^{\text{II}} \cdot \left[1 - \frac{z_i F}{RT}\big(\varphi(x) - \varphi^{\text{II}}\big)\right] \tag{1.23c}$$

verwendet werden.

Für jede in der Lösung anwesende Ionenart gilt eine Gleichung der Form (1.23a). Diese Gleichungen ergeben zusammen mit der POISSONschen Beziehung (1.19) ein Gleichungssystem, dessen Lösung die Galvanispannung g_{diffus} liefert.

Für den Fall der Anwesenheit nur eines einzigen z,z-wertigen Elektrolyten der Konzentration c^{II} erhält man z. B. auf diesem Wege mit $z_+ = |z_-| = z$

$$c_+ = c^{\text{II}} \cdot \exp\left[-\frac{zF(\varphi - \varphi^{\text{II}})}{RT}\right] \qquad c_- = c^{\text{II}} \cdot \exp\left[\frac{zF(\varphi - \varphi^{\text{II}})}{RT}\right] \tag{1.24a}$$

und

$$\frac{\partial^2\varphi}{\partial x^2} = -\frac{4\pi\, zF}{\varepsilon}(c_+ - c_-) = \frac{4\pi\, zF}{\varepsilon}\, c^{\text{II}}\left[\exp\left(\frac{zF(\varphi - \varphi^{\text{II}})}{RT}\right) - \exp\left(-\frac{zF(\varphi - \varphi^{\text{II}})}{RT}\right)\right]. \tag{1.24b}$$

Die Integration der POISSONschen Gleichung liefert mit den Randbedingungen $\partial\varphi/\partial x = 0$, $\varphi = \varphi^{\text{II}}$ für $x \to \infty$

$$\frac{\partial\varphi}{\partial x} = -\left(\frac{32\pi\, RTc^{\text{II}}}{\varepsilon}\right)^{1/2} \cdot \sinh\left[\frac{zF}{2\,RT}(\varphi - \varphi^{\text{II}})\right] \tag{1.25a}$$

und unter Berücksichtigung der Bedingung

$$\int_0^\infty \varrho(x)\, dx = q_{\text{diffus}}$$

die Beziehung

$$\left(\frac{\partial \varphi}{\partial x}\right)_{x=0} = \frac{4\pi}{\varepsilon} \int_0^\infty \varrho\, dx = \frac{4\pi}{\varepsilon}\, q_{\text{diffus}}. \tag{1.25b}$$

Aus den Gln. (1.25) folgt schließlich

$$|g_{\text{diffus}}| = \frac{2\,RT}{zF}\left\{\frac{1}{2}\ln\frac{\pi}{2\varepsilon\,RT\,c^{\text{II}}} + \ln\left[|q_{\text{diffus}}| + \left(q^2_{\text{diffus}} + \frac{2\varepsilon\,RT\,c^{\text{II}}}{\pi}\right)^{1/2}\right]\right\}. \tag{1.26}$$

Aus Gl. (1.26) ist ersichtlich, daß g_{diffus} um so kleiner wird, je größer die Konzentration des Elektrolyten und die Ladungszahl z und je kleiner die Ladungsdichte q_{diffus} ist.

Durch Differentiation von Gl. (1.26) nach q_{diffus} erhält man die differentielle Kapazität der diffusen Schicht:

$$C_{\text{diffus}} = -\frac{\partial q_{\text{diffus}}}{\partial g_{\text{diffus}}} = -\frac{zF}{2\,RT}\left(q^2_{\text{diffus}} + \frac{2\varepsilon\,RT\,c^{\text{II}}}{\pi}\right)^{1/2}. \tag{1.27}$$

Die Berechnung von C_{diffus} ermöglicht unter Berücksichtigung von Gl. (1.14) die Ermittlung der Kapazität C_{starr} aus dem gemessenen Wert der Gesamtkapazität C_D (bei Abwesenheit spezifischer Ionenadsorption).

Bei genügend verdünnten Lösungen und kleinen Ladungsdichten ist die Kapazität der diffusen Schicht gewöhnlich so klein, daß der Anteil $1/C_{\text{starr}}$ in Gl. (1.14) demgegenüber vernachlässigt werden kann. Die Gesamtkapazität verläuft dann nach Gl. (1.27) symmetrisch zu dem Minimalwert von C_{diffus} bei $q_{\text{diffus}} = -q_M = 0$ (siehe dazu Abb. 1.3.). Aus der Lage des Kapazitätsminimums kann somit unter anderem auch das Nulladungspotential ermittelt werden.

1.3.4. Die starre Schicht

1.3.4.1. Bei Abwesenheit spezifisch adsorbierter Ionen

Die starre Schicht erstreckt sich von den Überschußladungen auf der Metalloberfläche bis zur äußeren HELMHOLTZ-Fläche. Nimmt man an, daß die solvatisierten Überschußionen unmittelbar der Metalloberfläche anliegen (Abb. 1.2a.), so ist die Dicke δ_{starr} der starren Schicht nahezu gleich der Summe aus dem Radius des nicht solvatisierten Ions und der Dicke der Solvathülle.

Entspricht letztere z. B. dem Durchmesser eines Wassermoleküls (ca. 0,3 nm), so erreicht δ_{starr} die Größenordnung von 0,5 nm.

Für die integrale Kapazität K_{starr} der Anordnung in Abb. 1.2a. ergibt sich dann in Analogie zur Kapazität eines Plattenkondensators

$$K_{\text{starr}} = \frac{\varepsilon_{\text{starr}}}{4\pi\, \delta_{\text{starr}}}, \tag{1.28}$$

wobei $\varepsilon_{\text{starr}}$ die effektive Dielektrizitätskonstante im Bereich der starren Schicht bedeutet.

Daraus folgt für die Galvanispannung g_{starr}:

$$g_{\text{starr}} = \frac{4\pi\, \delta_{\text{starr}} \cdot q_M}{\varepsilon_{\text{starr}}} + g_{\text{Null}}. \tag{1.29}$$

Betrachtet man die Überschußladungen auf dem Metall bzw. in der äußeren HELMHOLTZ-Fläche als gleichmäßig verschmiert und die Dielektrizitätskonstante als eine ortsunabhängige Größe, so sollte sich das elektrische Potential in der starren Schicht überall linear mit dem Abstand von der Metalloberfläche ändern (Abb. 1.2a.).

In Wirklichkeit sind die Überschußladungen auf der Lösungsseite jedoch an einzelne Ionen gebunden, die einen mehr oder weniger großen Abstand voneinander haben. Dies hat zu Folge, daß die elektrischen Feldlinien von der äußeren HELMHOLTZ-Fläche zur Metalloberfläche in den Bereichen zwischen den Überschußionen nicht geradlinig verlaufen. Außerdem ist infolge des starken elektrischen Felds in der starren Schicht und dessen Einfluß auf die Orientierung und den Polarisationszustand der dort befindlichen Teilchen nicht zu erwarten, daß die Dielektrizitätskonstante $\varepsilon_{\text{starr}}$ ortsunabhängig bleibt. Eine Abschätzung der Feldstärke E unter Verwendung der Beziehung $E = g_{\text{starr}}/\delta_{\text{starr}}$ liefert mit $\delta_{\text{starr}} = 0{,}5$ nm und $g_{\text{starr}} = 0{,}1$ V beispielsweise $E = 2 \cdot 10^6$ V/cm.

Nach Gl. (1.28) sollte die Kapazität K_{starr} sehr beträchtlich vom Radius der Überschußionen abhängig sein. Diese Erwartung steht jedoch im Widerspruch zu experimentellen Ergebnissen.

So sind z. B. die charakteristischen Kapazitätsminima, die beispielsweise für Quecksilber im Kontakt mit wäßrigen Elektrolytlösungen (Abb. 1.3.) gewöhnlich etwa bei $q_M = -12 \cdots -13$ µC/cm² (Abwesenheit spezifischer Ionenadsorption) auftreten, weitgehend unabhängig von der Größe der jeweils in der äußeren HELMHOLTZ-Fläche vorhandenen überschüssigen Kationen.

Nach BOCKRIS, DEVANATHAN und MÜLLER [11] ist dieser Befund darauf zurückzuführen, daß zwischen der Metalloberfläche und den hydratisierten Überschußionen noch eine Schicht von adsorbierten Wassermolekülen ein-

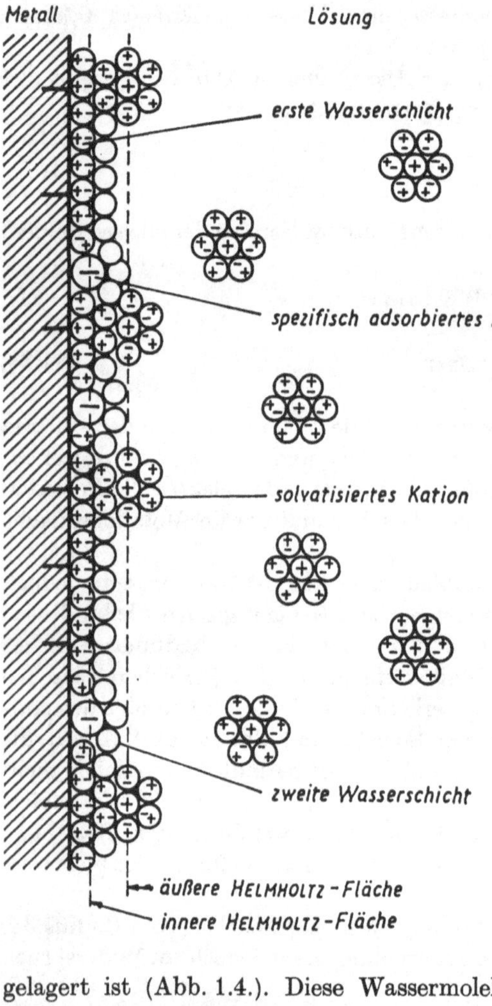

Abb. 1.4. Modell der elektrochemischen Doppelschicht nach BOCKRIS, DEVANATHAN und MÜLLER [12]

gelagert ist (Abb. 1.4.). Diese Wassermoleküle können mehr oder weniger gleichmäßig ausgerichtet sein. Ihre jeweilige Orientierung hängt infolge ihres Dipolmoments unter anderem von der Größe und Richtung des durch die Überschußladungen verursachten elektrischen Felds ab.

Mit zunehmender Ladungsdichte q_M und damit zunehmender Feldstärke wird die gleichmäßige Ausrichtung der Dipole immer vollkommener, gleichzeitig aber auch die Änderung der Orientierung bei Feldstärkeänderungen immer geringer. Dies bedeutet eine Abnahme der Dielektrizitätskonstante ε_1 der „ersten Wasserschicht“ (infolge Verminderung des Orientierungsanteils) gegenüber dem Wert ε_2 in der „zweiten (beweglicheren) Wasserschicht" und dem Wert ε im Inneren der Lösung. Der Wert von ε_1 bei genügend hohen Ladungsdichten, d. h. bei weitgehend vollständiger Ausrichtung der Wasserdipole im Sinne der Abb. 1.4., beträgt etwa $6\varepsilon_0$ (gegenüber $\varepsilon_2 \approx 30$ bzw. $\varepsilon \approx 78$).

Wegen der unterschiedlichen Werte von ε_1 und ε_2 muß die starre Schicht zur Berechnung der Kapazität in zwei Abschnitte der Dicke $\delta_1 = \delta_{H_2O}$ (Durchmesser der adsorbierten Wassermoleküle) und $\delta_2 = \delta_{starr} - \delta_{H_2O}$ unterteilt werden. Die beiden Abschnitte sind in Reihe geschaltet, so daß sich die Gesamtkapazität der starren Schicht zu

$$\frac{1}{K_{starr}} = \frac{1}{K_1} + \frac{1}{K_2} = \frac{4\pi\,\delta_1}{\varepsilon_1} + \frac{4\pi\,\delta_2}{\varepsilon_2} = 4\pi \cdot \left[\delta_{H_2O}\left(\frac{1}{\varepsilon_1} - \frac{1}{\varepsilon_2}\right) + \frac{\delta_{starr}}{\varepsilon_2}\right] \tag{1.30}$$

ergibt.

Für genügend hohe Aufladungsdichten q_M, wenn $\varepsilon_1 \ll \varepsilon_2$, folgt daraus die experimentell gefundene Unabhängigkeit der Kapazität vom Radius $\delta_{starr} - \delta_{H_2O}$ der hydratisierten Überschußionen.

Ebenso wie die Kapazität setzt sich in dem Doppelschichtmodell nach Abb. 1.4. auch die Galvanispannung aus einem Anteil g_1 über der „ersten Wasserschicht" und einem Anteil g_2 zwischen „erster Wasserschicht" und äußerer HELMHOLTZ-Fläche zusammen. Unter Berücksichtigung von Gl. (1.30) ergibt sich

$$g_{starr} - g_{Null} = 4\pi\, q_M \left(\frac{\delta_{H_2O}}{\varepsilon_1} + \frac{\delta_{starr} - \delta_{H_2O}}{\varepsilon_2}\right). \tag{1.31}$$

Bei Ladungsdichten q_M, für die $\varepsilon_1 \ll \varepsilon_2$, sollte somit die Potentialänderung im wesentlichen im Bereich der „ersten Wasserschicht" erfolgen, während der Anteil g_2 vergleichsweise gering ist.

1.3.4.2. Bei Anwesenheit spezifisch adsorbierter Ionen

Die spezifische Adsorption von Ionen an einer gegebenen Metalloberfläche hängt einerseits von der Ladungsdichte q_M und andererseits von individuellen Eigenschaften der Ionen selbst ab.

Auf Grund der elektrostatischen Anziehungskräfte (physikalische Adsorption) wird mit zunehmender positiver bzw. abnehmender negativer Aufladung der Metalloberfläche die Adsorption von Anionen erleichtert und die von Kationen erschwert. Bei gegenläufiger Änderung von q_M wird umgekehrt die Anionenadsorption geringer und die Kationenadsorption stärker.

Die unterschiedliche Adsorbierbarkeit verschiedener Ionen ist vielfach hauptsächlich auf ihre unterschiedlich starke Bindung an die Moleküle des Lösungsmittels, d. h. auf die jeweilige Stabilität der primären Solvathülle, zurückzuführen. Dies geht insbesondere daraus hervor, daß die Ionen in der Regel um so stärker adsorbiert werden, je kleiner ihre Solvatationsenergie ist. So nimmt z. B. die Adsorbierbarkeit der Anionen F^-, Cl^-, Br^-, I^- oder der Kationen K^+, Cs^+, $N(CH_3)_4^+$, $N(C_2H_5)_4^+$, $N(C_3H_7)_4^+$ an den verschiedensten Metalloberflächen in der gleichen angegebenen Reihenfolge zu. Die Adsorption von Kationen ist wegen ihrer größeren Solvatationsenergie gewöhnlich wesentlich schwächer als die von Anionen mit vergleichbarem Radius.

Nicht selten ist jedoch auch damit zu rechnen, daß die Bindungskräfte zwischen den Ionen und der Metalloberfläche durch beträchtliche kovalente Anteile bestimmt werden (Chemisorption), wie dies z. B. beim CN^--Ion oder bestimmten organischen Ionen zu erwarten ist. Genauere Aussagen über die Größe und Art solcher Anteile sind zur Zeit noch nicht möglich [12].

Die (Oberflächen-) Konzentration $\Gamma_i^{\text{i.H.}}$ eines spezifisch adsorbierten Ions X_i in der inneren Helmholtz-Fläche beträgt im thermodynamischen Gleichgewicht ($\tilde{\mu}_i^{\text{i.H.}} = \tilde{\mu}_i^{\text{ä.H.}}$):

$$\Gamma_i^{\text{i.H.}} = 2r_i c_i^{\text{ä.H.}} \cdot \frac{f_i^{\text{ä.H.}}}{f_i^{\text{i.H.}}} \cdot \exp\left[-\frac{\Delta G^0_{\text{ads}} + z_i F(\varphi^{\text{i.H.}} - \varphi^{\text{ä.H.}})}{RT}\right]. \quad (1.32)$$

Hierin sind r_i der Radius des Ions, $f_i^{\text{i.H.}}$ und $f_i^{\text{ä.H.}}$ die Aktivitätskoeffizienten des Ions in der inneren bzw. äußeren Helmholtz-Fläche und ΔG^0_{ads} die freie Standard-Adsorptionsenthalpie (Standardzustand $\Gamma_i^{\text{i.H.}} = c_i^{\text{ä.H.}} = 1$ und ideales Verhalten).

Bei rein Coulombschen Anziehungskräften zwischen den adsorbierten Ionen und der Metalloberfläche ist ΔG^0_{ads} annähernd eine lineare Funktion der Ladungsdichte q_M. Die Größe des Aktivitätskoeffizienten $f_i^{\text{i.H.}}$ wird hauptsächlich durch die Abstoßungskräfte der adsorbierten Ionen untereinander und durch die Wechselwirkung mit den Ionen in der äußeren Helmholtz-Fläche bestimmt.

Die experimentelle Bestimmung von $\Gamma_i^{\text{i.H.}}$ kann entweder auf direktem Wege, z. B. mit Hilfe radiochemischer Meßmethoden, oder indirekt z. B. aus der Doppelschichtkapazität nach Gl. (1.17) erfolgen [13]. Bei flüssigen Metallen kann $\Gamma_i^{\text{i.H.}}$ außerdem aus der Änderung der Grenzflächenspannung ermittelt werden (Elektrokapillarkurven).

Die spezifische Adsorption von Ionen beeinflußt in erheblichem Maße die Größe und den Verlauf des elektrischen Potentialgefälles in der starren Schicht und damit die Kinetik elektrochemischer Reaktionen [14]. Die Ionen in der inneren Helmholtz-Fläche bilden mit den Überschußionen in der äußeren

HELMHOLTZ-Fläche eine zusätzliche (Ladungs-) Dipolschicht. Die Potentialänderung $\varphi^{\text{i.H.}} - \varphi^{\text{ä.H.}}$ über dieser Dipolschicht kann das gleiche oder aber auch das entgegengesetzte Vorzeichen haben wie die Potentialänderung $\varphi^{\text{I}^*} - \varphi^{\text{II}^*}$ über der gesamten Doppelschicht [15]. Für $q_M \neq 0$ ist die elektrochemische Doppelschicht in Wirklichkeit eine Dreifachschicht, die sich aus den Überschußladungen auf dem Metall, in der inneren HELMHOLTZ-Fläche und im diffusen Bereich (einschließlich der äußeren HELMHOLTZ-Fläche) aufbaut.

1.3.4.3. Die Adsorption neutraler Moleküle

Ebenso wie die Wassermoleküle werden auch andere neutrale Moleküle oder Atome (z. B. Wasserstoff, Sauerstoff, organische Stoffe) mehr oder weniger stark an einer Metalloberfläche adsorbiert [16] und beeinflussen dort den Ablauf elektrochemischer Reaktionen.

Die jeweils adsorbierte Menge eines Stoffs X_i wird meist durch den Bedeckungsgrad Θ_i, d. h. das Verhältnis der mit dem Adsorbat bedeckten Oberfläche zur Gesamtoberfläche einer Elektrode, charakterisiert. Seine Abhängigkeit von der Konzentration c_i^{II} in der Lösungsphase und gegebenenfalls vom Elektrodenpotential bei konstanter Temperatur im Gleichgewicht wird durch die Adsorptionsisotherme beschrieben.

Bei Beschränkung auf eine Monoschicht als Maximum der Oberflächenbedeckung verläuft die Adsorption eines Stoffs X_i an einer Stelle S der Elektrodenoberfläche nach der Reaktionsgleichung

$$X_i(\text{II}) + S \rightleftharpoons X_{i,ad}(S)$$

Aus der thermodynamischen Gleichgewichtsbedingung $\mu_i^{\text{II}} + \mu_s = \mu_i^{ad}$ folgt dann mit $\Delta G^0_{ad} = -RT \cdot \ln K_{ad}$ (ΔG^0_{ad} – freie Standard-Adsorptionsenthalpie, K_{ad} – Gleichgewichtskonstante) für die Adsorptionsisotherme

$$\frac{\Theta_i}{1 - \Theta_i} = B(\Theta_i)\, c_i^{\text{II}} \exp\left(-\frac{\Delta G^0_{ad}}{RT}\right). \tag{1.33}$$

Die Größe $B = f_i^{\text{II}} f_S / f_i^{ad}$ enthält die Aktivitätskoeffizienten.

Im einfachsten Fall einer energetisch homogenen Oberfläche sowie konstanten Wechselwirkungen zwischen den beteiligten Spezies sind B und ΔG_{ad}^0 Konstanten, und man erhält aus Gl. (1.33) die LANGMUIRsche Adsorptionsisotherme

$$\Theta_i = \frac{B_0 c_i^{\text{II}} \exp\left[-\Delta G^0_{ad}/(RT)\right]}{1 + B_0 c_i^{\text{II}} \exp\left[-\Delta G^0_{ad}/(RT)\right]}. \tag{1.34}$$

Bei kleinen Konzentrationen des Stoffes X_i in der Lösung wächst der Bedeckungsgrad proportional mit c_i^{II}, bei großen Konzentrationen nähert sich Θ_i asymptotisch dem Wert Eins, entsprechend einer Monoschicht. Diese Isotherme ist am ehesten bei sehr kleinen oder sehr großen Bedeckungsgraden zu erwarten.

Bei mittleren Bedeckungsgraden sind in vielen Fällen signifikante Änderungen vor allem der Wechselwirkungen zwischen den adsorbierten Molekülen oder Atomen mit dem Bedeckungsgrad in Betracht zu ziehen. Diesem Umstand wird durch einen von Θ_i abhängigen Aktivitätskoeffizienten Rechnung getragen, und zwar in der Form

$$1/f_i^{ad} \sim \exp(a\Theta_i). \tag{1.35}$$

Nimmt mit ansteigender Bedeckung infolge zunehmender Anziehung zwischen den adsorbierten Teilchen der Aktivitätskoeffizient ab, dann ist der Wechselwirkungskoeffizient (oder die Attraktionskonstante) a positiv, bei mit Θ_i zunehmender Abstoßung entsprechend negativ. Die Berücksichtigung des Zusammenhangs (1.35) führt zur FRUMKINschen Adsorptionsisotherme

$$\frac{\Theta_i}{1 - \Theta_i} = B_0 c_i^{II} \exp\left(-\frac{\Delta G^0_{ad} - a\Theta_i}{RT}\right). \tag{1.36}$$

Insbesondere bei der Adsorption von Molekülen mit starkem Dipolmoment ist desweiteren zu berücksichtigen, daß die freie Standard-Adsorptionsenthalpie noch merklich von der Ladungsdichte q_M auf der Elektrodenoberfläche bzw. vom Elektrodenpotential abhängen kann [17].

Für die Adsorption an energetisch inhomogenen Oberflächen hat sich für mittlere Bedeckungsgrade die (vereinfachte) TEMKIN-Isotherme vielfach bewährt [71]:

$$\Theta_i = \frac{RT}{\alpha} \ln(B_0' c_i^{II}). \tag{1.37}$$

Die Konstante α entspricht der Differenz zwischen dem Maximal- und Minimalwert in einem kontinuierlichen, die energetische Inhomogenität der Oberfläche charakterisierenden Spektrum von ΔG^0_{ad}-Werten.

Bei aliphatischen Verbindungen steigt innerhalb homologer Reihen die Adsorbierbarkeit meist mit wachsender Kettenlänge an. Die Einführung hydrophiler Gruppen verringert (im Falle wäßriger Lösungen) gewöhnlich die Adsorptionsfähigkeit. Besonders stark werden vielfach Moleküle adsorbiert, die z. B. Schwefel-, Brom- oder Iodatome enthalten. Das gleiche gilt für zahlreiche aromatische Verbindungen, bei denen π-Bindungen mit dem Metall eine wesentliche Rolle spielen können.

Bei der Adsorption organischer Stoffe verschiebt sich in fast allen Fällen das Nulladungspotential (s. dazu Kap. 1.3.5.). Daraus folgt, daß die adsorbierten (Dipol-) Moleküle eine bevorzugte Orientierung aufweisen, die durch den negativsten Wert der freien Adsorptionsenthalpie bestimmt wird. Kohlenwasserstoffketten mit einer endständigen sauerstoff- oder stickstoffhaltigen hydrophilen Gruppe ($-OH$, $-COOH$, $-NH_2$) ordnen sich z. B. vorwiegend senkrecht zur Metalloberfläche an, wobei das hydrophile Ende mit dem negativen Ladungsschwerpunkt des Moleküls nach dem Inneren der Lösung gerichtet ist. Das Nulladungspotential wird dadurch in Richtung positiverer Werte verschoben.

Aliphatische Verbindungen mit Schwefel- oder Halogenatomen sowie viele aromatische Stoffe verschieben das Nulladungspotential hingegen häufig nach negativeren Werten.

Die Adsorption organischer Stoffe zeigt häufig eine stark ausgeprägte Abhängigkeit von der Ladungsdichte q_M bzw. der Galvanispannung g. Sie erreicht in der Nähe des Nulladungspotentials ein Maximum und nimmt mit steigenden positiven wie auch negativen Werten von q_M vielfach annähernd parabolisch und symmetrisch zu $q_M \approx 0$ ab. Im Falle aliphatischer Verbindungen mit sauerstoff- oder stickstoffhaltigen Endgruppen liegt das Maximum für die Adsorption aus wäßrigen Lösungen z. B. an einer Quecksilberoberfläche in der Regel bei etwa $q_M = -2 \cdots -3\ \mu C/cm^2$.

Die charakteristische Abhängigkeit der adsorbierten Menge von der Ladungsdichte hat ihre Ursache darin, daß bei der Adsorption eines organischen Moleküls eine bestimmte Anzahl Wassermoleküle von der Metalloberfläche verdrängt werden müssen. Die Bindungsfestigkeit der Wassermoleküle in der Adsorptionsschicht hängt u. a. von ihrer elektrostatischen Wechselwirkung mit dem von den Überschußladungen erzeugten elektrischen Feld ab. Bei Abwesenheit dieses Feldes, d. h. bei $q_M = 0$, sind die Wassermoleküle am schwächsten gebunden und daher am leichtesten durch organische Moleküle zu verdrängen.

Experimentell kann die Adsorption organischer Stoffe am genauesten durch Bestimmung der differentiellen Doppelschichtkapazität verfolgt werden. In Abb. 1.5. ist der prinzipielle Verlauf der $C_D - q_M$-Kurven für verschiedene molare Konzentrationen eines organischen Stoffs in der Lösung wiedergegeben. In der Regel nimmt die Kapazität beim Adsorptionsmaximum ($q_M \approx 0$) einen Minimalwert an und steigt mit abnehmender adsorbierter Menge zunächst beträchtlich an. In der Nähe der beiden Grenzen des Adsorptionsbereichs treten ausgeprägte Kapazitätsmaxima auf. Danach nimmt die Kapazität wieder ab und erreicht schließlich bei völlig freier Oberfläche die Werte, die bei Abwesenheit der adsorbierbaren Substanz gemessen werden [18].

Die Adsorption von elektrochemisch inaktiven Molekülen kann den Ablauf einer elektrochemischen Reaktion aus verschiedenen Gründen beeinflussen. Einerseits verändert sie den Potentialverlauf in der Doppelschicht (z. B. auf Grund der veränderten Dielektrizitätskonstante), andererseits verkleinert sie die für die Reaktion zur Verfügung stehende Grenzfläche. Außerdem ist auch eine Vergrößerung des Abstands zwischen den Reaktionsteilnehmern in der Lösung und der Metalloberfläche bei Zwischenlagerung der Moleküle in Betracht zu ziehen [19].

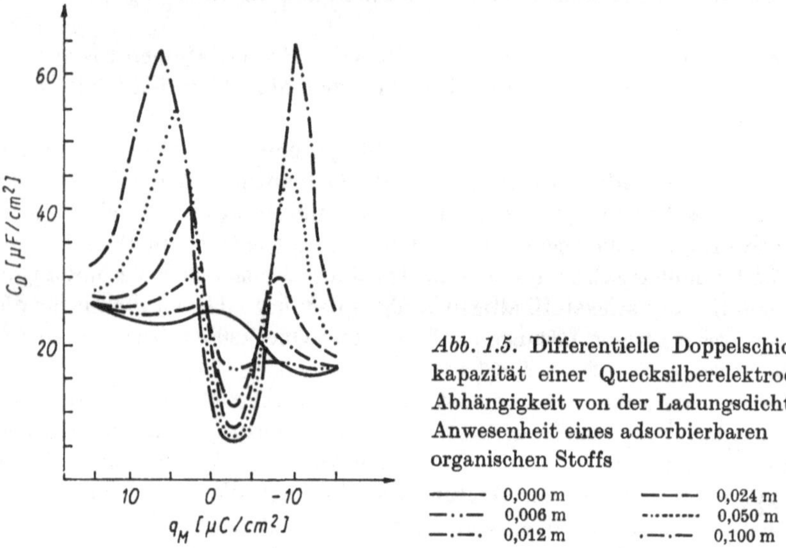

Abb. 1.5. Differentielle Doppelschichtkapazität einer Quecksilberelektrode in Abhängigkeit von der Ladungsdichte bei Anwesenheit eines adsorbierbaren organischen Stoffs

1.3.5. Ladungsnullpunkt

Das schon mehrfach erwähnte Nulladungspotential U_{Null}, bei dem sich keine Überschlußladungen in der Elektrodengrenzschicht befinden ($q_M = 0$), ist für den Ablauf elektrochemischer Reaktionen insofern von erheblicher Bedeutung, als dieser durch Adsorption von Reaktionsteilnehmern und anderen Lösungskomponenten beeinflußt wird und die adsorbierte Stoffmenge von der Ladungsdichte q_M abhängt. So ist z. B. die Adsorption von Anionen an positiv geladenen Metalloberflächen, die Adsorption von Kationen an negativ geladenen begünstigt. Generell jedoch können auch Anionen bei $q_M < 0$ und Kationen bei $q_M > 0$ chemisorbiert werden.

Zur experimentellen Bestimmung des Ladungsnullpunkts kann die Abhängigkeit der Grenzflächenspannung σ zwischen Metall und Elektrolytlösung vom Elektrodenpotential U, die sog. Elektrokapillarkurve, herangezogen werden. Eine solche ergibt sich, weil die zur Vergrößerung der Grenzfläche erforderliche Arbeit infolge der lateralen elektrostatischen Abstoßungskräfte zwischen den gleichnamigen Überschußladungen mit deren zunehmender Dichte verringert wird. Die thermodynamische Ableitung dieses Zusammenhangs liefert die sog. LIPPMANN-Gleichung:

$$\left(\frac{\partial \sigma}{\partial U}\right)_{T,p,\mu_i} = -q_M \tag{1.38}$$

woraus

$$\frac{\partial^2 \sigma}{\partial U^2} = -\frac{\partial q_M}{\partial U} = -C_D < 0 \tag{1.39}$$

folgt. Danach ist das Nulladungspotential aus der Lage des Maximums der Elektrokapillarkurve bestimmbar. Diese Kurve verläuft parabelförmig, wie für den Fall konstanter Doppelschichtkapazität durch Integration von Gl. (1.39) zu erkennen ist:

$$\sigma_{\max} - \sigma = \frac{C_D}{2} (U_{\text{Null}} - U)^2. \tag{1.40}$$

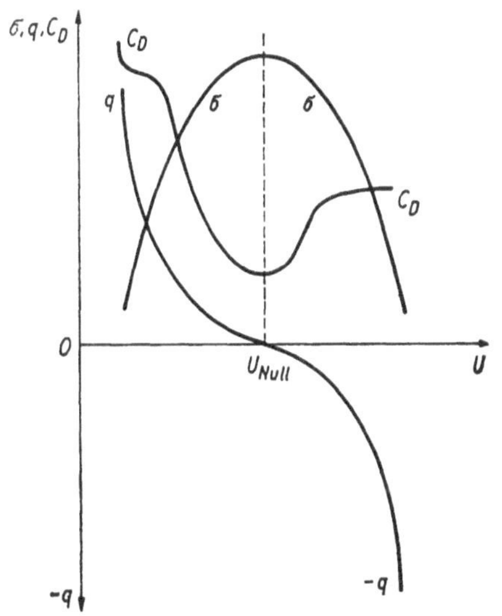

Abb. 1.6. Schematische Darstellung des Zusammenhangs zwischen Grenzflächenspannung σ, Ladungsdichte q und differentieller Doppelschichtkapazität C_D einer Quecksilberelektrode in Abhängigkeit vom Elektrodenpotential

Prinzipiell kann Gl. (1.39) auch zur indirekten Bestimmung von C_D aus Elektrokapillarkurven genutzt werden.

Die unmittelbare Messung von Grenzflächenspannungen σ ist freilich nur bei flüssigen Metallen (Hg, Ga, Schmelzen) relativ bequem möglich. Bei festen Metallen kann stattdessen die mit σ im Zusammenhang stehende, leichter meßbare Oberflächenhärte zur Bestimmung des Ladungsnullpunkts dienen, da sie bei U_{Null} ein Maximum aufweist.

Steht ein Metall mit einer Elektrolytlösung im Kontakt, die außer dem Lösungsmittel keine adsorbierbaren Ionen und Moleküle enthält, dann kann U_{Null} annähernd als eine Materialeigenschaft des Metalls betrachtet werden (Tab. 1.1.).

Tabelle 1.1. Nulladungspotentiale in wäßrigen Lösungen, bezogen auf die Standard-Wasserstoffelektrode

Metall	U_{Null} (V)
Cadmium	−0,9···−0,7
Blei	−0,67···−0,62
Zink	−0,68···−0,60
Eisen	−0,37
Quecksilber	−0,19
Kohlenstoff	−0,07···+0,2
Silber	+0,02···+0,05
Platin	+0,1···+0,3
Gold	+0,3···+0,6

Für ein gegebenes Lösungsmittel wird für bestimmte Gruppen von Metallen (*d*-Metalle, *sp*-Metalle) ein linearer Zusammenhang zwischen dem Nulladungspotential und der Elektronenaustrittsarbeit Φ ins Vakuum festgestellt [20a]:

$$U_{\mathrm{Null}} = \Phi/\mathrm{e} + C$$

mit z. B.: $C = -5{,}02$ V für die Übergangsmetalle.

2. Grundbegriffe und Definitionen

2.1. Die elektrochemische Bruttoreaktion und ihre Teilvorgänge

Zur Kennzeichnung des Bruttoumsatzes beim Ablauf einer elektrochemischen Reaktion (r) dient eine Bruttoreaktionsgleichung der allgemeinen Form

$$\sum_{\alpha,j} |\nu_j^\alpha| \, X_j(\alpha) \rightarrow \sum_{\alpha,k} \nu_k^\alpha X_k(\alpha) \,. \qquad (r)$$

Darin bedeuten die $X_j(\alpha)$ die Ausgangsstoffe und die $X_k(\alpha)$ die Endprodukte im Inneren der Phase α (I und II) einer Elektrode. Die Werte der stöchiometrischen Koeffizienten ν_i sind für die Ausgangsstoffe ($\nu_i = \nu_j$) negativ, für die Endprodukte ($\nu_i = \nu_k$) positiv.

Je nach der Art der Ladungsträger, die beim Ablauf einer Reaktion durch die Phasengrenze hindurchtreten, kann man zwischen verschiedenen charakteristischen Reaktionstypen und Elektroden unterscheiden.

Sind die durchtretenden Ladungsträger Metallionen, so liegt eine Metallionen-Elektrode vor. Die Bruttoreaktion besteht hier in dem Übergang eines Metallions Me^z mit der Ladungszahl z (> 0) von der Metallphase I in die Lösungsphase II (Metallauflösung)

$$Me^z(I) \rightarrow Me^z(II) \qquad (\vec{r}_1)$$

bzw. in umgekehrter Richtung von der Phase II in die Phase I (Metallabscheidung)

$$Me^z(II) \rightarrow Me^z(I) \,. \qquad (\overleftarrow{r}_1)$$

Eine Metallionen-Elektrode ist z. B. die Silberelektrode

$$Ag(I)/Ag^+ \cdot solv(II) \,,$$

an der die Reaktion

$$Ag^+(I) \rightleftharpoons Ag^+(II)$$

abläuft.

Der Metallionenübergang (r_1) kann auch durch die Reaktionsgleichung

$$\mathrm{Me(I)} \rightleftharpoons \mathrm{Me}^{z}\mathrm{(II)} + ze^{-}\mathrm{(I)}$$

beschrieben werden, wobei dann Me(I) ein neutrales Metallatom in der Phase I bedeutet.

Wenn die durchtretenden Ladungsträger Elektronen sind, so spricht man von einer Redoxelektrode (im engeren Sinne). Die Bruttoreaktion an einer Redoxelektrode besteht darin, daß ein (oxydierter) Stoff X_o, der sich in der Lösungsphase II befindet, n Elektronen aus der Metallphase I aufnimmt und dabei in den (reduzierten) Stoff X_r übergeht:

$$X_o\mathrm{(II)} + ne^{-}\mathrm{(I)} \rightarrow X_r\mathrm{(II)} \qquad (\vec{r}_2)$$

bzw. in umgekehrter Richtung X_r(II) Elektronen an die Metallphase I abgibt:

$$X_r\mathrm{(II)} \rightarrow X_o\mathrm{(II)} + ne^{-}\mathrm{(I)}. \qquad (\overleftarrow{r}_2)$$

Ein Beispiel für einen derartigen Vorgang ist die Reaktion

$$\mathrm{Fe^{3+}(II)} + e^{-}\mathrm{(I)} \rightleftharpoons \mathrm{Fe^{2+}(II)},$$

die an der Redoxelektrode

$$\mathrm{Pt(I)/Fe^{3+} \cdot solv,\ Fe^{2+} \cdot solv(II)}$$

stattfindet.

Aber auch Anionen treten als übergangsfähige Ladungsträger auf. So kann an einer Elektrode, die sich aus einer festen Verbindung des Anions A^z (etwa als Deckschicht auf einem Metall) und einer die Ionen A^z enthaltenden Lösung zusammensetzt, als Bruttoreaktion der Vorgang

$$A^z\mathrm{(I)} \rightleftharpoons A^z\mathrm{(II)} \qquad (\mathrm{r}_3)$$

ablaufen ($z < 0$). Zum Beispiel findet an der Elektrode

$$\mathrm{AgCl(I)/Cl^{-} \cdot solv(II)}$$

die Reaktion

$$\mathrm{Cl^{-}(I)} \rightleftharpoons \mathrm{Cl^{-}(II)}$$

statt, die gekoppelt mit der Reaktion

$$Ag^+(I) \rightleftharpoons Ag^+(II)$$

die Auflösung bzw. Bildung von festem Silberchlorid darstellt.

Der Bruttovorgang des Anionenübergangs kann auch durch folgende Reaktionsgleichung formuliert werden:

$$MeA(I) \rightleftharpoons Me^{|z|}(I) + A^z(II),$$

wobei MeA(I) die feste Verbindung in der Phase I bedeutet.

Jede elektrochemische Bruttoreaktion setzt sich aus einer Folge von Teilvorgängen zusammen, von denen jeder in einem bestimmten Bereich der Phasengrenzschicht einer Elektrode abläuft. Man kann demgemäß die Grenzschicht in verschiedene Abschnitte einteilen. Abbildung 2.1. zeigt eine schematische Darstellung dieser Einteilung für den allgemeinsten Fall.

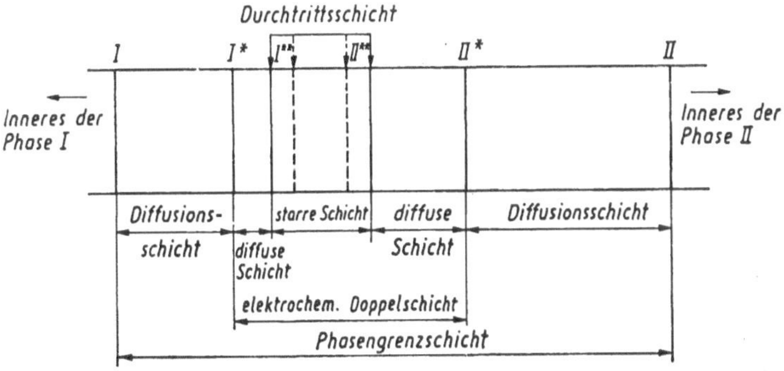

Abb. 2.1. Schematische Darstellung des Aufbaus der Phasengrenzschicht einer Elektrode Phase I/Phase II

2.1.1. Die Durchtrittsreaktion

Der für elektrochemische Reaktionen charakteristische Teilvorgang ist der eigentliche Übergang der elektrischen Ladungsträger über die Phasengrenze der Elektrode. Dieser Übergang wird als Durchtrittsreaktion (r^{**}) bezeichnet und erfolgt über einen Energieberg, der sich innerhalb der Durchtrittsschicht von I** bis II** erstreckt. An den Stellen I** und II** befinden sich die übergangsfähigen Ladungsträger im Ausgangs- bzw. Endzustand der Durchtrittsreaktion. Die Durchtrittsschicht ist häufig identisch mit dem starren Anteil der Doppelschicht, kann aber auch gänzlich innerhalb dieser Schicht liegen (beide Möglichkeiten sind in Abb. 2.1. angedeutet).

Bei einer Metallionen-Elektrode [Metall (I)/Elektrolytlösung (II)] besteht die Durchtrittsreaktion in dem Vorgang[1])

$$Me^{z}(I^{**}) \rightleftharpoons Me^{z}(II^{**}) \quad \text{oder} \quad Me^{z}(I^{**}) + X_r(II^{**}) \rightleftharpoons X_o(II^{**}), \qquad (r_1^{**})$$

z. B.

$$Cd^{2+}(I^{**}) \rightleftharpoons Cd^{2+}(II^{**}) \quad \text{oder} \quad Cd^{2+}(I^{**}) + 2CN^{-}(II^{**}) \rightleftharpoons Cd(CN)_2(II^{**}).$$

$Me^{z}(I^{**})$ ist ein Metallion an der Metalloberfläche. Es kann sich dort auf einem normalen ungestörten Gitterplatz befinden, wird jedoch in der Regel als ein weniger fest gebundenes Teilchen in Halbkristallagen oder als *ad*-Atom (oder *ad*-Ion) vorliegen [22].

Das Endprodukt der Durchtrittsreaktion auf der Lösungsseite ist gewöhnlich das Metallion in der äußeren HELMHOLTZ-Fläche. Es kann dort entweder nur an das Lösungsmittel oder aber auch an einen anderen in der Lösung vorhandenen Komplexbildner X_r (CN^-, Cl^-, NH_3 u. a.) gebunden sein. Im ersten Fall liegt ein solvatisiertes Ion $Me^{z}(II^{**})$, im zweiten Fall der Metallkomplex $X_o(II^{**})$ vor.

An einer Redoxelektrode [Metall (I) oder Halbleiter (I)/Elektrolytlösung (II)] findet die Durchtrittsreaktion

$$X_o(II^{**}) + e^{-}(I^{**}) \rightleftharpoons X_r(II^{**}) \qquad (r_2^{**})$$

statt. Hierbei ist $e^{-}(I^{**})$ ein Elektron an der Oberfläche des Metalls oder Halbleiters (gegebenenfalls in einem speziellen „*ad*-Elektronenzustand"). Die Reaktionspartner $X_o(II^{**})$ und $X_r(II^{**})$ befinden sich entweder in der äußeren HELMHOLTZ-Fläche oder in spezifischen Adsorptionszuständen innerhalb einer der Metalloberfläche unmittelbar anliegenden Adsorptionsschicht (bei Ionen identisch mit der inneren HELMHOLTZ-Fläche). Der erstere Fall tritt vorrangig bei stark solvatisierten Ionen als Reaktionspartner oder auch dann auf, wenn das Ion und die Überschußladungen auf dem Metall Ladungen gleichen Vorzeichens tragen. Der Elektronenübergang wird dann auch als „o.H.l.-Mechanismus" (outer HELMHOLTZ layer) bezeichnet. Hingegen spricht man von „i.H.l.-Mechanismus" (inner H.l.), wenn ein partiell desolvatisiertes, spezifisch adsorbiertes Ion Elektronen mit dem Metall austauscht.

---

[1]) Ebenso wie aus einem oxydierten Stoff X_o durch Aufnahme von negativen Ladungsträgern (Elektronen) ein reduzierter Stoff X_r gebildet wird, entsteht aus einem reduzierten Stoff X_r bei Aufnahme von positiven Ladungsträgern (Metallionen) ein oxydierter Stoff X_o.

Der mit dem Ablauf der Durchtrittsreaktion verbundene Stoffumsatz führt auf beiden Seiten der Durchtrittsschicht zu Konzentrationsänderungen der Reaktionsteilnehmer gegenüber dem Gleichgewicht der Bruttoreaktion. Diese Änderungen können sich mehr oder weniger weit ins Innere der Phasen fortpflanzen und lösen verschiedene Vorgänge aus, die eine Wiedereinstellung des Gleichgewichts anstreben. Diese Vorgänge sind somit für die Nachlieferung der bei der Durchtrittsreaktion verbrauchten Stoffe aus dem Inneren der Phasen bzw. die Entfernung der neugebildeten Stoffe in das Innere verantwortlich.

2.1.2. Transportvorgänge

Die außerhalb der elektrochemischen Doppelschicht im Bereich der sog. Diffusionsschicht II* — II (oder auch I — I*) auftretenden Konzentrationsunterschiede führen in jedem Fall zu Diffusionsvorgängen. Da sich die Konzentrationen vom Rand der Doppelschicht bis ins Innere der Lösung kontinuierlich verändern, bedarf die Dicke der Diffusionsschicht einer genaueren Definition.

In Abb. 2.2. ist der Verlauf der Konzentration eines bei der Durchtrittsreaktion entstehenden Stoffs X_i als Funktion des Abstands x vom Rande der Doppelschicht (z. B. II*) bis ins Innere der Phase (II) dargestellt. $c_i{}^*$ und $c_i{}^{\text{II}}$ sind die Konzentrationen bei $x = 0$ bzw. im Inneren der Phase. Die Tangente im Punkte $x = 0$ hat die Steigung $(\partial c_i/\partial x)_{x=0}$ und stellt den Konzentrationsgradienten am Rand der Doppelschicht dar. Die Tangente schneidet die Parallele $c = c_i{}^{\text{II}}$ zur x-Achse im Abstand $x = \delta$. Dieser Abstand wird als Dicke der Diffusionsschicht definiert und ist durch die Beziehung

$$\delta = \frac{c_i{}^{\text{II}} - c_i{}^*}{(\partial c_i/\partial x)_{x=0}} \tag{2.1}$$

gegeben. δ hängt u. a. von dem Diffusionskoeffizienten D_i des jeweiligen Stoffs X_i und den Konvektions- bzw. Strömungsverhältnissen in der Phase (z. B. der Elektrolytlösung) ab [23].

Entsprechend der Vorstellung von Nernst sollte sich die Konzentration in der Diffusionsschicht linear mit dem Abstand x, d. h. nach der Funktion $c(x) = c_i{}^* + x \cdot (\partial c_i/\partial x)_{x=0}$ ändern. In Wirklichkeit ist dies nur für kleine Werte von x annähernd der Fall. Mit zunehmendem Abstand gewinnen mehr und mehr Konvektionsvorgänge an Einfluß, die der Ausbildung eines Konzentrationsgefälles entgegenwirken und zu einer Abflachung der Kurve $c_i = f(x)$ führen.

Auch auf der Metallseite der Doppelschicht einer Elektrode Metall (I)/ Lösung (II) ist eine Diffusionsschicht (I — I*) zu berücksichtigen, wenn als Reaktionsteilnehmer irgendein in dem Metall löslicher Stoff auftritt (z. B. bei einer Amalgamelektrode das in Quecksilber lösliche Metall).

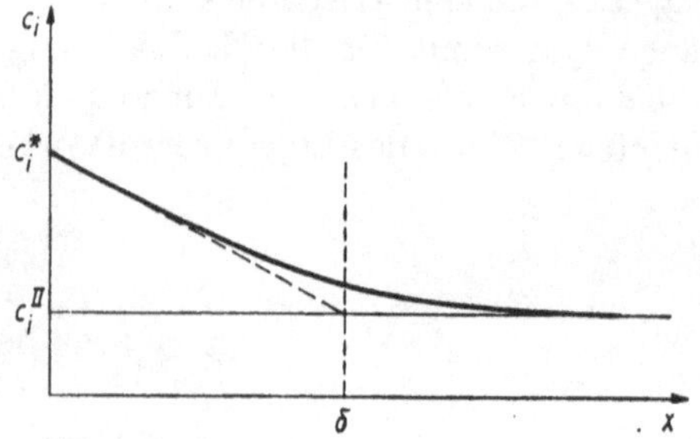

Abb. 2.2. Veranschaulichung des Begriffs der Diffusionsschichtdicke

Der Transport von elektrischen Ladungsträgern X_i durch die Diffusionsschicht kann außer durch Diffusion auch noch durch Migration (Wanderung von Ladungsträgern im elektrischen Feld) erfolgen. Er besteht allgemein in dem Vorgang

$$X_i(\alpha^*) \rightarrow X_i(\alpha) \quad \text{bzw.} \quad X_i(\alpha) \rightarrow X_i(\alpha^*)$$

($\alpha \triangleq$ I oder II).

2.1.3. Homogene und heterogene chemische Teilreaktionen

Die Nachlieferung bzw. Entfernung eines an der Durchtrittsreaktion beteiligten Stoffs X an den bzw. vom Rand der Doppelschicht kann außer durch Transportvorgänge mitunter noch durch eine vor- oder nachgelagerte homogene chemische Reaktion

$$\sum_j |\nu_j| X_j \rightleftharpoons \sum_k \nu_k X_k + \nu X \qquad (\mathrm{R_{hom}})$$

erfolgen, z. B.

$CH_3COOH \cdot solv \rightarrow H^+ \cdot solv + CH_3COO^- \cdot solv$	vorgelagerte chemische Reaktion
$H^+ \cdot solv + e^- \rightarrow H_{ad}$	Durchtrittsreaktion.

Eine solche Reaktion findet außerhalb der Doppelschicht in einer sog. Reaktionsschicht statt, deren Dicke δ_R im Falle örtlich konstanter Konzentrationen der Stoffe X_j und X_k analog zur Diffusionsschichtdicke δ (Gl. 2.1) durch die Beziehung

$$\delta_R = \frac{c^{\text{II}} - c^*}{(\partial c/\partial x)_{x=0}} \tag{2.2}$$

definiert werden kann (c^* und c^{II}-Konzentrationen des Stoffs X am Rand der Doppelschicht bzw. im Inneren der Phase II).

Erfolgt der Ladungsübergang über die Phasengrenze nicht von der äußeren HELMHOLTZ-Fläche, sondern von der Adsorptionsschicht aus (bzw. in die Adsorptionsschicht), so sind der Durchtrittsreaktion stets Adsorptions- bzw. Desorptionsvorgänge vor- bzw. nachgelagert, z. B.

$$X_i(\text{II}) \to X_{i,ad}(\text{II}^{**}) \quad \text{bzw.} \quad X_{i,ad}(\text{II}^{**}) \to X_i(\text{II}).$$

Ein an der Durchtrittsreaktion beteiligter Stoff X kann in der Adsorptionsschicht auch durch eine heterogene chemische Reaktion nachgebildet bzw. entfernt werden:

$$\sum_j |\nu_j| X_j \rightleftharpoons \sum_k \nu_k X_k + \nu X_{ad}(\text{II}^{**}), \tag{R_{het}}$$

z. B. $H^+ \cdot \text{solv} + e^- \to H_{ad}$ Durchtrittsreaktion

$2\,H_{ad} \to H_2 \cdot \text{solv}$ nachgelagerte chemische Reaktion

2.1.4. Kristallisationsreaktionen

Bei Metallionen-Elektroden ist als Spezialfall eines Ad- bzw. Desorptionsprozesses noch der Einbau der bei einer Durchtrittsreaktion abgeschiedenen *ad*-Atome (einzelne auf einer Netzebene adsorbierte Atome) in das Kristallgitter (an einer Wachstumsstelle, z. B. Halbkristallage) bzw. der Ausbau der Atome aus dem Gitter unter Bildung von *ad*-Atomen zu berücksichtigen. Ein solcher Vorgang wird gewöhnlich als Kristallisationsreaktion bezeichnet:

$$\text{Me}_{ad}(\text{I}^{**}) \to \text{Me}_{\text{gitter}} \quad \text{bzw.} \quad \text{Me}_{\text{gitter}} \to \text{Me}_{ad}(\text{I}^{**}).$$

2.2. Reaktionslaufzahl und Reaktionsladung

Beim Ablauf einer elektrochemischen Reaktion ändert sich in einem Zeitintervall Δt die (molare) Stoffmenge jedes Reaktionsteilnehmers X_i um einen bestimmten Wert Δn_i. Die Quotienten aus Δn_i und den jeweiligen stöchiometrischen Koeffizienten ν_i in der Bruttoreaktionsgleichung haben für alle Reaktionsteilnehmer den gleichen Wert und stellen damit ein einheitliches quantitatives Maß

$$\frac{\Delta n_i}{\nu_i} = \Delta\lambda \tag{2.3}$$

für den Stoffumsatz in dem Zeitintervall Δt dar. $\Delta\lambda$ wird als Reaktionslaufzahl bezeichnet. Ist $\Delta\lambda = 1$, so wird $\Delta n_i = \nu_i$, d. h., die Zahl der umgesetzten Mole jedes bei der Reaktion verbrauchten bzw. neugebildeten Stoffs entspricht gerade dem jeweiligen stöchiometrischen Koeffizienten in der Bruttoreaktionsgleichung. Diese Einheit der Reaktionslaufzahl wird ein Formelumsatz (gelegentlich auch ein Dedonder) genannt.

Die bei einer elektrochemischen Reaktion (r) von der einen in die andere Phase überführte Ladungsmenge Δq_r ist der Reaktionslaufzahl $\Delta\lambda_r$ direkt proportional (FARADAYsches Gesetz):

$$\boxed{\Delta q_r = z_r F\, \Delta\lambda_r}\,. \tag{2.4}$$

Der Proportionalitätsfaktor $z_r F$ stellt die auf $\Delta\lambda_r = 1$ bezogene Ladungsmenge dar und wird als Reaktionsladung bezeichnet. Die Reaktionsladungszahl z_r gibt die Zahl der überführten positiven Äquivalentladungen F für $\Delta\lambda_r = 1$ an und läßt sich in einfacher Weise aus den Ladungszahlen z_i der Reaktionsteilnehmer X_i in den beiden Phasen nach der Gleichung

$$z_r = -\sum_i \nu_i^{\mathrm{I}} z_i = \sum_i \nu_i^{\mathrm{II}} z_i \tag{2.5}$$

berechnen.

Für die Reaktionen $Ag^+(I) \rightarrow Ag^+(II)$ (1), $Fe^{3+}(II) + e^-(I) \rightarrow Fe^{2+}(II)$ (2) und $Cl^-(I) \rightarrow Cl^-(II)$ (3) ergeben sich auf diese Weise z. B. die Reaktionsladungszahlen

$$z_{r,1} = +1\,, \quad z_{r,2} = -1\,, \quad z_{r,3} = -1\,.$$

2.3. Reaktionsgeschwindigkeit und Reaktionsstromstärke

Wenn eine elektrochemische Reaktion (r) in der durch ihre Formulierung festgelegten Richtung abläuft, so ist $\Delta\lambda_r$ positiv ($\Delta\lambda_r > 0$), verläuft sie in der umgekehrten Richtung, dann ist $\Delta\lambda_r$ negativ ($\Delta\lambda_r < 0$). In beiden Fällen ergibt sich

$\Delta\lambda_r$ wie bei einer rein chemischen Reaktion als Differenz der positiven Reaktionslaufzahlen $\overrightarrow{\Delta\lambda}$ und $\overleftarrow{\Delta\lambda}$ der beiden entgegengesetzt gerichteten Teilreaktionen ($\vec{r}$) bzw. ($\overleftarrow{r}$):

$$\Delta\lambda_r = \overrightarrow{\Delta\lambda} - \overleftarrow{\Delta\lambda}. \tag{2.6}$$

Im Gleichgewicht der Reaktion sind $\overrightarrow{\Delta\lambda}$ und $\overleftarrow{\Delta\lambda}$ gleich groß und damit $\Delta\lambda_r = 0$.

Die Geschwindigkeit einer Reaktion ist definiert als der Stoffumsatz in der Zeiteinheit und ergibt sich daher unter Berücksichtigung von Gl. (2.6) zu

$$\frac{d\lambda_r}{dt} = \frac{\overrightarrow{d\lambda}}{dt} - \frac{\overleftarrow{d\lambda}}{dt}. \tag{2.7}$$

Sie ist je nach der Richtung des Reaktionsablaufs positiv oder negativ.

Da bei einer elektrochemischen Reaktion der Stoffumsatz mit einem Ladungstransport durch die Phasengrenze verbunden ist, so entspricht der Reaktionsgeschwindigkeit $d\lambda_r/dt$ nach Gl. (2.4) eine ihr äquivalente Reaktionsstromstärke

$$\boxed{I_r = \frac{dq_r}{dt} = z_r F \cdot \frac{d\lambda_r}{dt}}. \tag{2.8}$$

In Analogie zu Gl. (2.7) setzt sich die Reaktionsstromstärke additiv aus zwei Teilstromstärken

$$\vec{I}_r = z_r F\, \overrightarrow{d\lambda}/dt \quad \text{und} \quad \overleftarrow{I}_r = -z_r F\, \overleftarrow{d\lambda}/dt \tag{2.9}$$

zusammen, so daß

$$I_r = \vec{I}_r + \overleftarrow{I}_r = z_r F \frac{\overrightarrow{d\lambda}}{dt} - z_r F \frac{\overleftarrow{d\lambda}}{dt}. \tag{2.10}$$

Im (dynamischen) Gleichgewicht der Reaktion ist wegen $\Delta\lambda_r = 0$ auch $I_r = 0$, und die beiden Teilstromstärken nehmen den gleichen absoluten Wert

$$I_0 = |z_r|\, F \left(\frac{\overrightarrow{d\lambda}}{dt}\right)_{I_r=0} = |z_r|\, F \left(\frac{\overleftarrow{d\lambda}}{dt}\right)_{I_r=0} \tag{2.11}$$

an. I_0 wird als Austauschstromstärke bezeichnet. Der Austausch von Ladungsträgern zwischen den beiden Phasen einer Elektrode auch im Gleichgewicht kann z. B. durch Verwendung radioaktiver Isotope, z. B. an der Elektrode $Ag/Ag^+ \cdot$ solv, leicht nachgewiesen werden.

Im Interesse einer eindeutigen, von der Formulierung der elektrochemischen Reaktion unabhängigen Kennzeichnung der Stromrichtung durch eine Elektrode ist folgende Übereinkunft getroffen worden: Gehen bei einer Elektrode Metall (I)/Lösung (II) positive Ladungsträger vom Metall in die Lösung bzw. negative Ladungsträger von der Lösung in das Metall über, so liegt ein anodischer Strom vor und die Stromstärke $I = I_a$ wird mit einem positiven Vorzeichen versehen ($I_a > 0$). Liegt ein Stromfluß in umgekehrter Richtung vor, so spricht man von einem katodischen Strom und die Stromstärke $I = I_k$ erhält ein negatives Vorzeichen ($I_k < 0$). Eine von einem anodischen Strom durchflossene Elektrode wird als Anode, eine von einem katodischen Strom durchflossene als Katode bezeichnet.

2.4. Zur Thermodynamik elektrochemischer Reaktionen [24]

Als quantitatives Maß für die Triebkraft einer heterogenen Reaktion

$$\sum_{\alpha,j} |\nu_i^\alpha|\, X_j(\alpha) \rightarrow \sum_{\alpha,k} \nu_k^\alpha X_k(\alpha)$$

zwischen elektrisch neutralen Reaktionsteilnehmern dient die freie Reaktionsenthalpie ΔG_R bzw. ihr negativer Wert, die chemische Affinität A_R. Sie ergibt sich aus den chemischen Potentialen $\mu_i^\alpha = \mu_i^{0\alpha} + RT \cdot \ln a_i^\alpha$ aller Reaktionsteilnehmer nach der Beziehung

$$\begin{aligned} A_R &= -\sum_i \nu_i^\alpha \mu_i^\alpha = -\sum_i \nu_i^\alpha \mu_i^{0\alpha} - RT \sum_i \nu_i^\alpha \ln a_i^\alpha \\ &= A_R^0 - RT \sum_i \nu_i^\alpha \ln a_i^\alpha . \end{aligned} \tag{2.12}$$

A_R^0 ist die chemische Standardaffinität der Reaktion und $a_i^\alpha = c_i^\alpha \cdot f_i^\alpha$ sind die Aktivitäten der Reaktionsteilnehmer $X_i(\alpha)$.

Ist die oben angegebene heterogene Reaktion eine elektrochemische Reaktion (r), so treten elektrisch geladene Reaktionsteilnehmer auf, für die anstelle der chemischen Potentiale μ_i die elektrochemischen Potentiale $\tilde{\mu}_i^\alpha = \mu_i^\alpha + z_i F \varphi^\alpha$ berücksichtigt werden müssen. Die Triebkraft einer elektrochemischen Reaktion wird darum nicht mehr allein durch ihre chemische Affinität A_r, sondern durch ihre elektrochemische Affinität

$$\tilde{A}_r = -\sum_i \nu_i^\alpha \tilde{\mu}_i^\alpha = A_r - \sum_i z_i \nu_i^\alpha F \varphi^\alpha \tag{2.13}$$

bestimmt. Im allgemeinen ist $\tilde{A}_r$ von A_r verschieden.

Da nach Gl. (2.5)

$$z_r = -\sum_i \nu_i^{\mathrm{I}} z_i = \sum_i \nu_i^{\mathrm{II}} z_i,$$

so kann Gl. (2.13) unter Berücksichtigung von Gl. (1.1) auch in der Form

$$\tilde{A}_r = A_r + z_r F(\varphi^{\mathrm{I}} - \varphi^{\mathrm{II}}) = A_r + z_r F\, {}^{\mathrm{I}}g^{\mathrm{II}} \tag{2.14}$$

geschrieben werden.

Die elektrochemische Affinität einer Reaktion hängt somit sowohl von ihrer chemischen Affinität A_r als auch von der Galvanispannung ${}^{\mathrm{I}}g^{\mathrm{II}}$ der Elektrode ab.

Im Gleichgewicht der elektrochemischen Reaktion ist $\tilde{A}_r = 0$, und man erhält aus Gl. (2.14) für die Gleichgewichts-Galvanispannung

$$\boxed{{}^{\mathrm{I}}g^{\mathrm{II}}_{gl,r} = g_{gl,r} = -\frac{A_r}{z_r F}}\,. \tag{2.15}$$

Unter Berücksichtigung von Gl. (2.12) folgt daraus für die Konzentrationsabhängigkeit der Gleichgewichts-Galvanispannung (NERNSTsche Gleichung)

$$g_{gl,r} = g_r^0 + \frac{RT}{z_r F} \sum \nu_i^{\alpha} \ln a_i^{\alpha}. \tag{2.16}$$

$g_r^0 = -A_r^0/(z_r F)$ ist die Standard-Galvanispannung.

Für die in Abschnitt 2.1. angegebenen Reaktionen (r_1), (r_2) und (r_3) gilt somit z. B.

$$g_{gl,1} = g_1^0 + \frac{RT}{zF} \ln \frac{a^{\mathrm{II}}_{Me^z}}{a^{\mathrm{I}}_{Me^z}}; \quad g_{gl,2} = g_2^0 + \frac{RT}{nF} \ln \frac{a_o^{\mathrm{II}}}{a_r^{\mathrm{II}}};$$

$$g_{gl,3} = g_3^0 - \frac{RT}{|z|\,F} \ln \frac{a^{\mathrm{II}}_{A^z}}{a^{\mathrm{I}}_{A^z}}.$$

2.5. Polarisation einer Elektrode

Beim Durchgang eines Stroms durch eine Elektrode nimmt die Galvanispannung ${}^{\mathrm{I}}g^{\mathrm{II}} = g_{\mathrm{I}}$ einen von der Ruhe-Galvanispannung ${}^{\mathrm{I}}g^{\mathrm{II}} = g_0$ im stromlosen Zustand abweichenden Wert an. Die Differenz

$$\boxed{\Delta g_{\mathrm{I}} = g_{\mathrm{I}} - g_0} \tag{2.17}$$

wird als Polarisation der Elektrode oder Elektrodenpolarisation bezeichnet.

g_I stellt im Sinne dieser Definition die Galvanispannung über der Phasengrenzschicht der Elektrode (elektrochemische Doppelschicht + Diffusionsschicht) dar.

2.6. Einfache Elektroden, Begriff der Überspannung

Findet an einer Elektrode nur eine einzige elektrochemische Reaktion (r) statt, so liegt eine einfache Elektrode vor. Die Ruhe-Galvanispannung g_0 ist dann identisch mit der Gleichgewichts-Galvanispannung $g_{gl,r}$, und es folgt aus Gl. (2.14), (2.15) und (2.17)

$$\boxed{\Delta g_I = g_I - g_{gl,r} = \frac{\tilde{A}_r}{z_r F} \equiv \eta_r}. \tag{2.18}$$

Die Abweichung η_r der Galvanispannung g_I bei einer Reaktionsstromstärke $I_r \neq 0$ vom Gleichgewichtswert $g_{gl,r}$ wird als Überspannung der Elektrode bzw. der Reaktion (r) bezeichnet.

Je nachdem, ob die elektrochemische Affinität positiv oder negativ ist, läuft entweder die Reaktion (r) oder die inverse Reaktion ($-r$) ab. Daher haben Geschwindigkeit und elektrochemische Affinität einerseits sowie Stromstärke und Überspannung andererseits stets das gleiche Vorzeichen.

2.7. Mehrfache Elektroden

Bei einer großen Zahl von Elektroden können gleichzeitig mehrere elektrochemische Reaktionen mit merklicher Geschwindigkeit ablaufen. Elektroden dieser Art werden als mehrfache Elektroden bezeichnet. Sie sind daran zu erkennen, daß im Fall gleichgerichteter Teilströme die Stromausbeute in bezug auf eine einzige Reaktion (r) kleiner als Eins ist ($\Delta q_r/\Delta q_{\text{gesamt}} < 1$).

Die Gesamtstromstärke I setzt sich bei einer mehrfachen Elektrode additiv aus den Stromstärken I_r der einzelnen Reaktionen zusammen [25]:

$$\boxed{I = \sum_r I_r}. \tag{2.19}$$

2.7.1. Die Kopplung zweier elektrochemischer Reaktionen

Zwei elektrochemische Reaktionen (r_1) und (r_2) mögen die Reaktionsladungszahlen z_1 und z_2 haben. Läuft z_1-mal die Reaktion (r_2) (Reaktionsladungszahl $z_1 z_2$) und z_2-mal die Reaktion ($-r_1$) (Reaktionsladungszahl $-z_1 z_2$) ab, so resultiert daraus eine chemische Reaktion (R), bei der im Endergebnis kein Übergang von Ladungsträgern von der einen in die andere Phase der Elektrode stattfindet.

Die Affinität A_R dieser Reaktion beträgt

$$A_R = z_1\tilde{A}_2 - z_2\tilde{A}_1 = z_1A_2 - z_2A_1. \tag{2.20}$$

Die Reaktion (R) kann eine homogene oder heterogene chemische Reaktion sein. Sie ist homogen, wenn bei den elektrochemischen Reaktionen (r_1) und (r_2) in einer der beiden Phasen ausschließlich die gleichen Reaktionsteilnehmer auftreten, wie z. B. bei der Elektrode Ag(I)/CN^- · solv, $Ag(CN)_2^-$ · solv (II) mit den Reaktionen

(r_1)	$Ag(I) \rightarrow Ag^+(II) + e^-(I)$	$z_1 = 1$
(r_2)	$Ag(I) + 2CN^-(II) \rightarrow Ag(CN)_2^-(II) + e^-(I)$	$z_2 = 1$
(R_{hom})	$Ag^+(II) + 2CN^-(II) \rightarrow Ag(CN)_2^-(II)$	

Die Reaktion (R) ist eine heterogene chemische Reaktion, wenn an den Reaktionen (r_1) und (r_2) in beiden Phasen verschiedene Stoffe teilnehmen, wie z. B. bei der Elektrode Zn(I)/H^+ · solv, Zn^{2+} · solv(II) mit den Reaktionen

(r_1)	$Zn(I) \rightarrow Zn^{2+}(II) + 2e^-(I)$	$z_1 = 2$
(r_2)	$e^-(I) + H^+(II) \rightarrow 1/2\,H_2(II)$	$z_2 = -1$
(R_{het})	$Zn(I) + 2H^+(II) \rightarrow Zn^{2+}(II) + H_2(II)$	

2.7.2. Zweifache Elektroden im Gleichgewicht

Sind an einer zweifachen Elektrode beide elektrochemische Reaktionen (r_1) und (r_2) im Gleichgewicht ($\tilde{A}_1 = \tilde{A}_2 = 0$), so sind ihre Reaktionsstromstärken I_1 und I_2 gleich Null und die Gleichgewichts-Galvanispannungen $g_{gl,1}$ und $g_{gl,2}$ einander gleich. Da dann nach Gl. (2.19) auch die Gesamtstromstärke $I = I_1 + I_2$ gleich Null sein muß, so gilt für die Ruhe-Galvanispannung

$$g_0 = g_{gl,1} = g_{gl,2}.$$

Folglich ist

$$g_{I=} - g_0 = \eta_1 = \eta_2 = 0, \tag{2.21}$$

d. h., bei Abwesenheit eines Stromflusses durch die Elektrode ist die Überspannung für beide Reaktionen gleich Null.

Ein Beispiel für diesen Fall ist etwa ein AgCl-Kristall (I), der sich in einer an AgCl gesättigten wäßrigen Lösung (II) befindet. Da an dieser Elektrode der Gesamtvorgang

$$(R_{\text{het}}) \quad \text{AgCl(I)} \rightarrow \text{Ag}^+\text{(II)} + \text{Cl}^-\text{(II)}$$

im Gleichgewicht, d. h. $A_R = 0$ ist, so müssen bei der Stromstärke $I = 0$ auch beide Teilreaktionen

$$(r_1) \quad \text{Ag}^+\text{(I)} \rightarrow \text{Ag}^+\text{(II)} \qquad z_1 = 1$$

und

$$(r_2) \quad \text{Cl}^-\text{(I)} \rightarrow \text{Cl}^-\text{(II)} \qquad z_2 = -1$$

im Gleichgewicht sein.

2.7.3. Mischelektroden

Befinden sich die beiden elektrochemischen Reaktionen an einer zweifachen Elektrode nicht im Gleichgewicht, so liegt eine Mischelektrode vor. An einer Mischelektrode sind die Überspannungen für beide Reaktionen von Null verschieden, auch wenn $I = I_1 + I_2 = 0$ ist. Ist z. B. die Überspannung der Reaktion (r_1) positiv, d. h.

$$\eta_1 = g_{I=0} - g_{gl,1} = \frac{\tilde{A}_1}{z_1 F} > 0, \tag{2.22}$$

so ist auch die Stromstärke I_1 positiv. Da bei der Gesamtstromstärke Null $I_2 = -I_1$ ist, so muß I_2 und damit auch die Überspannung η_2 der Reaktion (r_2) negativ sein, d. h.

$$\eta_2 = g_{I=0} - g_{gl,2} = \frac{\tilde{A}_2}{z_2 F} < 0. \tag{2.23}$$

Aus Gl. (2.22) und (2.23) folgt, daß der Wert für die Galvanispannung bei $I = 0$ zwischen den beiden Gleichgewichtswerten $g_{gl,1}$ und $g_{gl,2}$ liegen muß. Die Galvanispannung einer Mischelektrode wird als Misch-Galvanispannung oder kurz Mischspannung bezeichnet.

Eine praktisch sehr wichtige Mischelektrode liegt z. B. bei der Korrosion eines Metalls vor, wenn sich das Metall in einer wäßrigen Lösung unter Wasserstoffentwicklung auflöst. Wie auf Seite 55 am Beispiel des Zinks gezeigt, setzt sich der Korrosionsvorgang aus zwei elektrochemischen Reaktionen zusammen. Verläuft die Gesamtreaktion R_{het} in der dort angegebenen Richtung, so ist ihre Affinität A_R positiv, d. h.

$$A_R = z_1\tilde{A}_2 - z_2\tilde{A}_1 = z_1 z_2 F(\eta_2 - \eta_1) > 0. \quad (2.24)$$

Gl. (2.24) gilt ganz allgemein, wenn der Index 1 auf diejenige Teilreaktion bezogen wird, deren Stromstärke bei $I = 0$ ein positives Vorzeichen hat.

Stellt daher (r_1) den Metallionenübergang und (r_2) irgendeine Redoxreaktion dar, so verläuft die Gesamtreaktion R_{het} in Richtung der Auflösung des Metalls. Wie Abb. 2.3a. zeigt, kann dieser Vorgang durch eine katodische Polarisation ($\Delta g_I < 0$) gehemmt oder sogar gänzlich verhindert werden (katodischer Korrosionsschutz).

Wenn hingegen (r_1) die Redoxreaktion und (r_2) der Metallionenübergang ist (Abb. 2.3b.), so findet eine Abscheidung des Metallions aus der Lösung statt. Dies ist z. B. bei der stromlosen Plattierung der Fall.

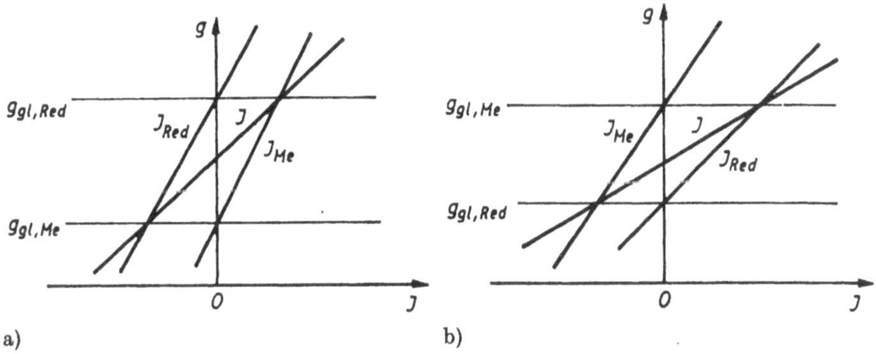

Abb. 2.3a. und 2.3b. Einstellung von Misch-Galvanispannungen bei $I = 0$ für den Fall einer Metallauflösung (a) und Metallabscheidung (b); vereinfachte Darstellung durch linearisierte Strom-Spannungs-Beziehungen

2.8. Galvanische Zellen

Da beim Ablauf einer elektrochemischen Reaktion Ladungsträger von der einen in die andere Phase einer Elektrode übergehen, so würde die damit verbundene elektrische Aufladung der Phasen schon nach einem sehr kleinen Umsatz zum Stillstand der Reaktion führen, wenn nicht für ein Abfließen der Ladungen gesorgt wird. Zu diesem Zweck muß die zu untersuchende Elektrode (Versuchselektrode), z. B. Metall (I)/Lösung (II), mit wenigstens einer weiteren Elektrode (Gegenelektrode), z. B. Lösung (III)/Metall (IV), zu einer galvanischen Zelle

Metall (I)/Lösung (II)/Lösung (III)/Metall (IV)/Metall (I')

kombiniert werden. Die beiden Endphasen I und I', die immer aus dem gleichen Material bestehen müssen, sind die Pole der galvanischen Zelle.

Im einfachsten Fall haben die Lösungen (II) und (III) die gleiche Zusammensetzung. Ist dies nicht der Fall, so kann zur Herabminderung des dann stets auftretenden „Diffusionspotentials" ${}^{\mathrm{II}}g^{\mathrm{III}}$ auch noch eine weitere Elektrolytlösung zwischen (II) und (III) eingefügt werden [26]. Ebenso kann zwischen (IV) und (I') mitunter noch ein anderes Metall geschaltet sein.

Ein wohlbekanntes Beispiel für eine galvanische Zelle ist etwa die DANIELL-Zelle

$$\mathrm{Cu(I)/Cu^{2+}} \cdot aq\mathrm{(II)/Zn^{2+}} \cdot aq\mathrm{(III)/Zn(IV)/Cu(I')}.$$

2.8.1. Zellspannung und Zellpolarisation

Unter der Zellspannung ${}^{\mathrm{I}}U^{\mathrm{I'}}$ einer galvanischen Zelle versteht man die Differenz der (inneren) elektrischen Potentiale φ^{I} und $\varphi^{\mathrm{I'}}$ der beiden Pole I bzw. I' der Zelle:

$$\boxed{{}^{\mathrm{I}}U^{\mathrm{I'}} = \varphi^{\mathrm{I}} - \varphi^{\mathrm{I'}}} \tag{2.25}$$

Die Zellspannung ist eine direkt meßbare Größe. Sie setzt sich unter Berücksichtigung der Reihenfolge der Phasen in der Zelle additiv aus den Galvanispannungen über den einzelnen Phasengrenzschichten und im Falle eines Stromflusses zusätzlich aus den elektrischen (OHMschen) Potentialabfällen U^{α} im Inneren der verschiedenen Phasen α zusammen. Für die oben angeführte Zelle ergibt sich somit[1])

$${}^{\mathrm{I}}U^{\mathrm{I'}} = {}^{\mathrm{I}}g^{\mathrm{II}} + U^{\mathrm{II}} + {}^{\mathrm{II}}g^{\mathrm{III}} + U^{\mathrm{III}} + {}^{\mathrm{III}}g^{\mathrm{IV}} + {}^{\mathrm{IV}}g^{\mathrm{I'}}. \tag{2.26}$$

Ebenso wie die Galvanispannung einer einzelnen Elektrode erfährt auch die Zellspannung ${}^{\mathrm{I}}U^{\mathrm{I'}} = U_{\mathrm{I}}$ bei Stromfluß eine Änderung gegenüber ihrem Wert U_0 im stromlosen Zustand. Die Differenz

$$\boxed{\Delta U_{\mathrm{I}} = U_{\mathrm{I}} - U_0} \tag{2.27}$$

wird als Zellpolarisation bezeichnet.

---

[1]) Die OHMschen Potentialabfälle in den Metallphasen können in der Regel vernachlässigt werden.

Im Falle einer sog. idealen galvanischen Zelle, d. h. einer Zelle, die aus zwei einfachen Elektroden mit einer gemeinsamen Elektrolytlösung (Abwesenheit eines Diffusionspotentials) aufgebaut ist, entspricht U_0 der Gleichgewichts-Zellspannung U_{gl}. Die Zellpolarisation setzt sich dann additiv aus den Überspannungen η_r der elektrochemischen Reaktionen an beiden Elektroden und den OHMschen Potentialabfällen U^α im Inneren der Phasen α zusammen, so daß

$$\Delta U_{\mathrm{I}} = U_{\mathrm{I}} - U_{gl} = \sum_r \eta_r + \sum_\alpha U^\alpha. \tag{2.28}$$

Bei einer realen galvanischen Zelle mit mehrfachen Elektroden und verschiedenen Lösungen (II) und (III) müssen anstelle der Überspannungen allgemein die Elektrodenpolarisationen Δg_{I} und außerdem eventuelle Änderungen des Diffusionspotentials berücksichtigt werden.

2.8.2. Messung der Elektrodenpolarisation

Galvanispannungen sind grundsätzlich nur zwischen zwei Phasen meßbar, die in ihrer Zusammensetzung und Struktur völlig übereinstimmen. Dies bedeutet, daß nur Zellspannungen, nicht aber Galvanispannungen von einzelnen Elektroden experimentell ermittelt werden können. Infolgedessen ist die Polarisation bzw. Überspannung einer Versuchselektrode nur durch Messung der Polarisation einer galvanischen Zelle zugängig, wobei außerdem alle anderen Polarisationsanteile entsprechend Gl. (2.28) entweder bekannt oder aber vernachlässigbar klein sein müssen.

Die letztgenannten Voraussetzungen sind jedoch gewöhnlich nur bei sehr kleinen Stromstärken bzw. OHMschen Widerständen R_Ω^α ($U^\alpha = I \cdot R_\Omega^\alpha \to 0$) und Verwendung einer Gegenelektrode (*GEL*) mit großer Grenzfläche ($\eta_{\mathrm{GEL}} \to 0$) erfüllt. Schon bei einer Stromstärke von z. B. 0,1 mA tritt in einer Zelle mit einem Widerstand R_Ω von 100 Ω ein Potentialabfall von 0,01 V auf.

Für genauere Untersuchungen empfiehlt sich daher stets die Verwendung einer zusätzlichen Bezugselektrode, z. B. Metall (IV')/Lösung (III'), die in Kombination mit der Versuchselektrode Metall (I)/Lösung (II) die Bezugszelle

Metall (I)/Lösung (II)/Lösung (III')/Metall (IV')/Metall (I')

ergibt. Die Bezugselektrode muß eine zeitlich konstante und gut reproduzierbare Galvanispannung aufweisen. Diese Bedingung erfüllen nur wenige Elektroden. In der Praxis werden überwiegend Elektroden 2. Art, wie z. B. Kalomelelektroden Hg/Hg_2Cl_2(fest)/Cl^- · solv oder Silber-Silberchlorid-Elektroden Ag/AgCl(fest)/Cl^- · solv verwendet [27].

Die elektrolytische Verbindung zwischen Versuchs- und Bezugselektrode erfolgt vielfach über ein mit der Lösung (II) gefülltes Glasrohr, dessen Ende zu einer Kapillare ausgezogen ist und in die Nähe der Phasengrenze der Versuchselektrode gebracht wird (HABER-LUGGIN-Kapillare).

Wird die Spannung U_B der Bezugszelle nach einem Kompensationsverfahren oder mit einem Meßinstrument von sehr hohem inneren Widerstand gemessen, so fließt durch die Bezugselektrode und die Lösung in der HABER-LUGGIN-Kapillare praktisch kein Strom und die Spannung zwischen der Bezugselektrode (Metall I') und dem Ende der Kapillare bleibt stets konstant (unter der Voraussetzung, daß auch das Diffusionspotential zwischen den eventuell verschiedenen Lösungen (II) und (III') als konstant anzusehen ist). Jede Änderung der Zellspannung U_B, die bei einem Stromfluß zwischen Versuchs- und Gegenelektrode gegenüber dem Ruhewert $U_{B,0}$ bei Stromlosigkeit auftritt, ergibt sich daher zu

$$\Delta U_{B,I} = U_{B,I} - U_{B,0} = \Delta^{\mathrm{I}}g_{\mathrm{I}}^{\mathrm{II}} + {}^{\mathrm{II}}U^K, \tag{2.29}$$

wobei ${}^{\mathrm{II}}U^K$ der OHMsche Potentialabfall zwischen dem Rand der Phasengrenzschicht der Versuchselektrode und dem Ende der Kapillare bedeutet.

Um ${}^{\mathrm{II}}U^K$ möglichst klein zu machen, muß das Ende der Kapillare nahe an die Versuchselektrode herangebracht werden. Wenn man die Spannungsmessung bei verschiedenen Abständen vornimmt, so kann der OHMsche Potentialabfall in der Lösung durch Extrapolation auf den Abstand Null auch gänzlich eliminiert werden.

Generell ist dabei noch zu beachten, daß die Kapillare Teile der Grenzfläche „abschirmen" und das elektrische Feld verzerren kann. Um solche Störungen herabzumindern, sind besondere Formen der HABER-LUGGIN-Kapillare entwickelt worden [28]. Zur Kontrolle ist es auch hier zweckmäßig, den Abstand der Kapillare zu variieren.

2.8.3. Die Bezugsspannung einer Elektrode (Elektrodenpotential)

Die Zellspannung der Bezugszelle ergibt, vermindert um das Diffusionspotential zwischen den Lösungen (II) und (III'), die Bezugsspannung. Sie wird meist auch schlechthin als Elektrodenpotential der Versuchselektrode bezeichnet, z. B. als Elektrodenpotential U_{SHE}, bezogen auf die Standard-Wasserstoff-Elektrode ($a_{\mathrm{H^+}} = 1$ mol/l, $a_{\mathrm{H_2}} = 1$ atm $= 101\,325$ Pa).

Der Gleichgewichtswert $U_{\mathrm{SHE},gl}$ liegt vor, wenn die an der Versuchselektrode ablaufende Reaktion (r) im Gleichgewicht ist, d. h. wenn ${}^{\mathrm{I}}g^{\mathrm{II}} = g_{gl,r}$. Der Gleichgewichtswert U^0_{SHE} unter Standardbedingungen an der Versuchselektrode wird als Standard-Bezugsspannung oder Standard-Elektrodenpotential bezeichnet. Die Kenntnis von U^0_{SHE} ermöglicht u. a. die Einordnung der Reaktion (r) in die elektrochemische Spannungsreihe [29].

Wenn die Versuchselektrode sich nicht in ihrem Standardzustand befindet, so weicht das Gleichgewichts-Elektrodenpotential von dem Standardwert ab. Nach Gl. (2.16) gilt dann

$$U_{\mathrm{SHE},gl} = U^0_{\mathrm{SHE}} + \frac{RT}{z_r F} \sum_i \nu_i \ln a_i. \tag{2.30}$$

Die graphische Darstellung dieses Zusammenhangs liefert sog. Potential-Aktivitäts-Diagramme. Eine besondere Art solcher Darstellungen sind z. B. die Potential-pH-Diagramme nach POURBAIX, in denen speziell die pH-Abhängigkeiten der Potentiale für zahlreiche elektrochemische Reaktionen aufgezeichnet sind [30]. Diese Diagramme können u. a. zur Identifizierung oder Abschätzung möglicher elektrochemischer Reaktionsabläufe dienen, indem man das Ruhepotential einer Versuchselektrode mit dem Gleichgewichts-Elektrodenpotential verschiedener möglicher Reaktionen vergleicht.

2.9. Transportvorgänge

Bei jeder elektrochemischen Reaktion finden Transportvorgänge statt, durch die die Reaktionsteilnehmer an die Doppelschicht der Elektrode herangebracht bzw. von ihr weggeführt werden. Dieser Stofftransport kann durch Diffusion, Migration (Wanderung von Ladungsträgern unter der Wirkung eines elektrischen Felds) und Konvektion erfolgen.

2.9.1. Diffusion

Ein Diffusionsvorgang findet immer dann statt, wenn das chemische Potential μ_i eines Stoffs X_i an verschiedenen Stellen innerhalb einer Phase unterschiedliche Werte hat, d. h. wenn ein Gradient des chemischen Potentials vorliegt. Die Diffusion erfolgt in entgegengesetzter Richtung zu diesem Gradienten mit der Geschwindigkeit

$$\boxed{\frac{1}{A} \cdot \frac{dn_i}{dt} = -\frac{D_i c_i}{RT} \operatorname{grad} \mu_i}. \tag{2.31}$$

dn_i/dt gibt die (molare) Menge des Stoffs X_i an, die in der Zeiteinheit durch eine senkrecht zur Diffusionsrichtung liegende Fläche der Größe A hindurchtritt. D_i ist der Diffusionskoeffizient des Stoffs X_i. Er hängt sowohl von den Eigenschaften des diffundierenden Teilchens selbst (insbesondere seinem Durchmesser) als auch von der Temperatur, dem Druck und der Zusammensetzung der jeweiligen Phase ab.

Da $\mu_i = \mu_i^0 + RT \ln a_i = \mu_i^0 + RT \cdot \ln c_i + RT \cdot \ln f_i$ ist, so setzt sich der Gradient des chemischen Potentials nach

$$\operatorname{grad} \mu_i = \frac{RT}{c_i} \operatorname{grad} c_i + \frac{RT}{f_i} \operatorname{grad} f_i \tag{2.32}$$

allgemein aus zwei Anteilen zusammen, von denen der eine auf örtliche Konzentrationsunterschiede und der andere auf Unterschiede des Aktivitätskoeffizienten f_i zurückzuführen ist.

Bei der Diffusion des Stoffs X_i in einer Elektrolytlösung ist der auf den Gradienten des Aktivitätskoeffizienten f_i entfallende Anteil vernachlässigbar klein, wenn die Lösung a) hinreichend verdünnt ist, so daß $f_i \approx 1$ ist, oder b) einen gegenüber dem Stoff X_i genügend großen (etwa hundertfachen) Überschuß eines Fremdelektrolyten mit überall gleicher Konzentration enthält, so daß die gesamte Ionenstärke der Lösung und damit f_i ebenfalls überall praktisch gleich groß ist.

Unter diesen Bedingungen nimmt Gl. (2.31) die einfachere Form

$$\frac{1}{A} \cdot \frac{dn_i}{dt} = -D_i \operatorname{grad} c_i \tag{2.33}$$

an, die als 1. FICKsches Diffusionsgesetz bekannt ist. In seinem Gültigkeitsbereich kann auch D_i als konstante Größe angesehen werden.

Wenn X_i ein Ladungsträger mit der Ladungszahl z_i ist, so entspricht der Diffusionsgeschwindigkeit eine elektrische Stromdichte

$$\boxed{i_i = z_i F \cdot \frac{1}{A} \cdot \frac{dn_i}{dt} = -z_i F \frac{D_i c_i}{RT} \operatorname{grad} \mu_i}. \tag{2.34}$$

Das Diffusionsverhalten der an einer elektrochemischen Reaktion beteiligten Stoffe hängt in der Nähe der Elektrodengrenzfläche u. a. von der geometrischen Gestalt der Grenzfläche ab. Als Beispiele sollen im folgenden die lineare und die kugelsymmetrische Diffusion behandelt werden.

2.9.1.1. Lineare Diffusion

Erfolgt die Diffusion des Stoffs X_i allein in Richtung senkrecht zu einer ebenen Elektrodengrenzfläche, so ergibt sich die Diffusionsgeschwindigkeit nach dem 1. FICKschen Gesetz zu

$$\frac{1}{A} \cdot \frac{dn_i}{dt}(x, t) = -D_i \cdot \frac{\partial c_i(x, t)}{\partial x}, \tag{2.35}$$

wobei x der Abstand von der Grenzfläche ist. In Gl. (2.35) ist zum Ausdruck gebracht, daß sowohl c_i als auch dn_i/dt im allgemeinen Fall vom Abstand x und der Zeit t abhängen können.

Durch partielle Differentiation nach x erhält man aus Gl. (2.35) den Differentialquotienten

$$\frac{1}{A} \cdot \frac{\partial \frac{dn_i}{dt}(x, t)}{\partial x}.$$

Er gibt die auf die Volumeneinheit bezogene Differenz der in der Zeiteinheit durch zwei parallele ebene Flächen (Größe A; Abstand dx) senkrecht hindurchdiffundierenden (molaren) Mengen des Stoffs X_i an. Diese Differenz ist identisch mit der Änderung der Konzentration c_i in der Zeiteinheit an der jeweiligen Stelle x, so daß unter Berücksichtigung von Gl. (2.35) die Beziehung

$$\frac{\partial c_i(x, t)}{\partial t} = D_i \cdot \frac{\partial^2 c_i(x, t)}{\partial x^2} \tag{2.36}$$

folgt. Gl. (2.36) ist das 2. FICKsche Diffusionsgesetz für den Fall linearer Diffusion.

2.9.1.2. Kugelsymmetrische Diffusion

Bei der Beschreibung der Diffusion des Stoffs X_i senkrecht zu einer Kugelfläche ist es zweckmäßig, als Ortskoordinate den Abstand r vom Mittelpunkt der Kugel einzuführen. Im Falle symmetrischer Diffusionsverhältnisse folgt dann aus dem 1. FICKschen Gesetz für die Diffusionsgeschwindigkeit

$$\frac{1}{A(r)} \cdot \frac{dn_i}{dt}(r, t) = -D_i \cdot \frac{\partial c_i(r, t)}{\partial r}, \tag{2.37}$$

wobei $A = 4\pi r^2$ im Unterschied zur linearen Diffusion noch eine Funktion der Ortskoordinate ist. Die partielle Differentiation von Gl. (2.37) nach r liefert

$$\frac{1}{4\pi r^2} \cdot \frac{\partial \frac{dn_i}{dt}(r, t)}{\partial r} - \frac{2}{4\pi r^3} \cdot \frac{dn_i}{dt}(r, t) = D_i \cdot \frac{\partial^2 c_i(r, t)}{\partial r^2}. \tag{2.38}$$

Der erste Summand auf der linken Seite von Gl. (2.38) stellt die Änderung der Konzentration c_i in der Zeiteinheit dar. Man erhält daher aus Gl. (2.37) und (2.38) als 2. Fickschès Diffusionsgesetz für den Fall kugelsymmetrischer Diffusion:

$$\frac{\partial c_i(r, t)}{\partial t} = D_i \cdot \left[\frac{\partial^2 c_i(r, t)}{\partial r^2} + \frac{2}{r} \cdot \frac{\partial c_i(r, t)}{\partial r} \right]. \tag{2.39}$$

Die Gln. (2.36) und (2.39) stellen die Grundgleichungen für die Beschreibung zeitabhängiger Diffusionsvorgänge bei ebenen und kugelförmigen Elektroden dar. Für ihre konkrete Auswertung müssen Anfangs- und Randbedingungen vorgegeben werden, die den jeweilig vorliegenden Versuchsbedingungen angepaßt sind.

2.9.2. Migration

Die am Aufbau einer Elektrode beteiligten Phasen enthalten durchweg bewegliche Ladungsträger und sind somit elektrische Leiter. Besteht im Inneren eines solchen Leiters ein elektrisches Feld, d. h. ein Gradient des elektrischen Potentials φ, so fließt ein Strom der Dichte

$$\boxed{i = -\varkappa \cdot \operatorname{grad} \varphi}, \tag{2.40}$$

wobei $\varkappa$ die spezifische elektrische Leitfähigkeit der Phase ist[1]).

[1]) Besteht z. B. zwischen den Enden eines homogenen prismatischen Leiterstücks von der Länge l und dem Querschnitt A die Spannung U, so ist grad $\varphi = -U/l$. Die spezifische Leitfähigkeit $\varkappa$ entspricht dem reziproken spezifischen Widerstand ϱ der Phase, aus dem sich nach $R = \varrho \cdot l/A$ der gesamte Ohmsche Widerstand R des Leiterstücks ergibt. Aus Gl. (2.40) folgt somit die Stromstärke

$$I = i \cdot A = \frac{U}{l} \cdot \frac{l}{A \cdot R} \cdot A = \frac{U}{R}$$

(Ohmsches Gesetz).

Wenn in einem Leiter verschiedene Arten von Ladungsträgern X_i vorhanden sind, so trägt jeder von ihnen einen Anteil

$$\varkappa_i = t_i \cdot \varkappa \quad \text{bzw.} \quad i_i = t_i \cdot i$$

zur gesamten Leitfähigkeit $\varkappa$ bzw. Stromdichte i bei. t_i ist die sog. Überführungszahl des Ladungsträgers X_i. Für die Summe aller Überführungszahlen gilt wegen $\varkappa = \sum_i \varkappa_i$ und $i = \sum_i i_i$

$$\sum_i t_i = 1 .$$

$\varkappa_i$ hängt nach der Gleichung

$$\varkappa_i = |z_i| \, c_i \Lambda_i$$

von der Ladungszahl z_i, der Konzentration c_i und der Äquivalentfähigkeit Λ_i des Ladungsträgers X_i ab. Damit ergibt sich für die Teilstromdichte i_i unter Berücksichtigung von Gl. (2.40)

$$i_i = -|z_i| \, c_i \Lambda_i \cdot \operatorname{grad} \varphi . \tag{2.41}$$

Der Migrationsanteil beim Transport der an einer elektrochemischen Reaktion beteiligten Stoffe kompliziert die kinetischen Gesetzmäßigkeiten beim Ablauf der Reaktion. Es ist daher von Vorteil, ihn so klein wie möglich zu halten. Dies kann bei einer Elektrolytlösung dadurch geschehen, daß man der Lösung eine genügend große Menge (etwa einen hundertfachen Überschuß) eines Fremdelektrolyten (Leitelektrolyten) zusetzt, der an der zu untersuchenden Reaktion nicht beteiligt ist und auch selbst keine Reaktion eingeht. Als Leitelektrolyt werden meist Salze der Alkalimetalle verwendet, deren Ionen nur schwer reduzierbar oder oxydierbar sind.

Die Wirkung eines Leitelektrolytzusatzes ist an Hand der Gl. (2.41) leicht zu übersehen. Ist z. B. X_n die einzige an einer elektrochemischen Reaktion beteiligte Ionenart und stellen die X_i alle übrigen in der Lösung enthaltenen Ionenarten dar, so gilt für die Gesamtstromdichte

$$i = i_n + \sum_i i_i = -|z_n| \, c_n \Lambda_n \operatorname{grad} \varphi - \sum |z_i| \, c_i \Lambda_i \operatorname{grad} \varphi . \tag{2.42}$$

Daraus folgt, daß grad φ und damit die Teilstromdichte i_n bei vorgegebenen Werten von i und c_n um so kleiner sein muß, je größer die Konzentrationen c_i aller an der Reaktion nicht beteiligten Ionen sind.

2.9.3. Überlagerung von Diffusion und Migration

Wenn im allgemeinen Fall sowohl ein Diffusionsanteil als auch ein Migrationsanteil beim Transport des Stoffs X_i zu berücksichtigen ist, so ergibt sich die Teilstromdichte i_i als algebraische Summe der Ausdrücke (2.34) und (2.41), d. h.

$$\boxed{i_i = -\frac{z_i F D_i c_i}{RT} \operatorname{grad} \mu_i - |z_i|\, c_i \Lambda_i \operatorname{grad} \varphi} \qquad (2.43)$$

(Nernst-Planck-Gleichung).
Wegen $\mu_i + z_i F \varphi = \tilde{\mu}_i$ ($\tilde{\mu}_i$ — elektrochemisches Potential) folgt daraus:

$$i_i = -\frac{z_i F D_i c_i}{RT} \operatorname{grad} \tilde{\mu}_i = -\frac{z_i \Lambda_i c_i}{|z_i| \cdot F} \operatorname{grad} \tilde{\mu}_i, \qquad (2.44)$$

wobei

$$\Lambda_i = \frac{|z_i|\, F^2}{RT} \cdot D_i. \qquad (2.45)$$

Der Stofftransport wird somit insgesamt durch einen Gradienten des elektrochemischen Potentials bewirkt und daher gelegentlich als elektrochemische Diffusion bezeichnet.

Befindet sich der Stoff X_i im Gleichgewicht, so muß $\operatorname{grad} \tilde{\mu}_i = 0$ und folglich auch $i_i = 0$ sein. Dieser Zustand liegt vor, wenn entweder überhaupt kein Gradient des chemischen und elektrischen Potentials vorhanden ist oder aber die Diffusions- und Migrationsanteile an der Stromdichte i_i gerade gleich groß sind und entgegengesetztes Vorzeichen haben.

Die Beziehung (2.43) dient u. a. als Ausgangspunkt für die Berechnung des elektrischen Potentialgefälles $\varphi^{\text{II}^*} - \varphi^{\text{II}} = {}^{\text{II}^*}g^{\text{II}}$ über der Diffusionsschicht bei Abwesenheit eines Leitelektrolyten oder für die Berechnung des „Diffusionspotentials" zwischen zwei verschiedenen Elektrolytlösungen.

2.9.4. Konvektion

Außer durch Diffusion und Migration erfolgt der Stofftransport in einer Elektrolytlösung im allgemeinen auch noch durch Konvektion, d. h. durch hydrodynamische Strömung der gesamten Lösung. Die Art und Intensität dieser Strömung hängt u. a. von der geometrischen Form und Anordnung der Elektroden in der Lösung ab und kann von außen durch Umrühren der Lösung oder durch Bewegung der Elektrode in weiten Grenzen verändert werden.

Der Einfluß der Konvektion auf den Stofftransport wird durch die allgemeinen Grundgesetze der Hydrodynamik beschrieben [31]. Danach ist die zeitliche Änderung der Konzentration $c_i(x, y, z, t)$ des Stoffs X_i an der Stelle x, y, z innerhalb der Lösung (bei Vernachlässigung eines Migrationsanteils) durch die Differentialgleichung

$$\frac{\partial c_i}{\partial t} = D_i \cdot \left(\frac{\partial^2 c_i}{\partial x^2} + \frac{\partial^2 c_i}{\partial y^2} + \frac{\partial^2 c_i}{\partial z^2}\right) - \left(u \cdot \frac{\partial c_i}{\partial x} + v \cdot \frac{\partial c_i}{\partial y} + w \cdot \frac{\partial c_i}{\partial z}\right) \tag{2.46}$$

gegeben. u, v und w sind die Komponenten der Strömungsgeschwindigkeit der Lösung parallel zu den Achsen x, y und z eines rechtwinkligen Koordinatensystems. Der erste Summand auf der rechten Seite von Gl. (2.46) beschreibt die zeitliche Änderung der Konzentration infolge von Diffusion (2. Ficksches Gesetz für lineare Diffusion in den drei Raumrichtungen), der zweite die entsprechende Änderung infolge von Konvektion.

Konvektionsvorgänge treten bei elektrochemischen Reaktionen in der Regel auch dann auf, wenn keine künstliche Bewegung der Lösung von außen erfolgt. Die Ursache dafür liegt darin, daß bei Ablauf der Reaktionen infolge von Konzentrations- oder auch Temperaturänderungen Dichteunterschiede in der Nähe der Elektrodengrenzfläche auftreten. Die dadurch hervorgerufene Strömung wird als natürliche Konvektion bezeichnet. Sie macht sich insbesondere an senkrechten Grenzflächen bemerkbar und kann einen sehr beträchtlichen Einfluß auf die Reaktionsgeschwindigkeit ausüben [32].

3. Experimentelle Untersuchungsmethoden

Die Geschwindigkeit einer elektrochemischen Reaktion bzw. die ihr äquivalente Reaktionsstromstärke I_r hängt allgemein von der Überspannung η bzw. der Polarisation ΔU der Versuchselektrode und der Zeit t ab. Zur Ermittlung des Zusammenhangs zwischen I_r, η und t gibt es prinzipiell zwei Wege: Entweder wird die Überspannung $\eta = f(t)$ vorgegeben und der durch die Versuchszelle fließende Strom $I(t)$ gemessen oder umgekehrt $I = g(t)$ vorgegeben und $\eta(t)$ gemessen. Da die Funktionen $f(t)$ bzw. $g(t)$ sehr verschieden gewählt werden können, so sind eine Vielzahl von speziellen Meßmethoden entwickelt worden, von denen hier nur die wichtigsten im Prinzip angegeben werden können [33].

Darüber hinaus erfordert die Aufklärung von Reaktionsverläufen und -mechanismen nicht selten weitergehende stoffanalytische Untersuchungen sowie Studien über Adsorptionsvorgänge, Deckschichtbildungen u. a. Dafür stehen eine Reihe von optischen, elektronenphysikalischen, massenspektrometrischen oder radiochemischen Methoden zur Verfügung, auf die jedoch hier nicht näher eingegangen werden kann [34].

3.1. Meßverfahren für stationäre und quasistationäre Vorgänge

In vielen Fällen stellt sich bei Vorgabe einer konstanten Überspannung bzw. eines konstanten Elektrodenpotentials (potentiostatische Arbeitsweise) oder einer konstanten Stromstärke (galvanostatische Arbeitsweise) mehr oder weniger schnell ein stationärer Zustand ein, in dem sich I bzw. η zeitlich nicht mehr verändern [35]. Der Zusammenhang $I = F(\eta)$ zwischen den stationären Werten von I und η wird als stationäre Strom-Spannungs-Kurve oder Strom-Potential-Kurve bezeichnet. Verläuft diese monoton, so sind zu ihrer Aufnahme beide oben genannten Arbeitsweisen gleich gut geeignet. Weist die Kurve jedoch Extremwerte auf, dann führt nur das potentiostatische Verfahren zum Ziel, weil dann zu einem Stromwert zwei oder mehrere Potentialwerte gehören.

Die stationäre Strom-Spannungs-Kurve kann auf zwei verschiedenen Wegen erhalten werden:

Bei der direkten Methode (s. dazu Abb. 3.1.) wird die Spannung U_B zwischen Versuchs- und Bezugselektrode (HABER-LUGGIN-Kapillare) unmittelbar während des Stromflusses durch die Versuchszelle (Versuchs- und Gegenelektrode) gemessen. Dabei können in U_B mitunter noch erhebliche OHMsche Potentialabfälle zwischen der Versuchselektrode und dem Ende der HABER-LUGGIN-Kapillare enthalten sein. Soweit diese in der Lösung liegen, können sie durch das auf S. 60 erwähnte Verfahren der Abstandsvariation eliminiert werden [36].

Bei der indirekten Methode wird ein elektronischer Unterbrecher verwendet [37]. Da hierbei der Strom durch die Versuchszelle bei der Messung der Spannung U_B unterbrochen ist, so sind in diesem Falle keine OHMschen Potentialabfälle mehr in U_B enthalten, da diese eine außerordentlich kurze Abklingzeit haben. Um die nach der Unterbrechung des Stroms ($t = 0$) auftretende Änderung der Überspannung an der Versuchselektrode berücksichtigen zu können, muß man die Messung von U_B zu verschiedenen Zeiten ($t = 10^{-4} \cdots 10^{-6}$ s) vornehmen und auf $t = 0$ extrapolieren. Das Unterbrecher-Verfahren empfiehlt sich insbesondere auch dann, wenn auf der Versuchselektrode schlecht ionenleitende Deckschichten vorhanden sind (wie z. B. Hydroxidschichten).

Zur Abkürzung der Meßzeit bei der Aufnahme von Strom-Spannungs-Kurven haben sich insbesondere potentiodynamische Meßverfahren eingebürgert, bei denen mittels Funktionsgeneratoren zeitlich veränderliche Potentiale, z. B. lineare, dreieckförmige oder sinusförmige Potential-Zeit-Verläufe, vorgegeben werden. Bei hinreichend langsamen Potentialvorschubgeschwindigkeiten erhält man dann quasistationäre Strom-Spannungs-Kurven. Inwieweit diese noch stationäre Elektrodenzustände widerspiegeln, muß durch Untersuchung ihrer Abhängigkeit von der Potentialänderungsgeschwindigkeit überprüft werden. Generell liefern sie jedoch eine schnelle Übersicht über das Verhalten stromdurchflossener Elektroden.

3.2. Meßverfahren für nichtstationäre Vorgänge

3.2.1. Potentiostatische Einschaltmessungen

Bei den potentiostatischen Einschaltmessungen wird an die Versuchselektrode momentan eine konstante Überspannung (η = konst.) gelegt und der zeitliche Verlauf der Stromstärke I gemessen. Man erhält so eine potentiostatische Strom-Zeit-Kurve. Um die Überspannung unabhängig von der Stromstärke konstant halten zu können, sind besondere elektronische Regeleinrichtungen erforderlich. Die entsprechenden Geräte werden als Potentiostaten bezeichnet [38]. Die prinzipielle Wirkungsweise eines elektronischen Potentiostaten geht aus Abb. 3.1. hervor.

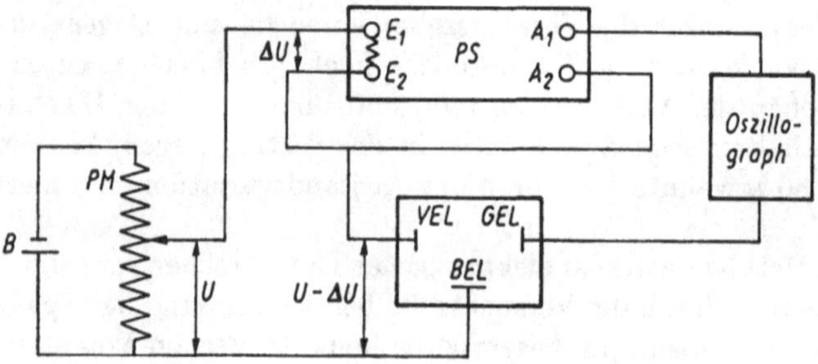

Abb. 3.1. Blockschaltbild für potentiostatische Messungen (nähere Erläuterungen s. im Text)

Mit Hilfe einer Gleichspannungsquelle *B* und eines Potentiometers *PM* wird an die Eingangsbuchse E_1 des Potentiostaten *PS* und die Bezugselektrode *BEl* die konstante Sollspannung *U* gelegt, die der gewünschten Spannung zwischen der Versuchselektrode *VEl* und *BEl* entsprechen soll. Solange dies nicht der Fall ist, besteht über dem Eingangswiderstand $E_1 - E_2$ des Potentiostaten eine Spannung ΔU. Der Eingangswiderstand ist sehr hochohmig, so daß der über die Eingangsbuchsen und die Bezugszelle fließende Strom sehr klein ist und die Bezugselektrode daher praktisch nicht polarisiert wird.

Die Eingangsspannung ΔU bewirkt jedoch, daß über die Ausgangsbuchsen (A_1 und A_2) des als Leistungsverstärker arbeitenden Potentiostaten ein von ΔU abhängiger Polarisationsstrom $I(t)$ durch die Versuchszelle (*VEl* und *GEl*) fließt. Dadurch wird die Überspannung der Versuchselektrode verändert und die Bezugszelle auf den Sollwert *U* gebracht. Weicht im weiteren Verlauf des Einschaltvorgangs die Überspannung (Istspannung) infolge des elektrochemischen Umsatzes vom Sollwert ab, so ändert sich ΔU und damit auch die Polarisationsstromstärke stets so lange, bis der gewünschte Wert wieder eingestellt ist. Dies realisiert die Regelschaltung in meist weniger als 10^{-5} s.

Da sich die über der Bezugszelle liegende Spannung vom Sollwert *U* genau genommen stets um den Betrag der Eingangsspannung ΔU unterscheidet, stellt ΔU einen unvermeidlichen Fehler dar und muß daher so klein wie möglich gehalten werden. Dies bedeutet, daß der Verstärkungsgrad eines Potentiostaten möglichst groß (etwa 1 A/mV) sein sollte.

Da das plötzliche Einschalten einer Überspannung stets mit einer Umladung der Doppelschicht an der Versuchselektrode verbunden ist, so muß zusätzlich zu dem Reaktionsstrom anfänglich noch ein kapazitiver Strom der Stärke $I_c = C_D \cdot d\eta/dt$ (Gl. 3.8) fließen. Die zur Umladung erforderliche Zeit hängt wesentlich von dem Elektrolytwiderstand R_Ω zwischen der Versuchselektrode und dem Ende der Haber-Luggin-Kapillare ab, der in Reihe mit der Doppelschichtkapazität C_D der Elektrode die Zeitkonstante

$$\tau_c = R_\Omega \cdot C_D$$

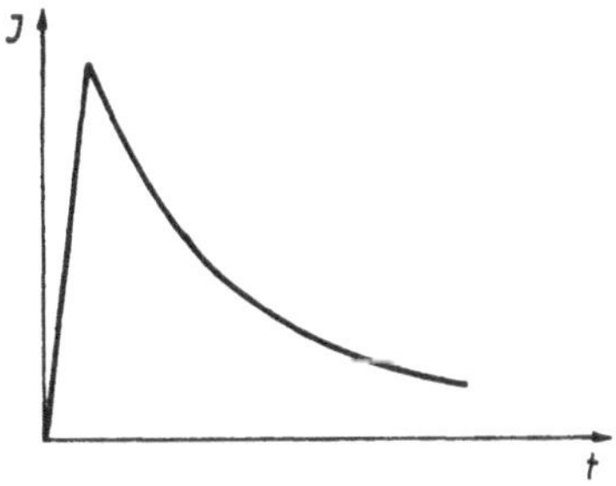

Abb. 3.2. Zeitlicher Verlauf der Stromstärke bei einem potentiostatischen Einschaltvorgang

liefert. τ_c ist mitbestimmend für die Einstellzeit der Überspannung. Außerdem hängt die Einstellzeit noch von der Regelzeit des Potentiostaten selbst ab [39].

Die Reaktionsstromstärke nimmt bei potentiostatischen Einschaltvorgängen in allen Fällen kontinuierlich mit der Zeit ab (Abb. 3.2). Der anfängliche steile Anstieg der Stromstärke entspricht im wesentlichen dem kapazitiven Strom [40].

3.2.2. Galvanostatische Einschaltmessungen

Bei der galvanostatischen Einschaltmethode wird eine konstante Stromstärke (I = konst.) vorgegeben und der zeitliche Verlauf der Überspannung gemessen. Man erhält somit in diesem Falle eine galvanostatische Spannungs-Zeit-Kurve.

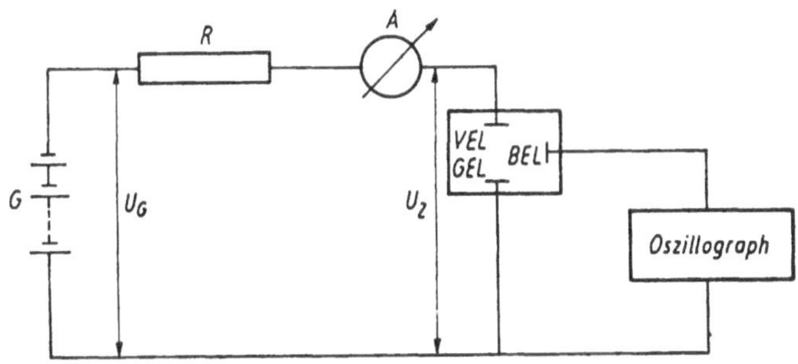

Abb. 3.3. **Prinzipschaltung für galvanostatische Messungen (nähere Erläuterungen s. im Text)**

Die zur Konstanthaltung der Stromstärke erforderlichen Vorrichtungen (Galvanostaten) sind im allgemeinen recht einfach (Abb. 3.3.).

Die Versuchszelle wird in Reihe mit einem hochohmigen Vorschaltwiderstand R und einem Strommeßinstrument A an eine Gleichstromquelle G geschaltet, deren Spannung U_G (200···300 V) um ein Vielfaches größer ist als die Zellspannung U_Z (1···2 V) und die zu erwartende Spannungsänderung ΔU_Z.

Da die Stromstärke nach dem OHMschen Gesetz $I = (U_G - U_Z)/R$ ist, so folgt für die relative Änderung von I bei Änderung von U_Z

$$\frac{\Delta I}{I} \approx \frac{\Delta U_Z}{U_G - U_Z}. \tag{3.1}$$

Die Konstanz von I ist somit um so besser gewährleistet, je größer U_G gewählt wird.

Der prinzipielle Verlauf einer galvanostatischen Spannungs-Zeit-Kurve ist in Abb. 3.4. dargestellt. Der erste Steilanstieg entspricht der Umladung der Doppelschicht. Die Zeitkonstante τ_c für diesen Vorgang ist von der Größenordnung

$$\tau_c = \frac{\eta \cdot C_D}{I}. \tag{3.2}$$

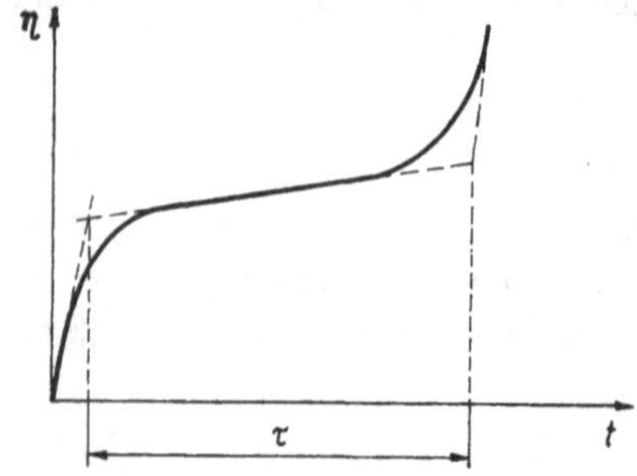

Abb. 3.4. Schematische Darstellung des Verlaufs der Überspannung bei einem galvanostatischen Einschaltvorgang und zur Ermittlung der Transitionszeit

Im weiteren Verlauf tritt eine zunehmende Verarmung der Reaktanten der Durchtrittsreaktion am Rande der Doppelschicht ein, bis die Konzentrationen (bei genügend hoher Stromstärke) schließlich praktisch auf Null absinken. Die dazu erforderliche Zeit wird Transitionszeit τ genannt. Die Überspannung nimmt dabei zunächst allmählich und nach Ablauf der Transitionszeit sprunghaft zu, bis eine neue elektrochemische Reaktion (z. B. in wäßriger Lösung die Entladung von H^+- oder OH^--Ionen) einsetzt.

Besondere Vorteile bieten mitunter galvanostatische Methoden, bei denen anstelle eines einmaligen Einschaltvorgangs kurze rechteckförmige Stromimpulse angewendet werden, weil dann die durch den Stromfluß hervorgerufenen Veränderungen in der Nähe der Elektrodengrenzfläche auf ein Minimum reduziert werden können [41].

Bei der sog. Doppelimpulsmethode nach GERISCHER und KRAUSE [42] wird zunächst ein sehr kurzer Stromimpuls mit hoher Stromstärke und danach ein längerer Impuls mit kleinerer Stromstärke eingeschaltet (Abb. 3.5.). Der erste Impuls $I_1 \cdot t_1 = \eta \cdot C_D$ dient dabei nur zur raschen Umladung des Doppelschichtkondensators bis zu einer Überspannung η, die der Stromstärke I_2 des zweiten Impulses zu Beginn der elektrochemischen Reaktion entspricht. Dadurch kann die Zeit bis zur Einstellung von η wesentlich verkürzt werden. Die Stromstärke des zweiten Impulses entspricht gerade dann der Überspannung η, wenn für den Beginn des zweiten Impulses $d\eta/dt = 0$ ist. Durch die raschere Umladung der Doppelschicht können schnellere Teilvorgänge (z. B. vor- oder nachgelagerte chemische Reaktionen) erfaßt werden als mit den vorher genannten Methoden.

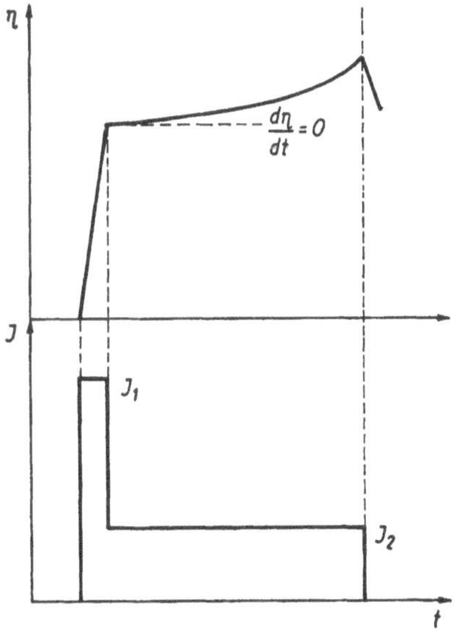

Abb. 3.5. Prinzip der Doppelimpulsmethode

3.2.3. Wechselstrommessungen

Das Verhalten einer Elektrode bei Vorgabe einer periodischen Wechselspannung (oder eines Wechselstroms) läßt sich am einfachsten an Hand eines sog. Ersatzschaltbilds aus hintereinander bzw. parallel geschalteten Widerständen und Kapazitäten übersehen [43]. Ein häufig verwendetes Ersatzschaltbild ist in Abb. 3.6. dargestellt. R_Ω ist der OHMsche Widerstand der Elektrolytlösung. Er liegt in Reihe mit der Impedanz $\mathfrak{R}_f$ und der ihr parallel geschalteten Doppelschichtkapazität C_D. $\mathfrak{R}_f$ und C_D ergeben zusammen die sog. Polarisationsimpedanz $\mathfrak{R}_p$, die aus einem Polarisationswiderstand R_p und einer Polarisationskapazität C_p resultiert. $\mathfrak{R}_p$ hat somit eine Widerstandskomponente R_p und eine kapazitive Komponente $1/(\omega C_p)$ ($\omega/2\pi$-Frequenz des Wechselstroms in Hz).

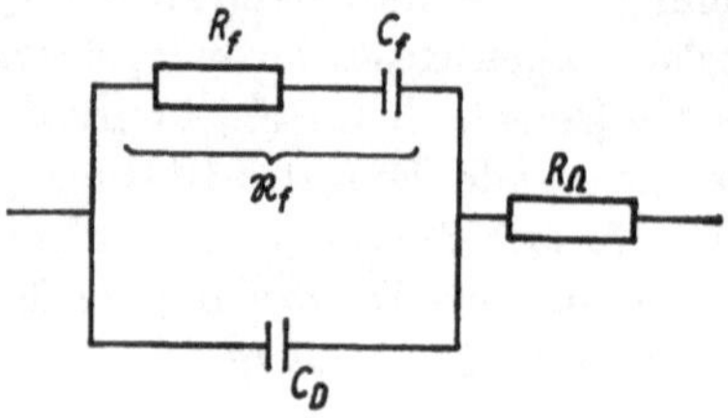

Abb. 3.6. Ersatzschaltbild einer Elektrode (nähere Erläuterungen s. im Text)

Ein sinusförmiger Wechselstrom der Stärke $I = I_{\max} \cdot \sin \omega t$ ($I_{\max}$ — Amplitude des Wechselstroms) ruft über der Impedanz $\mathfrak{R}_p$ allgemein die Überspannung

$$\eta = |\mathfrak{R}_p| \cdot I_{\max} \cdot \sin (\omega t - \beta) \tag{3.3}$$

hervor, wobei β die Phasenverschiebung angibt.

Die Impedanz $\mathfrak{R}_f$ wird als FARADAY-Impedanz bezeichnet, da sie den komplexen Wechselstromwiderstand gegenüber dem FARADAYschen (Reaktions-) Strom (I_r), d. h. dem elektrochemischen Umsatz gemäß dem FARADAYschen Gesetz, angibt. Die Größe von $\mathfrak{R}_f$ und ihre Abhängigkeit von der Frequenz ω wird in charakteristischer Weise durch die kinetischen Vorgänge an der Elektrode bestimmt und vermag somit Aufschluß über den Reaktionsablauf zu geben [44].

Die FARADAY-Impedanz $\mathfrak{R}_f$ kann man sich wiederum aus einem Widerstand R_f und einer dazu in Reihe (oder auch parallel) geschalteten Kapazität C_f zusammengesetzt denken. $\mathfrak{R}_f$ hat somit ebenso wie die gesamte Polarisationsimpedanz $\mathfrak{R}_p$ eine Widerstands-Komponente R_f und eine kapazitive Komponente $1/(\omega C_f)$.

Die Zusammenschaltung beider Komponenten ergibt in komplexer Schreibweise ($\mathfrak{R} = R + iX$ mit X = Blindwiderstand oder Reaktanz)

bei Reihenschaltung $\mathfrak{R}_f = R_f + \dfrac{1}{i\omega C_f} \left(X = -\dfrac{1}{\omega C_f}\right)$

$$|\mathfrak{R}_f| = \sqrt{R_f^2 + \frac{1}{\omega^2 C_f^2}} \tag{3.4}$$

bei Parallelschaltung $\dfrac{1}{\mathfrak{R}_f} = \dfrac{1}{R_f} + i\omega C_f$

$$\frac{1}{|\mathfrak{R}_f|} = \sqrt{\frac{1}{R_f^2} + \frac{1}{\omega^2 C_f^2}}. \tag{3.5}$$

Für die Ersatzschaltung in Abb. 3.6. erhält man in analoger Weise die Polarisationsimpedanz (Parallelschaltung von $\mathfrak{R}_f$ und C_D)

$$\frac{1}{\mathfrak{R}_p} = \frac{1}{\mathfrak{R}_f} + i\omega C_D; \qquad \mathfrak{R}_p = \frac{\mathfrak{R}_f}{1 + i\omega C_D \mathfrak{R}_f} \tag{3.6}$$

und die Gesamtimpedanz

$$\mathfrak{R}_{\text{ges}} = \mathfrak{R}_p + R_\Omega \tag{3.7}$$

Die Kapazität C_D entspricht der Doppelschichtkapazität, die sich bei Spannungsänderungen infolge der damit verbundenen Änderung der Überschußladungen auf beiden Seiten der Doppelschicht bemerkbar macht. Die Auf- und Entladung des Doppelschichtkondensators erfolgt mit der kapazitiven Stromstärke I_c. Ist dQ die auf den Kondensator fließende Ladungsmenge, so besteht wegen $C_D = dQ/d\eta$ und $dQ = I_c \cdot dt$ die Beziehung

$$I_c = C_D \cdot \frac{d\eta}{dt} \quad \text{bzw.} \quad C_D = I_c \cdot \frac{1}{\dfrac{d\eta}{dt}}. \tag{3.8}$$

Die allein meßbare Gesamtstromstärke I setzt sich additiv aus der Reaktionsstromstärke I_r und der kapazitiven Stromstärke I_c zusammen:

$$\boxed{I = I_r + I_c}. \tag{3.9}$$

Die Doppelschichtkapazität C_D läßt sich auf Grund von Gl. (3.8) und (3.9) in folgender Weise bestimmen:

Durch Anlegen einer konstanten Gleichspannung wird an der Elektrode ein bestimmter stationärer Wert η_x für die Überspannung eingestellt. Da dann $d\eta/dt = 0$ und damit $I_c = 0$ ist, so gilt $I = I_r(\eta_x)$. Ändert man zur Zeit t_0 plötzlich die Stromstärke um den Betrag ΔI, so tritt eine Änderung der Überspannung ein, die im Zeitpunkt t_0 den Wert $(d\eta/dt)_{t_0}$ hat. Da im Augenblick der Stromdichteänderung $\eta = \eta_x$ ist, so folgt $\Delta I = I_r(\eta_x) + I_c - I_r(\eta_x) = I_c$ und aus Gl. (3.8)

$$C_D = \frac{\Delta I}{\left(\dfrac{d\eta}{dt}\right)_{t_0}}. \tag{3.10}$$

Die Doppelschichtkapazität ergibt sich somit aus der Steilheit der Überspannungs-Zeit-Kurve zur Zeit t_0, ohne daß dazu die Kenntnis der Funktion $I_r(\eta)$ notwendig ist (44a).

Die Messung der Elektrodenimpedanz kann in bekannter Weise mit einer Wechselstrommeßbrücke oder einem direkt anzeigenden Impedanzmeßgerät erfolgen. Die Gegenelektrode in der Meßzelle muß so groß gewählt werden, daß ihre Impedanz vernachlässigt werden kann. Für die Bestimmung des Frequenzgangs der Impedanz ist meist der Frequenzbereich von 10^{-2} bis 1 Hz von besonderem Interesse. Mit wachsender Frequenz nimmt der kapazitive Stromanteil I_c zur Umladung der Doppelschicht immer mehr zu und beeinträchtigt die Meßgenauigkeit für $\mathfrak{R}_f$. Bei Frequenzen oberhalb 10 kHz können sich bereits Schaltinduktivitäten störend bemerkbar machen.

Bei der Auswertung von Wechselstrommessungen ist vor allem die Abhängigkeit der Elektrodenimpedanz von der Frequenz bedeutsam. Die Funktion $\mathfrak{R}(\omega)$ kann analytisch mit Hilfe der komplexen Rechnung gewonnen werden. Für die Ersatzschaltung in Abb. 3.6. erhält man dann bei sinngemäßer Anwendung der Beziehungen (3.4) bis (3.7)

$$\mathfrak{R}_p = \frac{\mathfrak{R}_f}{1 + i\omega C_D \mathfrak{R}_f} = \frac{R_f + iX}{1 - \omega C_D X + i\omega C_D R_f} \tag{3.11}$$

und nach Erweiterung mit $(1 - \omega C_D X - i\omega C_D R_f)$

$$\mathfrak{R}_{\text{ges}} = \frac{R_f + i[X \cdot (1 - \omega C_D X) - \omega C_D R_f^2]}{(1 - \omega C_D X)^2 + \omega^2 C_D^2 R_f^2} + R_\Omega. \tag{3.12}$$

Dies ergibt schließlich den Realteil

$$Re = \frac{R_f}{(1 - \omega C_D X)^2 + \omega^2 C_D^2 R_f^2} + R_\Omega \tag{3.13}$$

und den Imaginärteil

$$Im = \frac{X \cdot (1 - \omega C_D X) - \omega C_D R_f^2}{(1 - \omega C_D X)^2 + \omega^2 C_D^2 R_f^2}. \tag{3.14}$$

Kennt man die für die verschiedenen Teilvorgänge einer elektrochemischen Reaktion charakteristischen Frequenzabhängigkeiten von R_f und C_f (siehe dazu Kap. 4), so kann man aus den Gln. (3.13) und (3.14) Informationen über die Schaltelemente des Ersatzschaltbilds und daraus über charakteristische kinetische Parameter erhalten.

Entspricht z. B. die FARADAY-Impedanz einem rein OHMschen Widerstand ($\mathfrak{R}_f = R_f$, $X = 0$), wie dies bei weitgehend durchtrittsbestimmten Reaktionen der Fall ist, dann folgt aus den Gln. (3.13) und (3.14)

$$Re = \frac{R_f}{1 + \omega^2 C_D{}^2 R_f{}^2} + R_\Omega \tag{3.15}$$

$$|Im| = \frac{\omega C_D R_f{}^2}{1 + \omega^2 C_D{}^2 R_f{}^2} \tag{3.16}$$

und daraus für

$$\omega \to 0 \qquad Re = R_f + R_\Omega \qquad |Im| = 0$$

$$\omega \to \infty \qquad Re = R_\Omega \qquad |Im| = 0$$

$$\omega = \frac{1}{R_f C_D} \qquad Re = \frac{R_f}{2} + R_\Omega \qquad |Im| = \frac{R_f}{2}.$$

Für eine Orientierung über das grundsätzliche Verhalten einer Elektrode gegenüber Wechselpolarisation und die eventuelle Auswahl besonders interessierender Frequenzbereiche eignet sich eine Ortskurve, d. h. die grafische Darstellung des Wertepaars Re und $|Im|$ in der komplexen Ebene für verschiedene Werte der Frequenz ω. Für den Fall einer frequenzunabhängigen Doppelschichtkapazität C_D liefert obiges Beispiel dann einen Halbkreis um $Re = R_f + R_\Omega$ mit dem Radius $R_f/2$.

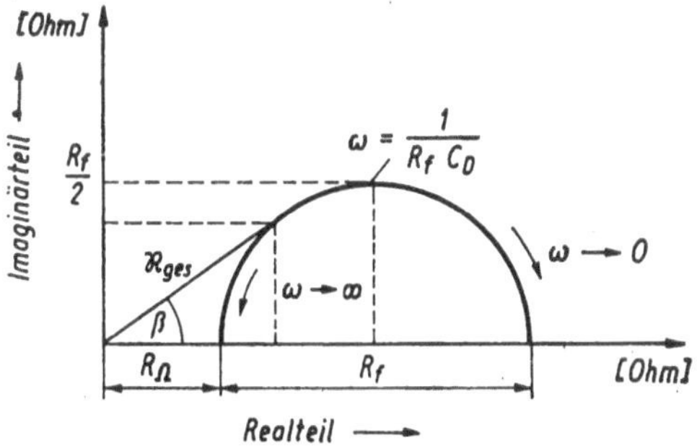

Abb. 3.7. Ortskurve der Elektrodenimpedanz für durchtrittsbestimmte Reaktionen. $\mathfrak{R}_{ges}$ — Vektor der Gesamtimpedanz für eine bestimmte Frequenz ω; β — Phasenwinkel

4. Die verschiedenen Überspannungsarten

Die Ursachen für das Auftreten einer Überspannung η über der Phasengrenzschicht einer einfachen Elektrode, z. B. Metall (I)/Lösung (II), ist der gehemmte Ablauf einer elektrochemischen Bruttoreaktion (r), der zu einer Ausrückung des Reaktionssystems aus dem Gleichgewichtszustand und damit zu einer von Null verschiedenen elektrochemischen Affinität $\tilde{A}_r$ führt. Zwischen $\tilde{A}_r$ und η besteht nach Gl. (2.18) der Zusammenhang:

$$\boxed{\eta = \frac{\tilde{A}_r}{z_r F}}. \tag{4.1}$$

Da sich die Bruttoreaktion stets aus mehreren Teilvorgängen zusammensetzt (Kap. 2.1.), kann die Überspannung mehrere Anteile enthalten, von denen jeder auf die spezielle Hemmung nur eines Teils der Gesamtreaktion zurückzuführen ist.

Der auf die Hemmung der Durchtrittsreaktion(en) entfallende Anteil wird als Durchtrittsüberspannung η_D bezeichnet. Er ergibt sich in Analogie zu Gl. (4.1) zu

$$\eta_D = \frac{\tilde{A}^{**}}{z_r F} = \frac{A^{**}}{z_r F} + g^{**}, \tag{4.2}$$

wobei A^{**} die chemische Affinität der Durchtrittsreaktion(en) und $g^{**} = {}^{\mathrm{I}^{**}}g^{\mathrm{II}^{**}}$ die Galvanispannung über der Durchtrittsschicht ist.

Das Auftreten von Konzentrationsunterschieden (genauer Aktivitätsunterschieden) zwischen dem Rande der Doppelschicht (II*) und dem Inneren der Elektrolytlösung (II) führt zu der Überspannung

$$\eta' = \frac{\tilde{A}_{\mathrm{II}^* \to \mathrm{II}}}{z_r F} = \frac{A_{\mathrm{II}^* \to \mathrm{II}}}{z_r F} + {}^{\mathrm{II}^*}g^{\mathrm{II}}. \tag{4.3}$$

$\tilde{A}_{\mathrm{II}^* \to \mathrm{II}}$ entspricht der elektrochemischen Affinität aller Teilvorgänge, die im Verlauf der Bruttoreaktion (r) zwischen II* und II ablaufen.

η' enthält den chemischen Anteil

$$\eta_c' = \frac{A_{\mathrm{II}^* \to \mathrm{II}}}{z_r F} = \frac{\Sigma \nu_i \mu_i^* - \Sigma \nu_i \mu_i^{\mathrm{II}}}{z_r F} = \frac{RT}{z_r F} \Sigma \nu_i \ln \frac{a_i^*}{a_i^{\mathrm{II}}} \tag{4.4}$$

und den elektrischen Anteil

$$\eta_\Omega = {}^{\mathrm{II}^*}g^{\mathrm{II}} = \varphi^{\mathrm{II}^*} - \varphi^{\mathrm{II}}. \tag{4.5}$$

a_i^* und a_i^{II} sind die Aktivitäten aller an den Vorgängen zwischen II* und II beteiligten Stoffe am Rand der Doppelschicht bzw. im Inneren der Lösung. Die ν_i bedeuten die stöchiometrischen Koeffizienten bei den entsprechenden Teilvorgängen für einen durch die Bruttoreaktionsgleichung (r) angegebenen Umsatz.

Der chemische Anteil resultiert aus der zu langsamen Diffusion der Reaktionsteilnehmer durch die Diffusionsschicht und gegebenenfalls aus dem gehemmten Ablauf von homogenen chemischen Teilreaktionen. Dementsprechend unterscheidet man zwischen der Diffusionsüberspannung η_d und der homogenen Reaktionsüberspannung $\eta_{R,\mathrm{hom}}$.

Ein zu η_c' analoger Anteil an der Gesamtüberspannung kann auch auf der Metallseite der Phasengrenzschicht vorliegen (z. B. bei Amalgamelektroden infolge der gehemmten Diffusion des in Quecksilber löslichen Metalls).

Der elektrische Anteil η_Ω entspricht einem Potentialabfall in der Diffusionsschicht und wird vielfach als Widerstandspolarisation bezeichnet. Größere Widerstandspolarisationen treten aber auch auf, wenn sich zwischen dem Metall und der Elektrolytlösung schlecht leitende Deckschichten befinden.

Die Hemmung des Ablaufs heterogener chemischer Teilreaktionen (einschließlich von Adsorptions- und Desorptionsvorgängen) führt zu Konzentrationsänderungen innerhalb der Doppelschicht, die eine heterogene Reaktionsüberspannung

$$\eta_{R,\mathrm{het}} = \frac{A_{R,\mathrm{het}}}{z_r F} = \frac{RT}{z_r F} \Sigma \nu_i \ln \frac{a_i}{a_{i,gl}} \tag{4.6}$$

ergeben. $a_{i,gl}$ sind die Aktivitäten der Reaktionsteilnehmer der heterogenen Teilreaktionen im Gleichgewicht.

Ist schließlich bei einer Metallionen-Elektrode die Kristallisationsreaktion gehemmt, so resultiert daraus eine Kristallisationsüberspannung

$$\eta_K = \frac{A_K}{z_r F} = \frac{RT}{z_r F} \cdot \nu_{ad} \cdot \ln \frac{a_{ad}}{a_{ad,gl}}, \tag{4.7}$$

wobei $a_{ad,gl}$ die Aktivität der *ad*-Atome im Gleichgewichtszustand bedeutet.

Diffusions- und Reaktionsüberspannung werden häufig unter dem Begriff Konzentrationsüberspannung η_c zusammengefaßt, da sie beide auf Konzentrations- (genauer Aktivitäts-) Änderungen in der Phasengrenzschicht (gegenüber dem Gleichgewichtszustand) zurückzuführen sind.

Insgesamt unterscheidet man demnach folgende Grundüberspannungsarten:

Durchtrittsüberspannung η_D
Diffusionsüberspannung η_d } Konzentrationsüberspannung η_c
Reaktionsüberspannung η_R }
Kristallisationsüberspannung η_K
(Widerstandspolarisation η_Ω).

4.1. Durchtrittsüberspannung

4.1.1. Stationäre Strom-Spannungs-Kurve

Der charakteristischste Teilvorgang jeder elektrochemischen Reaktion ist eine Durchtrittsreaktion

$$X^z(\mathrm{I}^{**}) + X_r(\mathrm{II}^{**}) \rightarrow X_o(\mathrm{II}^{**}) \quad \text{für} \quad z > 0 \tag{r_1**}$$

oder

$$X^z(\mathrm{I}^{**}) + X_o(\mathrm{II}^{**}) \rightarrow X_r(\mathrm{II}^{**}) \quad \text{für} \quad z < 0. \tag{r_2**}$$

Die Durchtrittsreaktion besteht darin, daß ein Ladungsträger X^z (Me^z bzw. e^- oder A^z) aus dem Bindungszustand an dem einen Ende der Durchtrittsschicht (Stelle I**) in den Bindungszustand am anderen Ende (Stelle II**) oder umgekehrt übergeht. Dieser Übergang ist zudem mit Strukturänderungen (z. B. Umlagerungen der inneren und äußeren Solvathüllen der Ionen) verbunden, so daß für den Ablauf einer Durchtrittsreaktion stets die Überwindung eines Aktivierungsbergs erforderlich ist. Allein der Übergang von Elektronen aus dem Leitfähigkeitsband eines Metalls auf ein Teilchen in der inneren oder äußeren Helmholtz-Fläche bedarf für sich genommen häufig keiner Aktivierungsenergie, da Elektronen wegen ihrer sehr geringen Masse die Energiebarriere schnell durchtunneln können (quantenmechanischer Tunneleffekt).

Die pro Flächen- und Zeiteinheit in der einen oder anderen Richtung über den Energieberg gehende Menge (in mol) an Ladungsträgern X^z ($\overrightarrow{dn}/dt$ bzw. $\overleftarrow{dn}/dt$) ist analog zur Geschwindigkeit einer rein chemischen Reaktion proportional

a) den Konzentrationen c^{**}, c_r^{**} bzw. c_o^{**} der jeweiligen Ausgangsstoffe (X^z, X_r bzw. X_o) des Durchtrittsvorgangs an den Stellen I** bzw. II** und

b) einem BOLTZMANN-Faktor $\exp(-\Delta G^{\neq}/RT)$, der gemäß der EYRINGschen 'Theorie des aktivierten Komplexes der freien Aktivierungsenthalpie Rechnung trägt. Diese Theorie geht davon aus, daß sich die freie Enthalpie des Reaktionssystems entlang der Reaktionskoordinate, ausgehend von den getrennten Ausgangsstoffen über Zwischenkonfigurationen bis zu den getrennten Reaktionsprodukten, kontinuierlich ändert und dabei durch ein Maximum geht. Die dem Maximum entsprechende Konfiguration wird aktivierter Komplex (Übergangszustand, transition state) genannt. Es wird weiterhin angenommen, daß man die Ausgangsstoffe und den aktivierten Komplex als im Gleichgewicht miteinander betrachten kann. Die freie Aktivierungsenthalpie $\Delta G^{\neq}$ entspricht dann der (elektrochemischen) freien Standard-Reaktionsenthalpie der Bildung des aktivierten Komplexes. Die Reaktionsgeschwindigkeit wird schließlich durch den Zerfall des aktivierten Komplexes in die Reaktionsprodukte bestimmt.

Man erhält somit für die Reaktion (r_1^{**})

$$\frac{\overrightarrow{dn}}{dt} = \vec{k}_a \cdot c^{**} \cdot c_r^{**} \cdot \exp\left(-\frac{\Delta \vec{G}_a^{\neq}}{RT}\right)$$

bzw. (4.8a)

$$\frac{\overleftarrow{dn}}{dt} = \overleftarrow{k}_k \cdot c_o^{**} \cdot \exp\left(-\frac{\Delta \overleftarrow{G}_k^{\neq}}{RT}\right)$$

und für die Reaktion (r_2^{**})

$$\frac{\overrightarrow{dn}}{dt} = \vec{k}_k \cdot c^{**} \cdot c_o^{**} \cdot \exp\left(-\frac{\Delta \vec{G}_k^{\neq}}{RT}\right)$$

bzw. (4.8b)

$$\frac{\overleftarrow{dn}}{dt} = \overleftarrow{k}_a \cdot c_r^{**} \cdot \exp\left(-\frac{\Delta \overleftarrow{G}_a^{\neq}}{RT}\right).$$

$\vec{k}$ und $\overleftarrow{k}$ sind die Geschwindigkeitskonstanten der jeweiligen Hin- bzw. Rückreaktionen. Der Index a bzw. k gibt an, ob sich eine Geschwindigkeitskonstante bzw. freie Aktivierungsenthalpie auf einen anodischen oder katodischen Vorgang bezieht. Die Geschwindigkeitskonstanten enthalten noch die Aktivitätskoeffizienten der Reaktanten.

Bei einer Redoxreaktion ($X^z = e^-$) in der Phasengrenzschicht einer Elektrode Metall (I)/Lösung (II) kann die Konzentration c^{**} der Elektronen am metallseitigen Ende der Durchtrittsschicht gewöhnlich als konstant angenommen und in die Geschwindigkeitskonstante $\vec{k}_k$ einbezogen werden. Ist die Phase I ein Halbleiter, so ist dieses Vorgehen jedoch in der Regel nicht zulässig (siehe dazu Kap. 10).

Da mit einem Mol X^z die Ladungsmenge zF durch die Durchtrittsschicht transportiert wird, so entsprechen den Geschwindigkeiten des Ladungsübergangs (Gl. (4.8) folgende Stromdichten:
Für die Reaktion (r_1^{**})

$$i_a = zF \cdot \vec{k}_a \cdot c^{**} \cdot c_r^{**} \cdot \exp\left(-\frac{\Delta\vec{G}_a^{\neq}}{RT}\right)$$

bzw. (4.9a)

$$i_k = -zF \cdot \overleftarrow{k}_k \cdot c_o^{**} \cdot \exp\left(-\frac{\Delta\overleftarrow{G}_k^{\neq}}{RT}\right)$$

und für die Reaktion (r_2^{**})

$$i_k = zF \cdot \vec{k}_k \cdot c^{**} \cdot c_o^{**} \cdot \exp\left(-\frac{\Delta\vec{G}_k^{\neq}}{RT}\right)$$

bzw. (4.9b)

$$i_a = -zF \cdot \overleftarrow{k}_a \cdot c_r^{**} \cdot \exp\left(-\frac{\Delta\overleftarrow{G}_a^{\neq}}{RT}\right).$$

Die Höhe des von den Ladungsträgern zu überwindenden Energiebergs und damit die freien Aktivierungsenthalpien hängen in starkem Maße von der Galvanispannung ${}^{\mathrm{I}^{**}}g^{\mathrm{II}^{**}} = g^{**}$ über der Durchtrittsschicht ab.

In Abb. 4.1. beschreibt die Kurve 1 den Verlauf der Energie des Reaktionssystems, wenn der Ladungsträger X^z die Durchtrittsschicht bei der Gleichgewichts-Galvanispannung g_{gl}^{**} durchläuft. Die Differenz zwischen den Minima auf beiden Seiten des Energiebergs entspricht der elektrochemischen freien Standard-Reaktionsenthalpie bzw. Standardaffinität

$$\Delta\tilde{G}_{gl}^{**0} = -\tilde{A}_{gl}^{**0} = -A_{gl}^{**0} - zFg_{gl}^{**}$$

der Durchtrittsreaktion im Gleichgewicht, während die Höhe des Bergs die freien Aktivierungsenthalpien $\Delta\vec{G}_{gl}^{\neq}$ bzw. $\Delta\overleftarrow{G}_{gl}^{\neq}$ angibt.

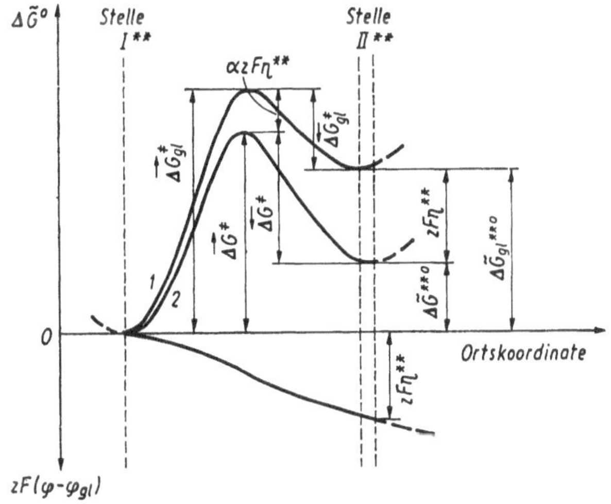

Abb. 4.1. Einfluß der Änderung des elektrischen Potentialverlaufs in der Durchtrittsschicht auf die freien Aktivierungsenthalpien

Kurve 1: Aktivierungsberg im Gleichgewicht der Durchtrittsreaktion; Kurve 2: Aktivierungsberg bei der Überspannung η^{**}

Da im Gleichgewichtszustand nach Gl. (2.11) $|\vec{i}| = |\overleftarrow{i}| = i_0$ ist, gilt für die Austauschstromdichte i_0 unter Berücksichtigung der Gl. (4.9)

$$i_0 = zF\vec{k}_a \cdot c_{gl}^{**} \cdot c_{r,gl}^{**} \exp\left(-\frac{\Delta\vec{G}^{\ddagger}_{a,gl}}{RT}\right)$$

$$= zF\overleftarrow{k}_k \cdot c_{o,gl}^{**} \cdot \exp\left(-\frac{\Delta\overleftarrow{G}^{\ddagger}_{k,gl}}{RT}\right) \tag{4.10a}$$

bzw.

$$i_0 = |z|\, F\vec{k}_k \cdot c_{gl}^{**} \cdot c_{o,gl}^{**} \exp\left(-\frac{\Delta\vec{G}^{\ddagger}_{k,gl}}{RT}\right)$$

$$= |z|\, F\overleftarrow{k}_a \cdot c_{r,gl}^{**} \exp\left(-\frac{\Delta\overleftarrow{G}^{\ddagger}_{a,gl}}{RT}\right). \tag{4.10b}$$

Wird die Galvanispannung über der Durchtrittsschicht vom Gleichgewichtswert auf einen beliebigen Wert g^{**} gebracht, so tritt wegen der Abhängigkeit der elektrochemischen Standardpotentiale der Ladungsträger vom elektrischen Potential eine Verschiebung und Deformation der Potentialkurve ein, so daß diese z. B. für positive Werte von $zF\,(g^{**} - g_{gl}^{**})$ den Verlauf der Kurve 2 aufweist. Dabei erfährt die elektrochemische freie Standard-Reaktionsenthalpie der Durchtrittsreaktion die Änderung

$$-\Delta(\Delta\tilde{G}^{**0}) = \Delta\tilde{A}^{**0} = \tilde{A}^{**} + RT\sum_{\alpha,i}\nu_i{}^\alpha \ln\frac{a_i{}^{**}}{a_{i,gl}^{**}} = zF(g^{**} - g_{gl}^{**}) = zF\eta^{**}, \tag{4.11}$$

wobei die ν_i und $a_i{}^{**}$ sich auf die Reaktionsteilnehmer an der Durchtrittsreaktion beziehen.

Da nach Gl. (4.2) $\tilde{A}^{**} = zF\eta_D$, so folgt aus Gl. (4.11)

$$zF\eta_D = zF\eta^{**} - RT\sum_{\alpha,i}\nu_i{}^\alpha \ln\frac{a_i{}^{**}}{a_{i,gl}^{**}}$$

oder

$$\eta_D = \eta^{**} - \frac{RT}{zF}\sum_{\alpha,i}\nu_i{}^\alpha \ln\frac{a_i{}^{**}}{a_{i,gl}^{**}} = {}^{\mathrm{I}^{**}}\eta^{\mathrm{II}^{**}} + {}^{\mathrm{I}^{*}}\eta^{\mathrm{I}^{**}} + {}^{\mathrm{II}^{**}}\eta^{\mathrm{II}^{*}} = {}^{\mathrm{I}^{*}}\eta^{\mathrm{II}^{*}}$$

Die Durchtrittsüberspannung η_D ist somit bei alleiniger Durchtrittshemmung stets gleich der Überspannung ${}^{\mathrm{I}^{*}}\eta^{\mathrm{II}^{*}}$ über der gesamten Doppelschicht (starrer + diffuser Anteil). Sie unterscheidet sich immer dann von der Überspannung η^{**} über der Durchtrittsschicht, wenn durch die Änderung der Galvanispannung g^{**}, d. h. des elektrischen Felds in der Durchtrittsschicht, Änderungen der Aktivitäten $a_i{}^{**}$ und damit der chemischen Affinität der Durchtrittsreaktion hervorgerufen werden.

Die Veränderung der Galvanispannung g^{**} kann sowohl die Lage des Maximums und beider Minima als auch die Breite (I** — II**) des Energiebergs beeinflussen. Insbesondere aber ändert sich die Höhe des Bergs und damit die freie Aktivierungsenthalpie.

Sofern sich das elektrische Potential φ in der Durchtrittsschicht monoton verändert, ist die Änderung der Galvanispannung zwischen der Stelle I** und der Stelle des Energiemaximums ein echter Bruchteil der Überspannung η^{**} über der gesamten Durchtrittsschicht (I** — II**). Dann ändert sich auch die freie Aktivierungsenthalpie $\Delta\vec{G}^{+}$ nur um einen Bruchteil $\alpha(0 < \alpha < 1)$ von $zF\eta^{**}$. Es gilt somit

$$\Delta\vec{G}^{+} = \Delta\vec{G}^{+}_{gl} - \alpha\cdot zF\cdot\eta^{**}; \tag{4.12a}$$

Da $\Delta\vec{G}^{+}$ und $\Delta\overleftarrow{G}^{+}$ nach Abb. 4.1. durch die Beziehung

$$\Delta\vec{G}^{+} = \Delta\overleftarrow{G}^{+} + \Delta\tilde{G}^{**0} = \Delta\overleftarrow{G}^{+} - \tilde{A}^{**0}$$

miteinander verknüpft sind, folgt aus Gl. (4.11) und (4.12a) auch

$$\Delta\overleftarrow{G}^{\neq} = \Delta\overleftarrow{G}^{\neq}_{gl} + (1 - \alpha)\, zF\eta^{**}. \tag{4.12b}$$

Die Größe α wird als Durchtrittsfaktor bezeichnet. Sie ist ein unmittelbares Maß für die Veränderlichkeit der freien Aktivierungsenthalpie einer Durchtrittsreaktion mit der Überspannung η^{**} über der Durchtrittsschicht.

Aus Abb. 4.1. ist leicht zu erkennen, daß α auch von η^{**} selbst abhängen kann. Die strenge Definition des Durchtrittsfaktors ist daher durch die Beziehung

$$\alpha = -\frac{1}{zF} \cdot \frac{\partial \Delta\overrightarrow{G}^{\neq}}{\partial \eta^{**}}$$

gegeben [46]. In vielen Fällen liegen die Durchtrittsfaktoren zwischen 0,4 und 0,6.

Setzt man $\Delta\overrightarrow{G}^{\neq}$ und $\Delta\overleftarrow{G}^{\neq}$ aus den Gln. (4.12) in die Gl. (4.9) ein und berücksichtigt, daß nach Gl. (2.10) $i = \vec{i} + \overleftarrow{i}$ ist, so erhält man für die Reaktionsstromdichte im Falle der Reaktion (r_1**)

$$i = \vec{i}_a + \overleftarrow{i}_k = zF\vec{k}_a \cdot c^{**} \cdot c_r^{**} \cdot \exp\left(-\frac{\Delta\overrightarrow{G}^{\neq}_{a,gl} - \alpha zF\eta^{**}}{RT}\right)$$
$$- zF\overleftarrow{k}_k \cdot c_0^{**} \cdot \exp\left(-\frac{\Delta\overleftarrow{G}^{\neq}_{k,gl} + (1 - \alpha)\, zF\eta^{**}}{RT}\right) \tag{4.13a}$$

und im Falle der Reaktion (r_2**)

$$i = \vec{i}_k + \overleftarrow{i}_a = zF\vec{k}_k \cdot c^{**} \cdot c_0^{**} \cdot \exp\left(-\frac{\Delta\overrightarrow{G}^{\neq}_{k,gl} - \alpha zF\eta^{**}}{RT}\right)$$
$$- zF\overleftarrow{k}_a \cdot c_r^{**} \cdot \exp\left(-\frac{\Delta\overleftarrow{G}^{\neq}_{a,gl} + (1 - \alpha)\, zF\eta^{**}}{RT}\right). \tag{4.13b}$$

Die Einführung der Austauschstromdichte i_0 nach Gl. (4.10) liefert schließlich für die Strom-Spannungs-Kurve bei alleiniger Durchtrittshemmung und der Voraussetzung $\eta^{**} = \eta_D$ die Butler-Volmer-Gleichung

$$\boxed{i = \frac{z}{|z|} \cdot i_0 \left[\exp\left(\frac{\alpha zF\eta_D}{RT}\right) - \exp\left(-\frac{(1 - \alpha)\, zF\eta_D}{RT}\right)\right]}. \tag{4.14}$$

In Abb. 4.2. ist als Beispiel der Verlauf der Stromdichte als Funktion der Durchtrittsüberspannung η_D für $\alpha = 0{,}5$ graphisch dargestellt.

Für hinreichend große Überspannungen ($|\eta_D| \gg RT/|z|\,F$) kann je nach dem Vorzeichen von η_D und z der erste oder zweite Summand in Gl. (4.14) vernachlässigt werden, so daß

$$\boxed{|\eta_D| = b \cdot \log \frac{|i|}{i_0} = -b \cdot \log i_0 + b \cdot \log |i| = a + b \cdot \log |i|}\,. \tag{4.15}$$

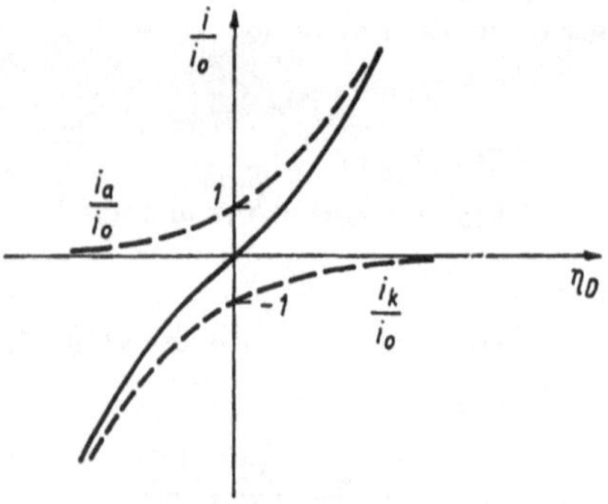

Abb. 4.2. Durchtritts-Strom-Spannungs-Kurven nach Gl. (4.14) für $\alpha = 0{,}5$

Gestrichelte Kurven: anodische (i_a) und katodische (i_k) Teilstromdichten; ausgezogene Kurve: Gesamtstromdichte

Dabei ist

$$b = \frac{2{,}303\,RT}{\alpha |z|\,F} \left(\text{bzw.} = \frac{2{,}303\,RT}{(1-\alpha)\,|z|\,F}\right) \text{ und } a = -b \cdot \log i_0 .$$

Die Durchtrittsüberspannung ändert sich dann bei konstantem Durchtrittsfaktor linear mit dem Logarithmus der Stromdichte. Dieser Zusammenhang wird als Tafel-Gleichung bezeichnet. Er ergibt in der graphischen Darstellung eine Tafel-Gerade, deren (durch Extrapolation zu erhaltender) Schnittpunkt mit der Abszisse ($\eta_D = 0$) die Austauschstromdichte i_0 und deren Neigung, die Tafel-Konstante oder der Tafel-Faktor b, den Durchtrittsfaktor α liefert.

Für sehr kleine Überspannungen ($|\eta_D| < 10\,\text{mV} \ll RT/|z|\,F$) kann man die Reihenentwicklungen der Exponentialausdrücke nach den zweiten Gliedern abbrechen und erhält dann

$$\boxed{i = i_0 \cdot \frac{|z|\,F}{RT} \cdot \eta_D}\,, \tag{4.16a}$$

d. h. η_D ist der Stromdichte i proportional. Der Quotient $(d\eta_D/di)_{i=0}$ entspricht einem Ohmschen Widerstand, der als Durchtrittswiderstand R_D bezeichnet wird. Durch Differentiation der Gl. (4.14) erhält man dafür

$$\boxed{R_D = \left(\frac{d\eta_D}{di}\right)_{i=0} = \frac{RT}{|z|\,F}\cdot\frac{1}{i_0}}. \tag{4.16b}$$

Der Durchtrittswiderstand hängt ausschließlich von der Austauschstromdichte i_0 und der Ladungszahl $|z|$, nicht aber vom Durchtrittsfaktor α ab. Er kann daher auch ohne Kenntnis der gesamten Strom-Spannungs-Kurve zur Bestimmung von i_0 herangezogen werden [47].

4.1.2. Zusammenhang zwischen der Überspannung über der Durchtrittsschicht und der Gesamtüberspannung

In den voranstehend entwickelten Beziehungen für die Geschwindigkeit einer Durchtrittsreaktion tritt die Überspannung η^{**} über der Durchtrittsschicht auf. Grundsätzlich ist jedoch experimentell nur die Überspannung ${}^{\mathrm{I}*}\eta^{\mathrm{II}*}$ über dem ganzen Bereich der elektrochemischen Doppelschicht zugängig, die bei Abwesenheit einer Widerstandspolarisation mit der Gesamtüberspannung ${}^{\mathrm{I}}\eta^{\mathrm{II}} = \eta$ der Elektrode identisch ist. Bei der Untersuchung der Durchtrittsreaktion muß daher der Zusammenhang zwischen g^{**} (bzw. η^{**}) und ${}^{\mathrm{I}}g^{\mathrm{II}}$ (bzw. η) bekannt sein [47a].

4.1.2.1. Einfluß des diffusen Teils der Doppelschicht

Es sei zunächst angenommen, daß die Durchtrittsschicht sich gerade über den starren Teil der Doppelschicht erstreckt. Dann ist

$${}^{\mathrm{I}}g^{\mathrm{II}} = g_{\mathrm{starr}} + g_{\mathrm{diffus}} = g^{**} + g_{\mathrm{diffus}} \quad \text{bzw.} \quad \eta + \eta^{**} = \eta_{\mathrm{diffus}}.$$

Bei hohen Ionenstärken der Lösung kann die Galvanispannung und damit auch die Überspannung über der diffusen Schicht vernachlässigt werden, so daß

$$\eta^{**} = \eta.$$

Die Konzentrationen c_o^{**} und c_r^{**} entsprechen den Konzentrationen in der äußeren Helmholtz-Fläche und sind bei genügend hohen Ionenstärken und alleiniger Durchtrittshemmung gleich denen im Inneren der Lösung ($c_i^{**} = c_i^{\mathrm{II}}$).

Bei kleineren Ionenstärken der Lösung muß hingegen der Einfluß der diffusen Schicht berücksichtigt werden, d. h. es ist

$$g^{**} = {}^{\mathrm{I}}g^{\mathrm{II}} - g_{\mathrm{diffus}} \quad \text{bzw.} \quad \eta^{**} = \eta - \eta_{\mathrm{diffus}}$$

zu setzen. Außerdem sind die Konzentrationsunterschiede zwischen äußerer HELMHOLTZ-Fläche und dem Inneren der Lösung (II) in Betracht zu ziehen, wobei nach Gl. (1.23b) in erster Näherung

$$c_i^{**} = c_i^{\mathrm{II}} \cdot \exp\left(-\frac{z_i F g_{\mathrm{diffus}}}{RT}\right)$$

gilt.

4.1.2.2. Scheinbarer Durchtrittsfaktor

Im vorhergehenden Abschnitt war angenommen worden, daß die Durchtrittsschicht sich über den gesamten Bereich der starren Doppelschicht erstreckt. Es kann jedoch auch der Fall vorliegen, daß die Breite des Energiebergs kleiner ist als die Ausdehnung der starren Schicht, so daß die Galvanispannung g^{**} nur ein Bruchteil λ der Galvanispannung über dem starren Teil der Doppelschicht ist. Dies ist insbesondere immer dann zu erwarten, wenn die an der Durchtrittsreaktion beteiligten Stoffe sich in spezifischen Adsorptionszuständen an der Oberfläche der Elektrode befinden. Es gilt dann bei Abwesenheit einer diffusen Schicht, d. h. bei genügend hoher Ionenstärke der Lösung,

$$g^{**} = \lambda \cdot {}^{\mathrm{I}}g^{\mathrm{II}} \quad \text{bzw.} \quad \eta^{**} = \lambda \cdot \eta;$$

Infolge der Deformation des Energiebergs bei Änderung der Überspannung kann λ ebenso wie α noch von η abhängen.

Für genügend hohe Überspannungen und konstantes α und λ ist bei alleiniger Durchtrittshemmung $\log |i|$ analog zu Gl. (4.15) eine lineare Funktion von η. Die Neigung der entsprechenden Geraden liefert hier jedoch nicht den Durchtrittsfaktor α, sondern einen scheinbaren Durchtrittsfaktor $\alpha \cdot \lambda$.

4.1.3. Elektrochemische Reaktionsordnungen [48]

Bei komplizierteren elektrochemischen Bruttoreaktionen tritt häufig der Fall auf, daß der Durchtrittsreaktion noch homogene oder heterogene chemische Teilreaktionen vor- oder nachgelagert sind. Diese Reaktionen müssen bei alleiniger Durchtrittsüberspannung so schnell verlaufen, daß sie sich praktisch stets im Gleichgewicht befinden. In diesem Fall können die Konzentrationen c_o^{**} und c_r^{**} der an der Durchtrittsreaktion beteiligten Stoffe X_o und X_r mit Hilfe des Massenwirkungsgesetzes durch die Konzentrationen c_i der Ausgangs- bzw. Endstoffe der Bruttoreaktion im Inneren der Lösung ausgedrückt werden.

Die vor- oder nachgelagerte chemische Reaktion sei für den Stoff X_o durch die Reaktionsgleichung

$$X_0(\mathrm{II}^{**}) + \Sigma|\nu_{o,j}|\; X_j(\mathrm{II}) \to \Sigma\nu_{o,k}X_k(\mathrm{II}) \qquad (\mathrm{R}_o)$$

und für den Stoff X_r durch die Gleichung

$$X_r(\mathrm{II}^{**}) + \Sigma|\nu_{r,j}|\; X_j(\mathrm{II}) \to \Sigma\nu_{r,k}X_k(\mathrm{II}) \qquad (\mathrm{R}_r)$$

beschrieben. Wendet man auf diese Reaktionen das Massenwirkungsgesetz an, so gilt

$$K_0 = \frac{1}{a_o^{**}} \cdot \Pi a_i^{\nu_{o,i}} \quad \text{und} \quad K_r = \frac{1}{a_r^{**}} \cdot \Pi a_i^{\nu_{r,i}},$$

wenn K_0 und K_r die Gleichgewichtskonstanten der Reaktionen R_0 bzw. R_r bedeuten.

Bei genügend großen Ionenstärken der Lösung können die Aktivitätskoeffizienten in der Regel als konstant angesehen und daher in die Gleichgewichtskonstanten einbezogen werden. Man erhält dann für die Konzentrationen c_o^{**} und c_r^{**}

$$c_o^{**} = K_o'\Pi c_i^{\nu_{o,i}} \quad \text{und} \quad c_r^{**} = K_r'\Pi c_i^{\nu_{r,i}}; \tag{4.17}$$

Nach Einsetzen dieser Ausdrücke in die Gl. (4.9) ergibt sich für die Stromdichte

$$i = \vec{i}_a + \overleftarrow{i}_k = zF\vec{k}_a c^{**} \cdot K_r'\Pi c_i^{\nu_{r,i}} \cdot \exp\left(-\frac{\Delta\vec{G}_a^{\,*}}{RT}\right) - zF\overleftarrow{k}_k \cdot K_o'\Pi c_i^{\nu_{o,i}} \cdot \exp\left(-\frac{\Delta\overleftarrow{G}_k^{\,*}}{RT}\right) \tag{4.18a}$$

bzw.

$$i = \vec{i}_k + \overleftarrow{i}_a = zF\vec{k}_k c^{**} \cdot K_o'\Pi c_i^{\nu_{o,i}} \cdot \exp\left(-\frac{\Delta\vec{G}_k^{\,*}}{RT}\right) - zF\overleftarrow{k}_a K_r'\Pi c_i^{\nu_{r,i}} \cdot \exp\left(-\frac{\Delta\overleftarrow{G}_a^{\,*}}{RT}\right) \tag{4.18b}$$

(z und c^{**}-Ladungszahl bzw. Konzentration des bei der Durchtrittsreaktion übergehenden Ladungsträgers.)

Die stöchiometrischen Koeffizienten $\nu_{o,i}$ und $\nu_{r,i}$ haben in Gl. (4.18) die gleiche Bedeutung wie die Exponenten der Konzentrationen in den Geschwindigkeitsgleichungen der chemischen Reaktionskinetik und werden daher als elektrochemische Reaktionsordnungen bezeichnet. Da die Bildung des Stoffs X_0 einer katodischen und die Bildung des Stoffs X_r einer anodischen Durchtrittsreaktion vorgelagert ist, so sind die $\nu_{o,i}$ katodische Reaktionsordnungen und die $\nu_{r,i}$ anodische Reaktionsordnungen.

Die experimentelle Bestimmung elektrochemischer Reaktionsordnungen kann entweder aus der Konzentrationsabhängigkeit der Stromdichte bei einer vorgegebenen konstanten Galvanispannung g** (und damit konstanten freien Aktivierungsenthalpien $\Delta\vec{G}^{+}$ bzw. $\Delta\overleftarrow{G}^{+}$) oder aus der Konzentrationsabhängigkeit der Austauschstromdichte i_0 erfolgen.

Wählt man im ersteren Fall eine Galvanispannung g^{**} im Gültigkeitsbereich der TAFEL-Gleichung ($i = i_a$ oder $i = i_k$), so ergibt sich nach Gl. (4.18a) bzw. (4.18b) mit $c^{**} =$ konst.

$$\boxed{\begin{array}{l} \text{für } i = i_a: \\ \left(\dfrac{\partial \log i}{\partial \log c_n}\right)_{c_i \neq c_n} = \nu_{r,n} \\ \text{für } i = i_k: \\ \left(\dfrac{\partial \log |i|}{\partial \log c_n}\right)_{c_i \neq c_n} = \nu_{o,n} \end{array}} \tag{4.19}$$

Bei alleiniger Änderung der Konzentration c_n des Stoffs X_n und Konstanthaltung aller übrigen Konzentrationen erhält man somit die elektrochemische Reaktionsordnung in bezug auf den Stoff X_n.

Zur Ermittlung der elektrochemischen Reaktionsordnungen aus der Konzentrationsabhängigkeit der Austauschstromdichte i_0 kann man von den Gln. (4.10) ausgehen, die für i_0 unter Berücksichtigung der durch die vor- oder nachgelagerten chemischen Reaktionen nach Gl. (4.17) festgelegten Konzentrationen $c_o{}^{**}$ bzw. $c_r{}^{**}$ die Ausdrücke

$$i_0 = zF\vec{k}_a \cdot c_{gl}^{**} \cdot K_r{}'\Pi c_i{}^{\nu_{r,i}} \exp\left(-\frac{\Delta\vec{G}^{+}_{a,gl}}{RT}\right)$$

$$= zF\overleftarrow{k}_k\, K_o{}'\Pi c_i{}^{\nu_{o,i}} \exp\left(-\frac{\Delta\overleftarrow{G}^{+}_{k,gl}}{RT}\right) \tag{4.20a}$$

bzw.

$$i_0 = |z|\; F\vec{k}_k \cdot c_{gl}^{**} \cdot K_o{}'\Pi c_i{}^{\nu_{o,i}} \exp\left(-\frac{\Delta\vec{G}^{+}_{k,gl}}{RT}\right)$$

$$= |z|\; F\overleftarrow{k}_a\, K_r{}'\Pi c_i{}^{\nu_{r,i}} \exp\left(-\frac{\Delta\overleftarrow{G}^{+}_{a,gl}}{RT}\right) \tag{4.20b}$$

liefern. Für die weitere Auswertung dieser Beziehungen ist zu beachten, daß die freien Aktivierungsenthalpien $\Delta G^{\ddagger}_{gl}$ wegen ihrer Abhängigkeit von der Gleichgewichts-Galvanispannung noch von den Konzentrationen c_i (genauer Aktivitäten a_i) abhängen.

Die Überspannung über der Durchtrittsschicht ist bei alleiniger Hemmung der Durchtrittsreaktion allgemein durch die Beziehung

$$\eta^{**} = g^{**} - g^{**}_{gl}$$

gegeben. Setzt man $g^{**} = 0$, so wird $\eta^{**} = -g^{**}_{gl}$ und man erhält aus den Gln. (4.12)

$$\Delta \vec{G}^{\ddagger}_{gl} = \Delta \vec{G}_0{}^{\ddagger} - \alpha z F g^{**}_{gl} \tag{4.21 a}$$

und

$$\Delta \overleftarrow{G}^{\ddagger}_{gl} = \Delta \overleftarrow{G}_0{}^{\ddagger} + (1 - \alpha)\, z F g^{**}_{gl}\,. \tag{4.21 b}$$

Hierbei sind $\Delta \vec{G}_0{}^{\ddagger}$ und $\Delta \overleftarrow{G}_0{}^{\ddagger}$ die freien Aktivierungsenthalpien bei der Galvanispannung $g^{**} = 0$. Diese sind von den Konzentrationen c_i unabhängig.

Für die Gleichgewichts-Galvanispannung g^{**}_{gl} hingegen besteht nach Gl. (2.16) die Konzentrationsabhängigkeit

$$g^{**}_{gl} = g^{0'} + \frac{RT}{z_r F}\, \Sigma \nu_i \ln c_i \tag{2.16}$$

(z_r — Reaktionsladungszahl der Bruttoreaktion, ν_i — stöchiometrische Koeffizienten der Stoffe X_i in der Bruttoreaktion). $g^{0'}$ ist eine Konstante, wenn man in erster Näherung die Aktivitätskoeffizienten und alle Galvanispannungsanteile außerhalb der Durchtrittsschicht als konstant ansieht.

Setzt man Gl. (2.16) in die Gln. (4.21) ein, so ergibt sich für die Konzentrationsabhängigkeit der freien Aktivierungsenthalpien $\Delta G^{\ddagger}_{gl}$

$$\Delta \vec{G}^{\ddagger}_{gl} = \Delta \vec{G}_0{}^{\ddagger} - \alpha z F g^{0'} - \frac{\alpha z}{z_r}\, RT\, \Sigma \nu_i \ln c_i \tag{4.21 c}$$

und

$$\Delta \overleftarrow{G}^{\ddagger}_{gl} = \Delta \overleftarrow{G}_0{}^{\ddagger} + (1 - \alpha)\, z F g^{0'} + \frac{(1-\alpha)\, z}{z_r}\, RT \Sigma \nu_i \ln c_i\,. \tag{4.21 d}$$

Unter Berücksichtigung dieser Ausdrücke erhält man schließlich aus Gl. (4.20) durch Logarithmieren und partielle Differentiation z. B. nach $\log c_n$ den Zusammenhang

$$\boxed{\left(\frac{\partial \log i_0}{\partial \log c_n}\right)_{c_i \neq c_n} = \nu_{r,n} + \alpha\, \frac{z}{z_r} \cdot \nu_n = \nu_{o,n} - (1 - \alpha)\, \frac{z}{z_r}\, \nu_n} \tag{4.22}$$

(ν_n — stöchiometrischer Koeffizient des Stoffs X_n in der Bruttoreaktion, $\nu_{o,n}$ und $\nu_{r,n}$ — stöchiometrische Koeffizienten des Stoffs X_n in der vor- bzw. nachgelagerten chemischen Reaktion.)

Die graphische Darstellung des Zusammenhangs zwischen $\log i_0$ und $\log c_n$ bei Konstanthaltung aller übrigen Konzentrationen muß nach Gl. (4.22) eine Gerade ergeben, aus deren Neigung bei Kenntnis des Durchtrittsfaktors α die Werte für $\nu_{r,n}$ und $\nu_{o,n}$ zu erhalten sind. Zwischen beiden Werten besteht die Beziehung

$$\nu_{o,n} - \nu_{r,n} = \frac{z}{z_r} \cdot \nu_n^{\bullet}$$

4.1.4. Mehrere hintereinander ablaufende Durchtrittsreaktionen

Wenn bei einer elektrochemischen Oxydation oder Reduktion der Unterschied zwischen den Ladungszahlen der oxydierten und reduzierten Stoffe größer ist als die positive Ladungszahl des durch die Phasengrenze hindurchtretenden Ladungsträgers, so müssen mehrere verschiedene Durchtrittsreaktionen hintereinander ablaufen. Dieser Fall tritt insbesondere bei einer ganzen Reihe von Redoxreaktionen auf, wie z. B. bei der Bruttoreaktion

$$Q\,(\text{II}) + 2\text{H}^+\,(\text{II}) + 2e^-\,(\text{I}) \rightarrow \text{H}_2Q\,(\text{II})$$

(Q — Chinon, H_2Q — Hydrochinon) mit der Reaktionsfolge

$$Q + e^- \rightarrow Q^- \qquad \text{1. Durchtrittsreaktion}$$

$$Q^- + H^+ \rightarrow \text{H}Q$$

$$\text{H}Q + e^- \rightarrow \text{H}Q^- \qquad \text{2. Durchtrittsreaktion}$$

$$\text{H}Q^- + \text{H}^+ \rightarrow \text{H}_2Q.$$

Zur Ableitung der stationären Strom-Spannungs-Beziehung soll als allgemeines Beispiel die einfache Reaktionsfolge

$$\begin{array}{ll} X_o + e^- \rightarrow X_z & (r_1^{**}) \\ X_z + e^- \rightarrow X_r & (r_2^{**}) \\ \hline X_o + 2e^- \rightarrow X_r & \end{array}$$

betrachtet werden. Der intermediär gebildete Stoff X_z befindet sich in einem Ladungszustand, der zwischen denen von X_o und X_r liegt. Seine jeweilige Konzentration c_z^{**} hängt von den Geschwindigkeiten der beiden Durchtrittsreaktionen (r_1^{**}) und (r_2^{**}) und damit von der Überspannung ab.

Bei alleiniger Durchtrittsüberspannung und großen Ionenstärken der

Lösung ($\eta_{\text{diffus}} = 0$, $\eta = \eta_D$) gilt für die Teilstromdichten i_1 und i_2 der beiden Durchtrittsreaktionen nach Gl. (4.13b) mit $z = -1$:

$$i_1 = \vec{i}_1 + \overleftarrow{i}_1 = -F \cdot \vec{k}_1 \cdot c^{**} \cdot c_o{}^{**} \cdot \exp\left(-\frac{\Delta \vec{G}^{\ddagger}_{1,gl} + \alpha_1 F \eta}{RT}\right)$$
$$+ F \cdot \overleftarrow{k}_1 \cdot c_z{}^{**} \cdot \exp\left(-\frac{\Delta \overleftarrow{G}^{\ddagger}_{1,gl} - (1 - \alpha_1) F\eta}{RT}\right) \tag{4.23a}$$

und

$$i_2 = \vec{i}_2 + \overleftarrow{i}_2 = -F \cdot \vec{k}_2 \cdot c^{**} \cdot c_z{}^{**} \cdot \exp\left(-\frac{\Delta \vec{G}^{\ddagger}_{2,gl} + \alpha_2 F \eta}{RT}\right)$$
$$+ F \cdot \overleftarrow{k}_2 \cdot c_r{}^{**} \cdot \exp\left(-\frac{\Delta \overleftarrow{G}^{\ddagger}_{2,gl} - (1 - \alpha_2) F\eta}{RT}\right). \tag{4.23b}$$

Im stationären Zustand müssen i_1 und i_2 denselben Wert haben und gleich der Hälfte der Gesamtstromdichte i sein, so daß

$$i_1 = i_2 = \frac{i}{2}. \tag{4.24}$$

Für den Gleichgewichtszustand der Gesamtreaktion ($\eta = 0$) erhält man aus den Gln. (4.23) die Austauschstromdichten

$$i_{0,1} = F \cdot \vec{k}_1 \cdot c^{**} \cdot c_o{}^{**} \cdot \exp\left(-\frac{\Delta \vec{G}^{\ddagger}_{1,gl}}{RT}\right)$$
$$= F \cdot \overleftarrow{k}_1 \cdot c^{**}_{z,gl} \cdot \exp\left(-\frac{\Delta \overleftarrow{G}^{\ddagger}_{1,gl}}{RT}\right) \tag{4.25a}$$

und

$$i_{0,2} = F \cdot \vec{k}_2 \cdot c^{**} \cdot c^{**}_{z,gl} \cdot \exp\left(-\frac{\Delta \vec{G}^{\ddagger}_{2,gl}}{RT}\right)$$
$$= F \cdot \overleftarrow{k}_2 \cdot c_r{}^{**} \cdot \exp\left(-\frac{\Delta \overleftarrow{G}^{\ddagger}_{2,gl}}{RT}\right) \tag{4.25b}$$

($c_{z,gl}$ — Konzentration des Stoffs X_z im Gleichgewicht der Gesamtreaktion)

Setzt man Gl. (4.25) in (4.23) ein, so folgt für die stationäre Gesamtstromdichte unter Berücksichtigung von Gl. (4.24)

$$\frac{1}{2}\, i = i_{0,1} \cdot \left[\frac{c_z{}^{**}}{c^{**}_{z,gl}} \cdot \exp\left(\frac{(1 - \alpha_1) F\eta}{RT}\right) - \exp\left(-\frac{\alpha_1 F \eta}{RT}\right)\right] \tag{4.26a}$$

und

$$\frac{1}{2} i = i_{0,2} \cdot \left[\exp\left(\frac{(1-\alpha_2)\,F\eta}{RT}\right) - \frac{c_z^{**}}{c_{z,gl}^{**}} \cdot \exp\left(-\frac{\alpha_2 F\eta}{RT}\right) \right]. \quad (4.26\,\text{b})$$

Multipliziert man weiterhin Gl. (4.26a) mit $i_{0,2} \cdot \exp(-\alpha_2 F\eta/RT)$ und Gl. (4.26b) mit $i_{0,1} \cdot \exp[(1-\alpha_1)\,F\eta/RT]$, so ergibt sich nach Elimination des Quotienten $c_z^{**}/c_{z,gl}^{**}$

$$\begin{aligned} i &= 2i_{0,2} \cdot \exp\left(\frac{(1-\alpha_2)\,F\eta}{RT}\right) \cdot \frac{1 - \exp(-2F\eta/RT)}{1 + \frac{i_{0,2}}{i_{0,1}} \cdot \exp[-(1-\alpha_1+\alpha_2)\,F\eta/RT]} \\ &= -2i_{0,1} \cdot \exp\left(-\frac{\alpha_1 F\eta}{RT}\right) \cdot \frac{1 + \exp(2F\eta/RT)}{1 + \frac{i_{0,1}}{i_{0,2}} \cdot \exp[(1-\alpha_1+\alpha_2)\,F\eta/RT]} \end{aligned} . \quad (4.27)$$

Für große anodische Überspannungen $\eta \gg (RT/F)\ln(i_{0,2}/i_{0,1})$ geht Gl. (4.27) in den Ausdruck

$$i = 2i_{0,2} \exp\left(\frac{(1-\alpha_2)\,F\eta}{RT}\right)$$

über. Für große katodische Überspannungen $|\eta| \gg (RT/F)\ln(i_{0,1}/i_{0,2})$ liefert Gl. (4.27)

$$i = -2i_{0,1} \cdot \exp\left(-\frac{\alpha_1 F\eta}{RT}\right).$$

Unter den angegebenen Bedingungen hängt somit der Strom-Spannungs-Verlauf nur von den Kennwerten i_0 und α jeweils einer der Durchtrittsreaktionen ab. Der funktionelle Zusammenhang zwischen dem Logarithmus der Stromdichte $\log|i|$ und der Überspannung $|\eta|$ ergibt dann eine Tafel-Gerade, deren Neigung den Durchtrittsfaktor α_2 bzw. α_1 liefert. Die Extrapolation der Geraden auf $\eta = 0$ führt zu den Werten $\log(2i_{0,2})$ bzw. $\log(2i_{0,1})$.

Im Unterschied zu dem Fall nur einer einzigen Durchtrittsreaktion schneiden somit die anodische und katodische Tafel-Gerade die Stromdichte-Achse ($\eta = 0$) nicht an der gleichen Stelle. Dieses Verhalten kann als ein Kriterium für das Vorliegen mehrerer aufeinanderfolgender Durchtrittsreaktionen herangezogen werden. Ein weiteres Kriterium besteht darin, daß sich der katodische und anodische Durchtrittsfaktor α_1 bzw. $(1-\alpha_2)$ im allgemeinen nicht zu Eins ergänzen werden.

4.1.5. Konzentrationsabhängigkeit der Austauschstromdichte, Standard-Austauschstromdichte

Die Austauschstromdichten i_0, d. h. die anodischen bzw. katodischen Teilstromdichten im dynamischen Gleichgewicht einer elektrochemischen Reaktion, bestimmen wesentlich die Geschwindigkeit der Einstellung des Gleichgewichts wie auch die Größe der Überspannung, die für eine vorgegebene Stoffumsatzgeschwindigkeit notwendig ist. Sie hängt entsprechend den Gln. (4.10) noch von den Konzentrationen der Reaktionsteilnehmer ab und kann Werte zwischen einigen $\mu A/cm^2$ (z. B. für die Sauerstoffelektrode mit Platin als Elektrodenmetall) und einigen A/cm^2 (z. B. bei der Silberelektrode) annehmen. Unmittelbarere Ausdrücke für die Konzentrationsabhängigkeit von i_0 erhält man für einfache Durchtrittsreaktionen, wenn man in die Gln. (4.10) unter Verwendung der NERNSTschen Gleichung gemäß Gln. (4.21) die Konzentrationsabhängigkeiten der freien Aktivierungsenthalpien $\Delta G^{\neq}_{gl}$ einführt. Dann resultiert mit $\alpha \triangleq$ Durchtrittsfaktor:

$$i_0 = zFk_0c_o{}^{\alpha}c_r{}^{(1-\alpha)} \quad \text{für} \quad z > 0 \tag{4.28a}$$

bzw.

$$i_0 = |z|\, Fk_0c_r{}^{\alpha}c_o{}^{(1-\alpha)} \quad \text{für} \quad z < 0 \tag{4.28b}$$

Die Konzentrationen c^{**} der Ladungsträger X^z (z. B. Elektronen oder Metallionen) in der Metallphase I sind hier konstant angesehen worden und in die Standard-Geschwindigkeitskonstante k_0 einbezogen. Für $c_o{}^{**}$ und $c_r{}^{**}$ sind in meist ausreichender Näherung die Konzentrationen im Inneren der Lösungsphase II gesetzt worden.

Für den Vergleich unterschiedlichster Durchtrittsreaktionen ist es sinnvoll, die Austauschstromdichten für eine Einheitskonzentration aller Reaktionsteilnehmer (meist 1 mol/l) heranzuziehen. Man erhält dann die Standard-Austauschstromdichten $i_{00} = |z|\, Fk_0$.

4.2. Diffusionsüberspannung

Im folgenden soll der Fall behandelt werden, daß bei einer elektrochemischen Reaktion

$$\sum_{\alpha,j} |\nu_j{}^{\alpha}|\, X_j(\alpha) \rightarrow \sum_{\alpha,k} \nu_k{}^{\alpha} X_k(\alpha) \tag{r}$$

an einer einfachen Elektrode Metall (I)/Lösung (II) nur die Transportvorgänge durch die Diffusionsschicht II* — II eine von Null merklich verschiedene elektrochemische Affinität $\tilde{A}_{\text{II}^*\to\text{II}}$ aufweisen, alle anderen Teilvorgänge jedoch praktisch im Gleichgewicht sind. Dann ist die Gesamtüberspannung η der Elektrode durch Gl. (4.3), (4.4) und (4.5)

$$\eta = \frac{\tilde{A}_{\text{II}^*\to\text{II}}}{z_r F} = \frac{RT}{z_r F}\,\Sigma\nu_i \ln\frac{a_i{}^*}{a_i{}^{\text{II}}} + \varphi^{\text{II}^*} - \varphi^{\text{II}}$$

gegeben. Befindet sich in der Lösung ein genügend großer Überschuß eines Leitelektrolyten, so wird das elektrische Potentialgefälle $\varphi^{\text{II}^*} - \varphi^{\text{II}}$ vernachlässigbar klein und die meßbare Gesamtüberspannung ist reine Diffusionsüberspannung ($\eta = \eta_d$). Da bei großem Fremdelektrolytüberschuß auch das Gefälle der Aktivitätskoeffizienten sehr klein wird, so vereinfacht sich obige Gleichung schließlich zu

$$\boxed{\eta_d = \frac{RT}{z_r F}\,\Sigma\nu_i \ln\frac{c_i{}^*}{c_i{}^{\text{II}}}}\,. \tag{4.29}$$

Für die Reaktionen (r_1), (r_2) und (r_3) in Kap. 2.1. ergibt sich somit z. B.

$$\eta_{d,1} = \frac{RT}{zF}\ln\frac{c^*_{\text{Me}^z}}{c^{\text{II}}_{\text{Me}^z}}, \qquad \eta_{d,2} = \frac{RT}{nF}\left(\ln\frac{c_0{}^*}{c_0{}^{\text{II}}} - \ln\frac{c_r{}^*}{c_r{}^{\text{II}}}\right),$$

$$\eta_{d,3} = -\frac{RT}{|z|F}\ln\frac{c^*_{A^z}}{c^{\text{II}}_{A^z}}.$$

Da die Geschwindigkeit einer elektrochemischen Reaktion bei reiner Diffusionsüberspannung allein davon abhängig ist, wie rasch ein Reaktionsteilnehmer X_i an den Rand II* der Doppelschicht ($x = 0$ bei einer ebenen Elektrodengrenzfläche) herandiffundiert bzw. von ihm wegdiffundiert, so ist die Reaktionsstromdichte i nach dem 1. Fickschen Gesetz direkt proportional dem Konzentrationsgradienten an der Stelle $x = 0$.

Unter Berücksichtigung von Gl. (2.1), (2.3), (2.8) und (2.35) folgt daher z. B. für den Fall linearer Diffusion allein in der x-Richtung

$$i = -\frac{z_r F D_i}{\nu_i}\left(\frac{\partial c_i}{\partial x}\right)_{x=0} = -\frac{z_r F D_i}{\nu_i}\cdot\frac{c_i{}^{\text{II}} - c_i{}^*}{\delta_i}. \tag{4.30}$$

Bei einer Stromrichtung, bei der der Stoff X_i am Rand der Doppelschicht verarmt, kann die Konzentration $c_i{}^*$ nicht kleiner als Null werden. i strebt somit asymptotisch dem Grenzwert

$$i_{gr,i} = -\frac{z_r F D_i}{\nu_i} \cdot \frac{c_i^{II}}{\delta_i} \tag{4.31}$$

zu, der als Diffusionsgrenzstromdichte bezüglich des Reaktionsteilnehmers X_i bezeichnet wird. Die Grenzstromdichte ist proportional der Konzentration des diffundierenden Reaktionsteilnehmers im Inneren der Lösung. Dieser Umstand wird vielfach für analytische Zwecke ausgenutzt.

Nach Division von Gl. (4.30) durch Gl. (4.31) erhält man

$$\frac{i}{i_{gr,i}} = \frac{c_i^{II} - c_i^*}{c_i^{II}} = 1 - \frac{c_i^*}{c_i^{II}} \quad \text{bzw.} \quad \frac{c_i^*}{c_i^{II}} = 1 - \frac{i}{i_{gr,i}}. \tag{4.32}$$

Setzt man diesen Ausdruck in Gl. (4.29) ein, so ergibt sich als allgemeine Beziehung für den Zusammenhang zwischen Stromdichte und Diffusionsüberspannung:

$$\eta_d = \frac{RT}{z_r F} \cdot \Sigma \nu_i \ln \left(1 - \frac{i}{i_{gr,i}}\right). \tag{4.33}$$

Bei der weiteren Behandlung der Diffusionsüberspannung soll generell vorausgesetzt werden, daß das Volumen der Lösung (II) so groß ist, daß bei Ablauf der Reaktion praktisch keine Änderungen der Konzentrationen c_i^{II} im Inneren der Lösung auftreten.

4.2.1. Stationäre Strom-Spannungs-Kurve

Der stationäre Zustand (d. h. i = konst. und η_d = konst.) ist nach Gl. (4.29) und (4.30) bei einem diffusionsbegrenzten Reaktionsablauf dann erreicht, wenn sich c_i^* und δ_i mit der Zeit nicht mehr verändern. Wegen δ_i = konst. ist dazu die Einhaltung zeitlich konstanter Strömungsverhältnisse in der Lösung erforderlich.

4.2.1.1. Einfacher Ionenübergang

Für den Fall eines einfachen Ionenübergangs $X^z(I) \rightleftharpoons X^z(II)$ mit der Reaktionsladungszahl $z_r = z$ und $\nu_i = 1$ liefert Gl. (4.30)

$$i = -zFD \cdot \frac{c^{II} - c^*}{\delta} \tag{4.34}$$

und Gl. (4.29)

$$\eta_d = \frac{RT}{zF} \ln \frac{c^*}{c^{\text{II}}}. \tag{4.35}$$

Für $c^* = 0$ ergibt sich die Grenzstromdichte

$$i_{gr} = -zFD \cdot \frac{c^{\text{II}}}{\delta}. \tag{4.36}$$

Daraus folgt unter Berücksichtigung von Gl. (4.32) und (4.35) für den Zusammenhang zwischen Stromdichte und Überspannung

$$i = i_{gr}\left[1 - \exp\left(\frac{zF\eta_d}{RT}\right)\right] = -zFD\frac{c^{\text{II}}}{\delta}\left[1 - \exp\left(\frac{zF\eta_d}{RT}\right)\right] \tag{4.37a}$$

bzw.

$$\eta_d = \frac{RT}{zF} \ln \frac{i_{gr} - i}{i_{gr}}. \tag{4.37b}$$

Trägt man die (reduzierte) Stromdichte i/i_{gr} gegen η_d auf, so erhält man z. B. für einwertige Kationen oder Anionen die in Abb. 4.3. dargestellte Kurve.

Bei genügend großen, dem Grenzstrom entgegengerichteten Stromdichten, für die $-i/i_{gr} \gg 1$ gilt, geht Gl. (4.37b) in

$$\eta_d = -\frac{RT}{zF} \ln |i_{gr}| + \frac{RT}{zF} \ln |i| = a + b \ln |i| \tag{4.38}$$

über. Gl. (4.38) hat die Form einer Tafel-Geraden, die somit auch bei reiner Diffusionsüberspannung auftreten kann.

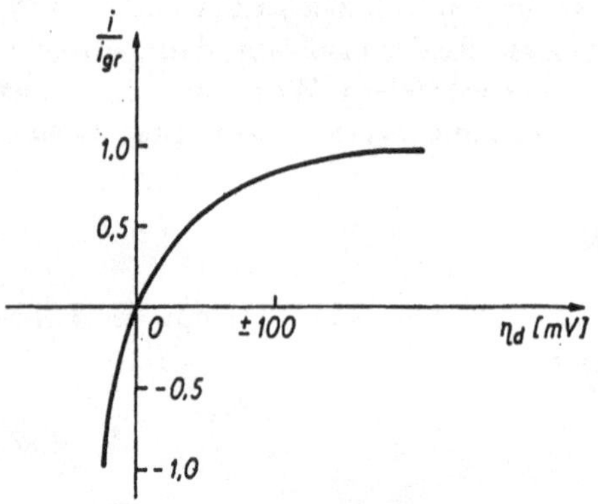

Abb. 4.3. Reduzierte Diffusionsstromdichte in Abhängigkeit von der Diffusionsüberspannung

Bei kleinen Werten von η_d kann Gl. (4.37a) durch die Beziehung

$$i = -i_{gr} \cdot \frac{zF}{RT} \eta_d \tag{4.39}$$

ersetzt werden, wie sich sofort ergibt, wenn man die e-Funktion in Reihe entwickelt und nach dem zweiten Glied abbricht. Danach ist die Überspannung in der Nähe des Gleichgewichtszustands der Stromdichte i direkt und der Grenzstromdichte i_{gr} umgekehrt proportional.

Bei einwertigen Kationen oder Anionen wird nach Abb. 4.3. die Grenzstromdichte bis auf ungefähr 1% erreicht, wenn die Überspannung etwa -120 mV bzw. $+120$ mV beträgt.

Wenn die Stromdichte ihrem Grenzwert noch weiter zustrebt, so sollte die Überspannung nach Gl. (4.37) schließlich unbegrenzt zunehmen. Ein derartiger Überspannungsanstieg hat jedoch keine physikalische Bedeutung. Diese Konsequenz ergibt sich lediglich aus der Voraussetzung, daß an der Elektrode nur eine einzige elektrochemische Reaktion ablaufen soll. In Wirklichkeit treten jedoch bei sehr starker Erhöhung der Überspannung weitere Reaktionen mit merklicher Geschwindigkeit hinzu, wodurch eine unbegrenzte Spannungszunahme verhindert wird.

Gl. (4.37) zeigt weiterhin, daß η_d bei einer vorgegebenen Stromdichte mit zunehmender Konzentration c^{II} abnimmt; eine Diffusionsüberspannung macht sich also insbesondere in Lösungen mit kleinen Konzentrationen der reagierenden Ionen bemerkbar oder, wenn auf Grund kleiner Diffusionsgeschwindigkeiten ein großer Konzentrationsgradient entsteht. Man kann η_d bei konstanter Stromdichte i jedoch andererseits auch verringern, indem man δ durch stärkeres Rühren der Lösung verkleinert.

Bei Ablauf des Ionenübergangs in Richtung $X^z(\mathrm{I}) \rightarrow X^z(\mathrm{II})$ kann c^* ebenfalls gegen einen Grenzwert gehen, der in diesem Fall durch das Löslichkeitsprodukt eines Salzes des Ions X^z mit einem in der Lösung vorhandenen Gegenion gegeben ist ($c^* \triangleq$ Sättigungskonzentration). Auch hier ergibt sich somit nach Gl. (4.34) und (4.35) ein definierter Maximalwert von i und η_d.

Bei komplizierteren elektrochemischen Reaktionen, wie z. B. dem Übergang eines Metallions Me^z in einer Reaktion

$$\mathrm{Me}^z(\mathrm{I}) + \nu_r X_r(\mathrm{II}) \rightarrow \nu_o X_o(\mathrm{II}),$$

kann eine Grenzstromdichte auftreten, wenn die Geschwindigkeit der Reaktion durch die Diffusion des Komplexbildners X_r bzw. des Metallkomplexes X_o begrenzt wird. Die Grenzstromdichte ist dann erreicht, wenn $c_r^* = 0$ bzw.

$c_o^* = 0$ wird. Derartige Grenzströme werden z. B. beim anodischen Polieren beobachtet.

Gl. (4.36) bietet eine Möglichkeit, aus der Größe der Grenzstromdichte und der Konzentration der Ionen X^z im Inneren der Lösung die Diffusionsschichtdicke δ zu berechnen. Die dabei erhaltenen Werte liegen je nach den Konvektionsbedingungen etwa in der Größenordnung von 10^{-2} bis 10^{-4} cm. Der bei Stromfluß in der Diffusionsschicht auftretende Konzentrationsgradient läßt sich auf Grund von Unterschieden des Brechungsindex auch direkt sichtbar machen. So ist es z. B. durch Anwendung der Schlierenmethode möglich, die Größe des Konzentrationsgradienten an verschiedenen Stellen der Diffusionsschicht und die Dicke δ unmittelbar zu messen. Auch diese Methode führt zu Werten in der oben angegebenen Größenordnung [49].

4.2.1.2. Einfache Redoxreaktion

Bei einer Redoxreaktion $X_o(\mathrm{II}) + ne^-(\mathrm{I}) \rightleftharpoons X_r(\mathrm{II})$ mit der Reaktionsladungszahl $z_r = -n$ und den stöchiometrischen Koeffizienten $\nu_o = -1$ und $\nu_r = +1$ beträgt die Stromdichte nach Gl. (4.30)

$$i = -nFD_o \frac{c_o^{\mathrm{II}} - c_o^*}{\delta_o} = nFD_r \cdot \frac{c_r^{\mathrm{II}} - c_r^*}{\delta_r}, \tag{4.40}$$

wenn man berücksichtigt, daß im stationären Zustand die in entgegengesetzter Richtung diffundierenden Mengen der Stoffe X_o und X_r gleich groß sein müssen.

Für $c_o^* = 0$ bzw $c_r^* = 0$ folgt aus Gl. (4.40) die katodische Grenzstromdichte

$$i_{gr,k} = i_{gr,o} = -\, nFD_o \cdot \frac{c_o^{\mathrm{II}}}{\delta_o} \tag{4.41 a}$$

und die anodische Grenzstromdichte

$$i_{gr,a} = i_{gr,r} = nFD_r \cdot \frac{c_r^{\mathrm{II}}}{\delta_r}. \tag{4.41 b}$$

Die Überspannung ergibt sich nach Gl. (4.29) zu

$$\eta_d = \frac{RT}{nF}\left(\ln \frac{c_o^*}{c_o^{\mathrm{II}}} - \ln \frac{c_r^*}{c_r^{\mathrm{II}}}\right).$$

Daraus folgt für das Verhältnis der Konzentrationen c_o^* und c_r^*

$$\frac{c_o^*}{c_r^*} = \frac{c_o^{\mathrm{II}}}{c_r^{\mathrm{II}}} \cdot \exp\left(\frac{nF\eta_d}{RT}\right)$$

und durch Vereinigung mit Gl. (4.40) für die Konzentrationen selbst

$$c_o{}^* = \frac{c_o{}^{\text{II}} + \dfrac{D_r\delta_o}{D_o\delta_r} c_r{}^{\text{II}}}{1 + \dfrac{D_r\delta_o c_r{}^{\text{II}}}{D_o\delta_r c_o{}^{\text{II}}} \exp\left(-\dfrac{nF\eta_d}{RT}\right)}$$

bzw.

$$c_r{}^* = \frac{c_r{}^{\text{II}} + \dfrac{D_o\delta_r}{D_r\delta_o} \cdot c_o{}^{\text{II}}}{1 + \dfrac{D_o\delta_r c_o{}^{\text{II}}}{D_r\delta_o c_r{}^{\text{II}}} \exp\left(\dfrac{nF\eta_d}{RT}\right)}.$$

Setzt man diese Werte in Gl. (4.40) ein, so erhält man für die Strom-Spannungs-Kurve nach Einführung der Grenzstromdichten gemäß Gl. (4.41)

$$i = i_{gr,k} \cdot \left(1 - \frac{1 + \dfrac{D_r\delta_o c_r{}^{\text{II}}}{D_o\delta_r c_o{}^{\text{II}}}}{1 + \dfrac{D_r\delta_o c_r{}^{\text{II}}}{D_o\delta_r c_o{}^{\text{II}}} \exp\left(-\dfrac{nF\eta_d}{RT}\right)}\right)$$

$$= i_{gr,a} \cdot \left(1 - \frac{1 + \dfrac{D_o\delta_r c_o{}^{\text{II}}}{D_r\delta_o c_r{}^{\text{II}}}}{1 + \dfrac{D_o\delta_r c_o{}^{\text{II}}}{D_r\delta_o c_r{}^{\text{II}}} \exp\left(\dfrac{nF\eta_d}{RT}\right)}\right). \tag{4.42}$$

Berücksichtigt man schließlich noch, daß nach Gl. (4.41)

$$\frac{i_{gr,k}}{i_{gr,a}} = -\frac{D_o\delta_r c_o{}^{\text{II}}}{D_r\delta_o c_r{}^{\text{II}}}, \tag{4.43}$$

so ergibt sich für die Strom-Spannungs-Kurve

$$i = \frac{i_{gr,k} + i_{gr,a} \dfrac{D_o\delta_r c_o{}^{\text{II}}}{D_r\delta_o c_r{}^{\text{II}}} \exp\left(\dfrac{nF\eta_d}{RT}\right)}{1 + \dfrac{D_o\delta_r c_o{}^{\text{II}}}{D_r\delta_o c_r{}^{\text{II}}} \exp\left(\dfrac{nF\eta_d}{RT}\right)}. \tag{4.44}$$

In Abb. 4.4. ist der prinzipielle Verlauf der Strom-Spannungs-Kurven für verschiedene Verhältnisse $i_{gr,a}/i_{gr,k}$ aufgezeichnet. Alle Kurven schneiden die Abszisse bei $\eta_d = 0$.

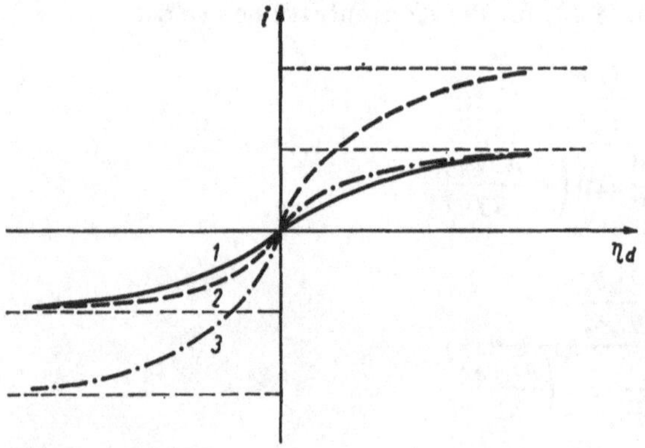

Abb. 4.4. Diffusions-Strom-Spannungs-Kurven von Redoxsystemen für verschiedene Verhältnisse der anodischen und katodischen Grenzstromdichten

1 $i_{gr,a} = |i_{gr,k}|$
2 $i_{gr,a} = 2|i_{gr,k}|$
3 $i_{gr,a} = 1/2|i_{gr,k}|$

Bei sehr negativen Überspannungen werden die Exponentialausdrücke praktisch gleich Null und damit $i \approx i_{gr,k}$. Umgekehrt sind für sehr positive Überspannungen die Exponentialausdrücke sehr groß und somit $i \approx i_{gr,a}$.

Für die Überspannung ergibt sich aus Gl. (4.43) und (4.44) in Übereinstimmung mit der allgemeinen Beziehung (4.33)

$$\eta_d = \frac{RT}{nF} \ln \frac{1 - \dfrac{i}{i_{gr,k}}}{1 - \dfrac{i}{i_{gr,a}}} = \frac{RT}{nF} \ln \left| \frac{i_{gr,a}}{i_{gr,k}} \right| + \frac{RT}{nF} \ln \left| \frac{i_{gr,k} - i}{i_{gr,a} - i} \right|. \qquad (4.45)$$

Ist die Konzentration des Stoffs X_r sehr viel kleiner als die Konzentration des Stoffs X_o ($c_r \ll c_o$), dann ist nach Gl. (4.43) $|i_{gr,k}| \gg i_{gr,a}$. In diesem Fall nimmt Gl. (4.45) bei genügend hohen katodischen Stromdichten, für die $|i| \gg i_{gr,a}$ ist, die Form

$$\begin{aligned} \eta_d &= \frac{RT}{nF} \ln \left| \frac{i_{gr,a}}{i_{gr\,k}} \right| + \frac{RT}{nF} \ln \left| \frac{i_{gr,k} - i}{-i} \right| \\ &= \frac{RT}{nF} \ln \frac{D_r \delta_o c_r^{\mathrm{II}}}{D_o \delta_r c_o^{\mathrm{II}}} + \frac{RT}{nF} \ln \left| \frac{i_{gr,k} - i}{-i} \right| \\ &= \eta_{1/2} + \frac{RT}{nF} \ln \left| \frac{i_{gr,k} - i}{-i} \right| \end{aligned} \qquad (4.46\text{a})$$

an. Dabei stellt $\eta_{1/2}$ diejenige Überspannung dar, bei der die stationäre Stromdichte gerade die Hälfte der Grenzstromdichte beträgt.

Analog gilt für den umgekehrten Fall, daß $c_o \ll c_r$ ist, für anodische Stromdichten $i \gg |i_{gr,k}|$

$$\eta_d = \frac{RT}{nF} \ln \left| \frac{i_{gr,a}}{i_{gr,k}} \right| - \frac{RT}{nF} \ln \left| \frac{i_{gr,a} - i}{-i} \right|$$

$$= \eta_{1/2} - \frac{RT}{nF} \ln \left| \frac{i_{gr,a} - i}{-i} \right|. \tag{4.46b}$$

4.2.2. Der Einfluß der Konvektion auf die stationäre Strom-Spannungs-Kurve

Wie aus Gl. (4.30) ersichtlich, hängt die diffusionsbegrenzte Stromdichte i u. a. von der Dicke δ der Diffusionsschicht und damit von den Strömungsverhältnissen in der Lösung ab.

Nimmt die Intensität der Strömung z. B. durch stärkeres Rühren der Lösung zu, dann wird δ stets kleiner. Dies hat nach Gl. (4.29) und (4.30) zur Folge, daß die Stromdichte i bei vorgegebener Überspannung η_d (d. h. vorgegebenen c_i*) größer bzw. η_d bei vorgegebenem i kleiner wird.

Dieses Verhalten bietet eine Möglichkeit, die Diffusionsüberspannung von anderen Überspannungsanteilen, z. B. einer Durchtrittsüberspannung η_D, abzutrennen. Dazu wird die Gesamtüberspannung η (bei nicht zu großen vorgegebenen Stromdichten) einmal in der ungerührten Lösung ($\eta = \eta_D + \eta_d$) und zum anderen in der stark gerührten Lösung ($\eta_d \to 0$, $\eta = \eta_D$) gemessen. Die Differenz beider Werte ergibt η_d. Dieses Verfahren stellt allerdings nur eine erste Näherung dar und ist nur bei relativ großen Konzentrationen der Reaktionsteilnehmer anwendbar.

Die genaue Ermittlung des Einflusses der Konvektion auf die Größe von δ und damit des Anteils an Diffusionshemmung kann prinzipiell mit Hilfe der Grundgleichung (2.46) der Hydrodynamik erfolgen. Ihre allgemeine Lösung führt jedoch zu sehr komplizierten Gleichungssystemen, so daß eine konkrete Auswertung in der Regel nur näherungsweise und auch nur für wenige einfache geometrische Anordnungen und Strömungsverhältnisse möglich ist [50].

4.2.2.1. Ebene Elektrodengrenzfläche

Es sollen zunächst die Verhältnisse bei laminarer Strömung der Elektrolytlösung parallel zu einer ebenen Elektrodengrenzfläche, z. B. einer Metallplatte, angegeben werden.

Die Strömungsgeschwindigkeit der Lösung ist nach den Gesetzen der Hydrodynamik unmittelbar an der Grenzfläche gleich Null und steigt mit zunehmendem Abstand innerhalb der sog. PRANDTLschen Strömungsschicht kontinuierlich auf den vorgegebenen Wert v im Inneren der Lösung an. Die Dicke δ_{Pr} der PRANDTLschen Schicht hängt von der Geschwindigkeit v und von der kinematischen Zähigkeit ν_L (= dynamische Zähigkeit/Dichte) der Lösung ab. Bei laminarer Strömung parallel zu einer ebenen Grenzfläche ist δ_{Pr} außerdem noch eine Funktion der Ortskoordinate l in Strömungsrichtung (vom Auftreffpunkt der Strömung, d. h. von dem entsprechenden Rand der Elektrode an gerechnet). Mit zunehmenden Werten von l nimmt auch die Dicke der Strömungsschicht zu. Für den genaueren Zusammenhang zwischen δ_{Pr}, v, ν_L und l liefert die hydrodynamische Theorie die Beziehung:

$$\delta_{Pr} = 3\, l^{1/2} \cdot v^{-1/2} \cdot \nu_L{}^{1/2}. \tag{4.47}$$

Gleichung (4.47) gilt nur bei laminarer Strömung, nicht aber für turbulente Strömungszustände mit Wirbelbildungen [51].

Für eine Beschreibung des Einflusses der Strömung auf die Diffusionsvorgänge in der Diffusionsschicht (konvektive Diffusion) muß man den Zusammenhang zwischen δ und δ_{Pr} kennen.

Der Unterschied zwischen der Dicke beider Schichten hängt von dem Verhältnis der kinematischen Zähigkeit der Lösung zu dem Diffusionskoeffizienten des diffundierenden Stoffs ab. Eine genauere Berechnung [51a] liefert die Gleichung:

$$\delta = \delta_{Pr} \cdot \left(\frac{\nu_L}{D}\right)^{-1/3}. \tag{4.48}$$

In wäßrigen Lösungen, bei denen ν_L und D die Größenordnungen 10^{-2} bzw. $10^{-5}\ \text{cm}^2 \cdot \text{sec}^{-1}$ haben, beträgt somit die Dicke der Diffusionsschicht etwa 1/10 der Dicke der Strömungsschicht.

Aus Gl. (4.47) und (4.48) folgt für die Dicke der Diffusionsschicht

$$\boxed{\delta = 3\, l^{1/2} \cdot v^{-1/2} \cdot \nu_L{}^{1/6} \cdot D^{1/3}} \tag{4.49}$$

und damit schließlich für die Stromdichte nach Gl. (4.30)

$$i = -\frac{z_r F}{\nu_i} \cdot \frac{v^{1/2} D_i{}^{2/3}}{3\, l^{1/2} \cdot \nu_L{}^{1/6}} \left(c_i{}^{\mathrm{II}} - c_i{}^*\right). \tag{4.50}$$

4.2.2.2. Die rotierende Scheibenelektrode

Zur bequemen Einstellung definierter Strömungsverhältnisse ist häufig die Anwendung von Elektroden in Form rotierender Kreisscheiben von Vorteil [52].

Rotiert eine solche Scheibenelektrode genügend schnell um die senkrecht zur Scheibenebene durch ihren Mittelpunkt gehende Achse, so wird die Lösung, die mit den zentralen Teilen der Scheibe in Berührung steht, durch die Zentrifugalkraft in definierter Weise nach dem Rand der Scheibe fortbewegt. Infolgedessen entsteht im Mittelpunkt der Scheibe ein Unterdruck, so daß Flüssigkeit aus dem Inneren der Lösung nachströmen kann. Der genauere Verlauf der Strömungslinien ist aus Abb. 4.5. zu ersehen.

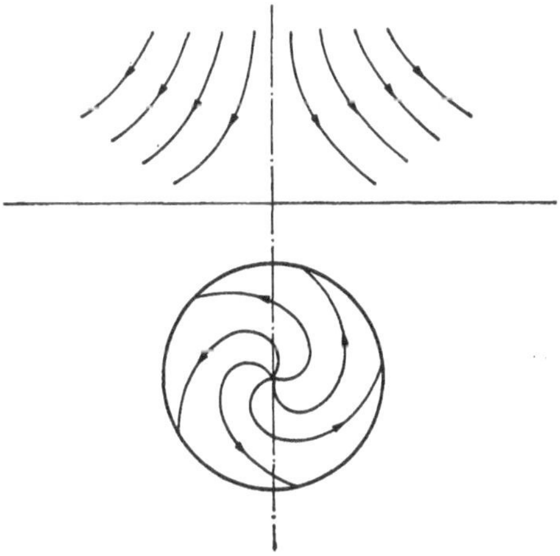

Abb. 4.5. Strömungsverhältnisse an einer rotierenden Scheibenelektrode

Da der Auftreffpunkt der Strömung ($l = 0$) im Mittelpunkt der Scheibenebene liegt, so müßte nach Gl. (4.47) die Dicke der Strömungsschicht nach dem Rand der Scheibe hin (d. h. mit ansteigenden Werten von l) proportional zu $l^{1/2}$ zunehmen. Da jedoch andererseits die Strömungsgeschwindigkeit v der Lösung relativ zur Scheibenebene wegen der Drehung der Scheibe proportional zum Radius l zunimmt, so bleiben im Endergebnis die Dicke der Prandtlschen Schicht und damit die Dicke der Diffusionsschicht sowie die Stromdichte überall gleich groß. Die hydrodynamischen Verhältnisse sind daher bei der rotierenden Scheibenelektrode besonders übersichtlich und ermöglichen eine relativ einfache Lösung der Gl. (2.46).

Die genauere Berechnung [52a] ergibt für die Dicke der Diffusionsschicht

$$\delta = 1{,}61 \left(\frac{D}{\nu_L}\right)^{1/3} \left(\frac{\nu_L}{\omega}\right)^{1/2} \left[1 + 0{,}35 \left(\frac{D}{\nu_L}\right)^{0{,}36}\right] \tag{4.51a}$$

bzw. näherungsweise

$$\boxed{\delta = 1{,}61 \cdot \omega^{-1/2} \nu_L^{1/6} D^{1/3}}, \tag{4.51 b}$$

wobei ω die Umdrehungsgeschwindigkeit (Winkelgeschwindigkeit) der Scheibe ist. Für die Stromdichte folgt somit aus Gl. (4.30)

$$\boxed{i = -0{,}62 \frac{z_r F}{\nu_i} D_i^{2/3} \nu_L^{-1/6} \omega^{1/2} (c_i^{\mathrm{II}} - c_i^*)}, \tag{4.52}$$

d. h., die Stromdichte ist bei konstanter Überspannung proportional der Quadratwurzel aus der Umdrehungsgeschwindigkeit.

Die Auftragung der Grenzstromdichte ($c_i^* = 0$) gegen $\sqrt{\omega}$ liefert eine Gerade, aus deren Steigung die Konzentration c_i^{II} oder (bei bekanntem c_i^{II} und ν_L) der Diffusionskoeffizient D_i bestimmt werden kann. Dieser Zusammenhang wird jedoch experimentell nur dann wirklich gefunden, wenn streng auf die Vermeidung von Wirbelbildung (z. B. infolge unrunden Laufs oder zu hoher Oberflächenrauhigkeit der Scheibenelektrode) geachtet wird.

4.2.3. Potentiostatischer Einschaltvorgang

Bei einem potentiostatischen Einschaltvorgang wird an die Versuchselektrode zur Zeit $t = 0$ momentan eine konstant bleibende Überspannung angelegt. Ist diese Spannung genügend hoch, so fällt infolge der augenblicklich einsetzenden elektrochemischen Reaktion die Konzentration des einen oder anderen Reaktanten am Rande der Doppelschicht häufig sehr schnell auf Null ab (Grenzstrombedingung). Gleichzeitig beginnt eine nichtstationäre Nachdiffusion aus dem Inneren der Phase. Die Aufgabe besteht nun darin, die örtliche Verteilung der Konzentration in der Diffusionsschicht als Funktion der Zeit zu ermitteln. Kennt man diese Verteilung, so kann man daraus die zeitliche Veränderung der Grenzstromdichte berechnen.

4.2.3.1. Lineare Diffusion (ebene Elektrodengrenzfläche)

Bezeichnet man den Abstand von der Doppelschicht wieder mit x, so wird der nichtstationäre Diffusionsvorgang durch das 2. Fickschе Gesetz in der Form

$$\frac{\partial c_i(x, t)}{\partial t} = D_i \cdot \frac{\partial^2 c_i(x, t)}{\partial x^2} \tag{2.36}$$

beschrieben. Die Annahme einer alleinigen Diffusion senkrecht zur Phasengrenzfläche ist berechtigt, wenn man sich auf diejenigen Bereiche der Grenzfläche beschränkt, die hinreichend weit vom Elektrodenrand entfernt sind.

4.2.3.1.1. Einfacher Ionenübergang

Zur Lösung der Gl. (2.36) für die gehemmte Diffusion des Ions X^z in der Elektrolytlösung (II) müssen folgende Anfangs- und Randbedingungen berücksichtigt werden:

Zur Zeit $t = 0$ hat die Konzentration der Ionen X^z überall in der Lösung den gleichen Wert, d. h.

$$c(x, 0) = c^{\text{II}}.$$

Bei hinreichend hoher Überspannung (Grenzstrombedingungen) ist die Konzentration c^* am Rand der Doppelschicht zu jeder Zeit ($t > 0$) gleich Null, d. h.

$$c(0, t > 0) = c^*(t > 0) = 0.$$

Wird weiterhin angenommen, daß sich die Lösung in x-Richtung unendlich weit ausdehnt, so gilt als weitere Randbedingung für beliebige Zeiten t

$$c(\infty, t) = c^{\text{II}}.$$

Schließlich soll die Elektrolytlösung stets als ruhend betrachtet werden, was bis zum Auftreten natürlicher Konvektion nach 30···60 s auch praktisch gewährleistet werden kann.

Unter diesen Bedingungen hat die Lösung von Gl. (2.36) die Form

$$c(x, t) = c^{\text{II}} \cdot \Phi\left(\frac{x}{2\sqrt{D \cdot t}}\right) = c^{\text{II}} \cdot \Phi(z), \tag{4.53}$$

wobei

$$\Phi(z) = \frac{2}{\sqrt{\pi}} \cdot \int_0^z e^{-y^2}\, dy$$

das Gaussche Fehlerintegral darstellt. Die Variable y im Integranden ist lediglich eine mathematische Hilfsgröße. Da der Wert des Integrals nur von der oberen Grenze abhängt, verschwindet y in der endgültigen Lösung wieder. Für $z = 0$ ist $\Phi(z)$ ebenfalls Null; für $z \to \infty$ geht $\Phi(z)$ gegen Eins. Durch Differenzieren und Einsetzen des Differentialquotienten in die Gl. (2.36) kann man sich leicht von der Richtigkeit der Lösung (4.53) überzeugen.

Eine charakteristische Besonderheit dieser Lösung besteht darin, daß die Variablen x und t nicht unabhängig voneinander auftreten, sondern nur in Form des Quotienten $x/\sqrt{t}$. Infolgedessen sind die Konzentrationen in zwei Abständen x_1 und x_2 gerade zu denjenigen Zeitpunkten t_1 und t_2 gleich groß, für die $x_1 : x_2 = \sqrt{t_1} : \sqrt{t_2}$ gilt. Die Diffusionsfront breitet sich daher mit der Quadratwurzel aus der Zeit aus.

In Abb. 4.6. ist schematisch die Konzentrationsverteilung zu verschiedenen Zeiten nach Anlegen der Überspannung dargestellt.

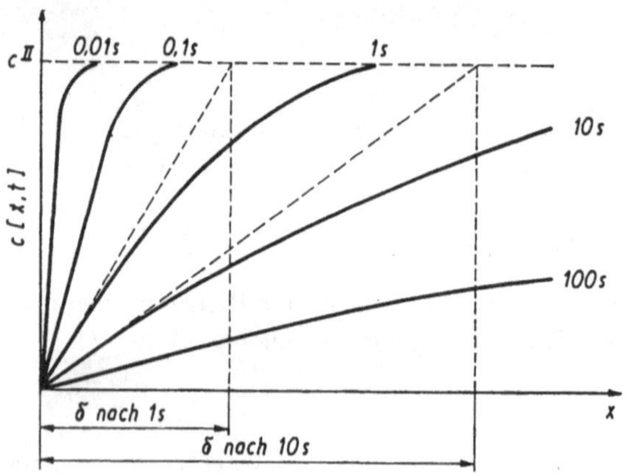

Abb. 4.6. Ausbreitung der Diffusionsschicht beim potentiostatischen Einschaltvorgang im Grenzstrombereich

Für den Konzentrationsgradienten am Rand der Doppelschicht erhält man durch partielle Differentiation von Gl. (4.53)

$$\left(\frac{\partial c}{\partial x}\right)_{x=0} = \frac{c^{II}}{\sqrt{\pi D t}}.$$

Daraus folgt für die Dicke der Diffusionsschicht aus Gl. (2.1)

$$\delta = \sqrt{\pi D t} \tag{4.54}$$

und schließlich für die Grenzstromdichte nach Gl. (4.31)

$$i_{gr} = -zF \cdot \sqrt{\frac{D}{\pi t}} \cdot c^{II}. \tag{4.55}$$

i_{gr} nimmt umgekehrt proportional mit der Quadratwurzel aus der Zeit ab und müßte bei genügend langer Reaktionszeit den Wert Null erreichen. Da bei der Ableitung von Gl. (4.55) jedoch nur Diffusionsvorgänge berücksichtigt worden sind, so ist die Gleichung im allgemeinen nur für relativ kleine Werte von t gültig, wenn die unvermeidlichen Konvektionseinflüsse noch eine untergeordnete Rolle spielen.

Zur Zeit $t = 0$ würde die Stromdichte nach Gl. (4.55) einen unendlich großen Wert annehmen. Dieses physikalisch bedeutungslose Ergebnis resultiert aus der vereinfachenden Voraussetzung, daß die Konzentration am Rand der Doppelschicht bei Beginn der Reaktion momentan auf Null abfallen sollte. In Wirklichkeit geschieht dies jedoch nicht plötzlich, sondern im Verlauf eines endlich kleinen Zeitintervalls, während dessen der Strom nicht allein durch Diffusion bestimmt wird.

Da bei der Ableitung von Gl. (4.55) angenommen wurde, daß c^* stets gleich Null ist, so gibt diese Gleichung den zeitlichen Verlauf der Grenzstromdichte wieder. Für den Fall, daß c^* bei kleineren Überspannungen einen von Null verschiedenen konstanten Wert annimmt, ist anstelle von c^{II} lediglich die Differenz $c^{II} - c^*$ einzusetzen. Man erhält dann unter Berücksichtigung von Gl. (4.35)

$$\boxed{i = -zF \sqrt{\frac{D}{\pi \cdot t}} \cdot (c^{II} - c^*) = zF \cdot \sqrt{\frac{D}{\pi t}} \cdot c^{II} \cdot \left[\exp\left(\frac{zF\eta_d}{RT}\right) - 1\right]}. \quad (4.56)$$

Gleichung (4.56) gilt allgemein für beide Reaktionsrichtungen, d. h. auch für $c^* > c^{II}$.

Die Auftragung der experimentell ermittelbaren Grenzstromdichte gegen $1/\sqrt{t}$ liefert nach Gl. (4.55) eine Gerade, aus deren Steigung der Diffusionskoeffizient ermittelt werden kann.

4.2.3.1.2. Einfache Redoxreaktion

Im vorangehenden Beispiel wurde die Stromdichte durch die Diffusion nur eines einzigen Stoffs bestimmt. Bei einer Redoxreaktion $X_o(II) + ne^-(I) \rightleftharpoons X_r(II)$ sind jedoch zwei diffundierende Reaktionsteilnehmer (X_o und X_r) zu berücksichtigen, deren Konzentrationsverteilung durch ein System von zwei partiellen Differentialgleichungen der Form (2.36) mit je zwei Anfangs- und Randbedingungen beschrieben wird.

Die Anfangsbedingungen lauten wie in dem vorangehenden Beispiel des

Ionenübergangs

$$c_o(x, 0) = c_o^{\mathrm{II}} \quad \text{und} \quad c_r(x, 0) = c_r^{\mathrm{II}}.$$

Die erste Randbedingung ist durch die Beziehung (4.29) gegeben, nach der zu allen Zeiten $t > 0$

$$\frac{c_o^*}{c_r^*} = \vartheta = \frac{c_o^{\mathrm{II}}}{c_r^{\mathrm{II}}} \exp\left(\frac{nF\eta_d}{RT}\right). \tag{4.57}$$

Unter potentiostatischen Bedingungen ist wegen $\eta_d =$ konst. auch die Größe ϑ eine Konstante.

Die zweite Randbedingung resultiert aus der Forderung, daß zur Aufrechterhaltung des konstanten Konzentrationsverhältnisses die Diffusionsgeschwindigkeiten der Stoffe X_o und X_r an der Stelle $x = 0$ gleich groß sein müssen, so daß nach Gl. (2.35)

$$D_o \cdot \left(\frac{\partial c_o}{\partial x}\right)_{x=0} + D_r \cdot \left(\frac{\partial c_r}{\partial x}\right)_{x=0} = 0. \tag{2.35}$$

Schließlich soll wieder gelten

$$c_o(\infty, t) = c_o^{\mathrm{II}} \quad \text{und} \quad c_r(\infty, t) = c_r^{\mathrm{II}}.$$

Unter den angegebenen Bedingungen erhält man als Lösungen des 2. Fickschen Gesetzes

$$c_o(x, t) = \frac{\left(\sqrt{\frac{D_o}{D_r}} \cdot c_o^{\mathrm{II}} + c_r^{\mathrm{II}}\right)\vartheta + (c_o^{\mathrm{II}} - c_r^{\mathrm{II}}\vartheta) \cdot \Phi_o}{1 + \sqrt{\frac{D_o}{D_r}} \cdot \vartheta} \tag{4.58a}$$

und

$$c_r(x, t) = \frac{\left(\sqrt{\frac{D_o}{D_r}} \cdot c_o^{\mathrm{II}} + c_r^{\mathrm{II}}\right) + \sqrt{\frac{D_o}{D_r}} \cdot (c_r^{\mathrm{II}}\vartheta - c_o^{\mathrm{II}})\, \Phi_r}{1 + \sqrt{\frac{D_o}{D_r}} \cdot \vartheta}. \tag{4.58b}$$

Φ_o und Φ_r sind die Fehlerintegrale

$$\Phi\left(\frac{x}{2\sqrt{D_o t}}\right) \quad \text{bzw.} \quad \Phi\left(\frac{x}{2\sqrt{D_r \cdot t}}\right).$$

Durch partielle Differentiation der Gl. (4.58) nach x folgt unter Berücksichtigung von Gl. (4.30) die Stromdichte

$$i = -nF \sqrt{\frac{D_o}{\pi t}} \cdot (c_o^{\mathrm{II}} - c_r^{\mathrm{II}}\vartheta) \cdot \frac{1}{1 + \sqrt{\frac{D_o}{D_r}} \cdot \vartheta}. \tag{4.59}$$

Für sehr hohe negative Überspannungen wird nach Gl. (4.57) $\vartheta \approx 0$, und die Stromdichte entspricht der Grenzstromdichte $i_{gr,k}(t) = -nF \sqrt{D_o/(\pi t)} \cdot c_o^{\mathrm{II}}$.

Andererseits wird für hohe positive Überspannungen $\vartheta \gg 1$, und die Stromdichte erreicht den anodischen Grenzwert $i_{gr,a}(t) = nF \sqrt{D_r/(\pi t)} \cdot c_r^{\mathrm{II}}$.

4.2.3.2. Kugelsymmetrische Diffusion

Bei kugelsymmetrischer Diffusion ist zu jedem Zeitpunkt t die Konzentration der Reaktionsteilnehmer an allen Stellen der Elektrolytlösung, die den gleichen Abstand r vom Mittelpunkt der Kugelelektrode haben, gleich groß.

Die Anfangsbedingung bei einem einfachen Ionenübergang $X^z(\mathrm{I}) \rightleftharpoons X^z(\mathrm{II})$ hat die gleiche Form wie bei der ebenen Grenzfläche, d. h.

$$c(r > r_0, 0) = c^{\mathrm{II}},$$

wenn r_0 den Abstand des Randes der Doppelschicht vom Kugelmittelpunkt angibt.

Für die Randbedingung ergibt sich unter Grenzstrombedingungen

$$c(r_0, t > 0) = c^*(t > 0) = 0.$$

Die Lösung soll als ruhend und unendlich ausgedehnt angesehen werden.

Die Berechnung der Konzentrationsverteilung erfolgt mit Hilfe des 2. Fickschen Gesetzes, das hier in der Form der Gl. (2.39) angewendet wird. Die Lösung der Differentialgleichung (2.39) ergibt für die oben angegebenen Bedingungen

$$c(r, t) = c^{\mathrm{II}} \cdot \left[\frac{2r_0}{\sqrt{\pi} \cdot r} \cdot \Phi\left(\frac{r - r_0}{2\sqrt{D \cdot t}}\right) + \left(1 - \frac{r_0}{r}\right)\right]. \tag{4.60}$$

Der erste Summand auf der rechten Seite von Gl. (4.60) unterscheidet sich von der Lösung (4.53) für eine ebene Grenzfläche nur darin, daß im oberen Grenzwert des Fehlerintegrals nicht der Abstand von der ebenen Grenzfläche, sondern der Abstand von der Kugeloberfläche eingeht und daß vor dem Fehlerintegral noch der zusätzliche Faktor r_0/r steht. Für $r \to r_0$ geht Gl. (4.60) in Gl. (4.53) über. Dies bedeutet, daß man die Kugeloberfläche für sehr kleine Abstände $r - r_0$ (klein gegenüber dem Radius der Kugel) als Ebene behandeln kann.

Differenziert man Gl. (4.60) partiell nach r, so folgt für $r = r_0$

$$\left(\frac{\partial c}{\partial r}\right)_{r=r_0} = \frac{c^{\text{II}}}{\sqrt{\pi D t}} + \frac{1}{r_0} \cdot c^{\text{II}}.$$

Daraus ergibt sich für die Grenzstromdichte

$$i_{gr} = -zF \cdot \sqrt{\frac{D}{\pi t}} \cdot c^{\text{II}} - zF \frac{D}{r_0} \cdot c^{\text{II}}. \tag{4.61}$$

Der erste Summand auf der rechten Seite von Gl. (4.61) entspricht genau dem Ausdruck für den Zeitverlauf der Grenzstromdichte an der ebenen Grenzfläche (Gl. 4.55). Der zweite Summand ist von der Zeit unabhängig.

Bei kleinen Zeiten t ist der erste Summand bedeutend größer als der zweite, d. h., die Diffusion zur Oberfläche der Kugel erfolgt in gleicher Weise wie die Diffusion an eine ebene Grenzfläche. Mit zunehmender Zeit fällt mehr und mehr der zweite Summand ins Gewicht, und die Stromdichte strebt dem konstanten Wert $i_{gr} = -zF \cdot D \cdot c^{\text{II}}/r_0$ zu. Die Diffusion geht somit bei einer kugelförmigen Elektrode im Unterschied zur ebenen Grenzfläche (s. Gl. (4.55)) auch in einer ruhenden Lösung in einen stationären Zustand über. Die dafür erforderliche Einstellzeit liegt je nach den Konvektionsbedingungen im Bereich von 10^{-1} bis 50 s.

4.2.4. Galvanostatischer Einschaltvorgang

Bei einem galvanostatischen Einschaltvorgang wird die Elektrode ständig von einem Strom konstanter Dichte durchflossen. Dies ist nach Gl. (4.30) offenbar nur dann möglich, wenn die Konzentrationsgradienten der Reaktionsteilnehmer am Rand der Doppelschicht konstant bleiben. Wegen des allmählichen Vordringens der Diffusionsfront in das Innere der Lösung hat dies aber zur Folge, daß sich die Konzentrationen c_i^* selbst und damit auch die Überspannung zeitlich verändern müssen. Es ist leicht einzusehen, daß eine konstante Stromdichte nur über eine begrenzte Zeitdauer aufrechterhalten werden kann, und zwar solange, bis die Konzentration zumindest einer der Ausgangsstoffe der Reaktion an der Stelle $x = 0$ auf Null abgesunken ist. Die Überspannung steigt dann sprunghaft an.

Die durch die galvanostatischen Versuchsbedingungen vorgegebenen Randbedingungen sind z. B. für eine einfache Redoxreaktion $X_o(\mathrm{II}) + ne^-(\mathrm{I}) \rightleftharpoons X_r(\mathrm{II})$ mit $\nu_o = -1$ und $\nu_r = +1$ im Fall linearer Diffusion

$$i = -nFD_o\left(\frac{\partial c_o}{\partial x}\right)_{x=0} = nFD_r\left(\frac{\partial c_r}{\partial x}\right)_{x=0} = \text{konst.}$$

Die Anfangsbedingung ist identisch mit derjenigen bei potentiostatischen Einschaltvorgängen, d. h. $c_o(x, 0) = c_o^{\mathrm{II}}$ und $c_r(x, 0) = c_r^{\mathrm{II}}$. Weiterhin gilt wieder $c_o(\infty, t) = c_o^{\mathrm{II}}$ und $c_r(\infty, t) = c_r^{\mathrm{II}}$. Die Lösung wird als ruhend angesehen.

Unter diesen Bedingungen ergibt sich für die Abhängigkeit der Konzentrationen von x und t aus dem 2. FICKschen Gesetz (2.36)

$$\boxed{c_i(x, t) = c_i^{\mathrm{II}} - \frac{i \cdot \nu_i}{nF} \cdot \frac{1}{\sqrt{\pi D_i}} \cdot \int\limits_0^t \frac{1}{\sqrt{t}} \cdot \exp\left(-\frac{x^2}{4 D_i t}\right) dt}\,. \tag{4.62}$$

Im Falle eines einfachen Ionenübergangs $X^z(\mathrm{I}) \rightleftharpoons X^z(\mathrm{II})$ entspricht der Verlauf der Konzentration $c(x, t)$ bei gleichen Rand- und Anfangsbedingungen und $n = -z$ vollkommen dem von $c_i(x, t)$.

Aus Gl. (4.62) folgt, daß an der Stelle $x = 0$

$$c_i^* = c_i^{\mathrm{II}} - \frac{2\nu_i \cdot i}{nF} \cdot \sqrt{\frac{t}{\pi D_i}} \tag{4.63}$$

ist. Durch Vergleich mit Gl. (4.30) ergibt sich daraus $\delta = \sqrt{(4/\pi)\, D_i t}$.

Für die Transitionszeit τ, nach deren Verlauf c_i^* gleich Null wird und infolgedessen die vorgegebene Stromdichte nicht mehr allein durch den Ablauf der jeweils betrachteten Reaktion aufrechterhalten werden kann, liefert Gl. (4.63)

$$\boxed{\tau_i = \frac{\pi}{4} D_i \cdot \left(\frac{nF \cdot c_i^{\mathrm{II}}}{\nu_i \cdot i}\right)^2}\,. \tag{4.64}$$

Daraus folgt, daß die Quadratwurzel aus der Transitionszeit der Konzentration c_i^{II} im Inneren der Lösung proportional ist. Dieser Zusammenhang kann bei bekanntem Diffusionskoeffizienten für analytische Zwecke ausgewertet werden.

Da τ dem Quadrat der Stromdichte umgekehrt proportional ist, kann die Transitionszeit durch Variation von i in gewissen Grenzen verändert werden

Sie beträgt z. B. bei einer Stromdichte i von 10 mA/cm², einer Konzentration $c_i = 10^{-3}$ mol/l und $n/\nu_i = 2$ ungefähr 3 ms. Die Grenzen sind durch die experimentellen Bedingungen gegeben. Bei zu langen Transitionszeiten treten Störungen durch Konvektionsvorgänge auf, während bei sehr kurzen Transitionszeiten der zur Aufladung der Doppelschicht benötigte Anteil an der vorgegebenen Stromdichte (s. Gl. (3.2)) beträchtlich ins Gewicht fallen kann.

Zur Berechnung des zeitlichen Verlaufs der Überspannung η_d ist nach Gleichung (4.29) die Kenntnis der Konzentrationsverhältnisse c_i^*/c_i^{II} für alle an der Reaktion beteiligten Stoffe X_i erforderlich. Aus Gl. (4.63) erhält man

$$\frac{c_i^*}{c_i^{\text{II}}} = 1 - \frac{2\nu_i \cdot i}{nFc_i^{\text{II}}} \cdot \sqrt{\frac{t}{\pi D_i}} \tag{4.65a}$$

und unter Berücksichtigung von Gl. (4.64)

$$\frac{c_i^*}{c_i^{\text{II}}} = 1 \pm \sqrt{\frac{t}{\tau_i}}. \tag{4.65b}$$

Hierbei ist für einen bei der Reaktion entstehenden Stoff das positive Vorzeichen und für einen verbrauchten Stoff das negative Vorzeichen zu wählen.

Setzt man Gl. (4.65b) in Gl. (4.29) ein, so erhält man für die galvanostatische Spannungs-Zeit-Kurve allgemein

$$\boxed{\eta_d = \frac{RT}{z_r F} \sum \nu_i \ln\left(1 \pm \sqrt{\frac{t}{\tau_i}}\right)} \tag{4.66}$$

und z. B. für den Fall der einfachen Redoxreaktion

$$\eta_d = -\frac{RT}{nF} \ln \frac{1 \pm \sqrt{\dfrac{t}{\tau_o}}}{1 \mp \sqrt{\dfrac{t}{\tau_r}}}.$$

4.2.5. Die Vorgänge bei Wechselstrommessungen

Die mit dem Durchgang eines Wechselstroms durch eine Elektrode verbundenen periodischen Stromdichteänderungen rufen entsprechende periodische Erhöhungen und Erniedrigungen der Konzentrationen der Reaktionsteilnehmer am Rand der Doppelschicht hervor. Dadurch treten nach Gl. (4.29) ebenfalls periodische Veränderungen der Überspannung auf. Der Maximalwert dieser Diffusionsüberspannung ist hier jedoch im allgemeinen wesentlich geringer als bei Durchgang eines Gleichstroms mit einer der Wechselstromamplitude entsprechenden Dichte. Dieser Umstand wird häufig bei der Untersuchung der Kinetik elektrochemischer Reaktionen ausgenutzt, wenn der Einfluß der Diffusionsüberspannung ausgeschaltet oder wenigstens weitgehend verringert werden soll.

Im folgenden werden die nichtstationären Diffusionsvorgänge im Fall eines sinusförmigen Wechselstroms unter zwei vereinfachenden Voraussetzungen behandelt. Erstens soll angenommen werden, daß die Stromdichten nicht sehr groß sind, so daß die Überspannungen klein gegenüber dem Quotienten $\nu_i RT/z_r F$ sind (Gleichgewichtsnähe). Zweitens wird vorausgesetzt, daß der Stromanteil, der zur Umladung der Doppelschicht gebraucht wird, im Vergleich zum Reaktionsstrom (FARADAYschen Strom) gering ist. Diese zweite Voraussetzung ist derjenigen gerade entgegengesetzt, die z. B. bei der Messung der Doppelschichtkapazität mit Wechselstrom vorliegen muß.

Die Diffusionsvorgänge werden auch hier wieder vollständig durch das 2. FICKsche Gesetz beschrieben, d. h. im Fall einer ebenen Elektrodengrenzfläche bei alleiniger Diffusion in der x-Richtung durch die Beziehung

$$\frac{\partial c_i(x, t)}{\partial t} = D_i \frac{\partial^2 c_i(x, t)}{\partial x^2}.$$

In hinreichend großem Abstand von der Elektrodengrenzfläche soll die Konzentration $c_i(\infty, t)$ eines Reaktionsteilnehmers X_i in der Elektrolytlösung stets konstant und gleich der Konzentration c_i^{II} im Inneren der Lösung II sein, so daß

$$c_i(\infty, t) = c_i^{\text{II}}. \tag{4.67}$$

Bei Vernachlässigung des kapazitiven Stromanteils für die Umladung der Doppelschicht beträgt die Dichte des diffusionsbegrenzten sinusförmigen Wechselstroms unter Berücksichtigung des 1. FICKschen Gesetzes

$$i = -\frac{z_r F}{\nu_i} \cdot D_i \left(\frac{\partial c_i}{\partial x}\right)_{x=0} = i_{\max} \cdot \sin \omega t. \tag{4.68}$$

$i_{\max}$ ist die Amplitude der Wechselstromdichte und ω die Kreisfrequenz des Wechselstroms.

Aus Gl. (4.68) folgt für den Konzentrationsgradienten am Rand der Doppelschicht

$$\left(\frac{\partial c_i}{\partial x}\right)_{x=0} = -\frac{\nu_i \cdot i_{\max}}{z_r F D_i} \sin \omega t. \tag{4.69}$$

Die Lösung des 2. FICKschen Gesetzes hat dann unter Berücksichtigung von Gl. (4.67) und (4.69) die Form

$$c_i(x, t) = c_i^{II} + \frac{\nu_i \cdot i_{max}}{z_r F \sqrt{D_i \cdot \omega}} \cdot \exp\left(-\sqrt{\frac{\omega}{2D_i}} \cdot x\right) \cdot \sin\left(\omega t - \sqrt{\frac{\omega}{2D_i}} \cdot x - \frac{\pi}{4}\right), \tag{4.70}$$

d. h., es treten periodische Konzentrationsschwankungen auf, die an der Stelle $x = 0$ die Phasenverschiebung $-\pi/4$ gegenüber der Stromdichte aufweisen. Ihre Amplitude wird mit wachsendem Abstand x von dem Rand der Doppelschicht proportional zu $\exp\left(-\sqrt{\frac{\omega}{2\,D_i}} \cdot x\right)$ kleiner und verringert sich um so schneller, je größer die Frequenz des Wechselstroms ist. Sie ist im Abstand $x = \sqrt{2D_i/\omega}$ bereits auf $1/e$ abgeklungen.

Die zeitliche Änderung der Überspannung ergibt sich aus der Grundgleichung (4.29) für die Diffusionsüberspannung zu

$$\eta_d = \frac{RT}{z_r F} \sum_i \nu_i \ln \frac{c_i^*}{c_i^{II}} = \frac{RT}{z_r F} \sum_i \nu_i \ln\left(1 + \frac{c_i^* - c_i^{II}}{c_i^{II}}\right).$$

Bei kleinen Überspannungen ($\eta_d \ll \nu_i RT/z_r F$) gilt $(c_i^* - c_i^{II})/c_i^{II} \ll 1$, und man kann $\ln[1 + (c_i^* - c_i^{II})/c_i^{II}]$ mit hinreichender Näherung durch $(c_i^* - c_i^{II})/c_i^{II}$ ersetzen, so daß

$$\eta_d = \frac{RT}{z_r F} \sum_i \nu_i \frac{c_i^* - c_i^{II}}{c_i^{II}}.$$

Entnimmt man aus Gl. (4.70) den Wert c_i^* für $x = 0$, so ergibt sich schließlich

$$\boxed{\eta_d = \frac{RT}{z_r^2 F^2} \cdot \frac{1}{\sqrt{\omega}}\, i_{max} \sum_i \frac{\nu_i^2}{\sqrt{D_i} \cdot c_i^{II}} \sin\left(\omega t - \frac{\pi}{4}\right)}. \tag{4.71}$$

Wie aus Gl. (4.68) und (4.71) ersichtlich, besteht zwischen der Stromdichte einerseits und der Überspannung andererseits eine Phasenverschiebung von $\pi/4$ (45°), und zwar eilt die Stromdichte der Überspannung voraus.

Für das Verständnis der Polarisationserscheinungen ist es von Interesse, die Amplitude der Diffusionsüberspannung $\eta_{d,max}$ bei Durchgang eines Wechselstroms durch die Elektrode mit der Diffusionsüberspannung $\eta_{d=}$ bei einem Gleichstrom der Dichte i_{max} zu vergleichen.

Für $\eta_{d,\max}$ erhält man aus Gl. (4.71) für den Fall nur eines diffundierenden Stoffes X_i

$$\eta_{d,\max} = \frac{\nu_i^2\, RT}{z_r^2 F^2 \sqrt{D_i \omega} \cdot c_i^{\mathrm{II}}} \cdot i_{\max}. \tag{4.72}$$

Für $\eta_{d=}$ ergibt sich im stationären Zustand nach Gl. (4.39)

$$\eta_{d=} = -\frac{\nu_i RT}{z_r F} \cdot \frac{i_{\max}}{i_{gr,i}}$$

und unter Berücksichtigung von Gl. (4.36)

$$\eta_{d=} = \frac{\nu^2_i RT}{z_r^2 F^2} \cdot \frac{\delta}{D_i c_i^{\mathrm{II}}} \cdot i_{\max}. \tag{4.73}$$

Nimmt man z. B. an, daß $D_i \approx 10^{-5}\ \mathrm{cm^2\ s^{-1}}$ und $\delta \approx 3 \cdot 10^{-3}$ cm ist, so folgt aus Gl. (4.72) und (4.73), daß bei einer Frequenz von 1000 Hz das Verhältnis $\eta_{d,\max}/\eta_{d=}$ etwa 0,01 beträgt, d. h., die Überspannung bei Wechselstrom beträgt etwa nur ein Hundertstel der Überspannung bei Gleichstrom. Ein derartiges Ergebnis erklärt sich daraus, daß die Diffusionsfront bei periodischer Veränderung der Stromrichtung nur eine verhältnismäßig kleine Strecke in die Lösung vordringen kann. Dies bedeutet, daß fortwährend ein Zustand aufrechterhalten wird, der dem Zustand in den ersten Augenblicken nach Anlegen einer Gleichspannung entspricht.

Bei der Ableitung der Gl. (4.71) wurde nicht berücksichtigt, daß die elektrochemische Doppelschicht eine gewisse Kapazität C_D besitzt und daß ein Teil des Gesamtstroms daher lediglich zur Veränderung der Ladungsdichte in der Doppelschicht verbraucht wird.

Macht man zunächst die Annahme, daß überhaupt keine elektrochemische Reaktion abläuft, d. h. die Elektrode ideal polarisierbar ist und sich wie ein verlustfreier Kondensator der Kapazität C_D verhält, so tritt bei Durchgang eines sinusförmigen Wechselstroms bei vernachlässigbar kleinem OHMschen Widerstand eine Spannungsschwankung

$$\eta = \frac{i_{c,\max}}{\omega \cdot C_D} \cdot \sin\left(\omega t - \frac{\pi}{4}\right) \tag{4.74}$$

auf (i_c — Dichte des kapazitiven Stroms).

Die gleichzeitige Berücksichtigung eines kapazitiven und eines FARADAYschen Stromanteils führt zu recht umfangreichen Gleichungen, die hier nicht näher aufgeführt werden sollen. Mit Hilfe der Gl. (4.72) und (4.74) kann man jedoch eine größenordnungsmäßige Abschätzung des Verhältnisses der beiden Anteile zueinander vornehmen. Danach ist

$$\frac{i_{c,\max}}{i_{r,\max}} = \frac{\nu_i^2 RT \cdot C_D}{z_r^2 F^2 \cdot c_i^{\mathrm{II}}} \cdot \sqrt{\frac{\omega}{D_i}}.$$

Dieses Verhältnis wächst in dem Maße an, wie sich ω erhöht und c_i^{II} verringert. Infolgedessen ist der Anteil am Gesamtstrom, der auf die Umladung der Doppelschicht entfällt, um so größer, je höher die Frequenz und je niedriger die Konzentration des diffundierenden Reaktionsteilnehmers ist. Andererseits kann man die Umladung der Doppelschicht um so eher außer acht lassen, je niedriger ω und je höher c_i^{II} ist.

4.2.6. Diffusionsbegrenzte Ströme an der Quecksilbertropfelektrode

Eine in der Elektrochemie häufig benutzte Elektrodenart ist die chemisch relativ inerte Quecksilbertropfelektrode. Auf ihrer Anwendung zur Untersuchung von Strom-Spannungs-Kurven basiert die von HEYROVSKY begründete Methode der Polarographie. Sie wird in hervorragendem Maße für analytische Zwecke eingesetzt, ist jedoch auch für das Studium der Kinetik elektrochemischer Reaktionen ganz allgemein von großem Interesse [53]. Einer ihrer Vorteile liegt darin, daß am Quecksilber die Überspannung für die Wasserstoffabscheidung mehr als -1 V beträgt, so daß in neutralen oder alkalischen Lösungen sogar die Entladung von Alkaliionen unter Amalgambildung möglich wird. In Richtung positiverer Potentiale ist die Anwendung der Tropfelektrode durch die beginnende anodische Auflösung des Quecksilbers (etwa $+0{,}3$ V gegenüber der gesättigten Kalomelelektrode) begrenzt.

4.2.6.1. Das Prinzip der polarographischen Untersuchungsmethode

Die Quecksilbertropfelektrode besteht aus einer senkrecht angeordneten dickwandigen Glaskapillare, die über ein in der Höhe verstellbares Vorratsgefäß mit Quecksilber gefüllt wird und mit dem unteren Ende in die Versuchslösung eintaucht. Unter dem jeweiligen Druck der Quecksilbersäule bilden sich dabei am unteren Ende der Kapillare Quecksilbertropfen, die in regelbaren Zeitabständen abfallen. Ein solcher Tropfen stellt bis zum Moment seiner Loslösung die Elektrode dar. Die an ihr adsorbierten oder abgeschiedenen Stoffe werden beim Abtropfen mit fortgeführt, so daß stets eine neue, saubere Oberfläche reproduziert wird.

Bei der üblichen polarographischen Meßmethode wird die Tropfelektrode mit einer Gegenelektrode zu einer polarographischen Zelle kombiniert, an die mit Hilfe einer äußeren Spannungsquelle verschiedene Spannungen U angelegt werden können. Der dabei auftretende Stromfluß liegt wegen der sehr kleinen Tropfenoberfläche in der Größenordnung von μA und kann z. B. durch ein empfindliches Galvanometer gemessen werden.

Um allein die Überspannung der Tropfelektrode erfassen zu können, muß die Gegenelektrode unpolarisierbar sein (z. B. Kalomelelektrode) und die Lösung einen hinreichend großen Überschuß eines Leitelektrolyten ($I \cdot R_\Omega \to 0$) enthalten.

Die Veränderung der Spannung U sowie die Messung und Registrierung der Stromstärke können automatisch mit Hilfe eines Polarographen erfolgen. Die dabei z. B. durch einen Schreiber aufgezeichneten Strom-Spannungs-Kurven werden Polarogramme genannt.

4.2.6.2. Die diffusionsbegrenzte Stromstärke an der Tropfelektrode

Das Anlegen einer konstanten Überspannung an die Tropfelektrode entspricht weitgehend einem potentiostatischen Einschaltvorgang an einer kugelförmigen Elektrode, wie er schon besprochen wurde[1]. Es muß hier nur berücksichtigt werden, daß der jeweils als Elektrode fungierende Tropfen nicht ruht, sondern bis zum Abreißen stetig gegen die Lösung anwächst. Dadurch werden die Diffusionsverhältnisse etwas komplizierter als bei einer ruhenden Kugel.

Der maximale Durchmesser eines Quecksilbertropfens beträgt im Augenblick des Abreißens gewöhnlich etwa 1 mm. Die Tropfperiode, d. h. die Lebensdauer eines Tropfens, schwankt in der Regel zwischen 2 und 6 s. Unter diesen Bedingungen ist der Diffusionsvorgang an einer kugelförmigen Elektrode in einer ruhenden Lösung noch genügend weit vom stationären Zustand entfernt, d. h. die Dicke der Diffusionsschicht sehr klein gegenüber dem Radius des Tropfens (etwa $10^{-1} \cdots 10^{-2}$ mm). Die Grenzstromdichte ergibt sich daher praktisch allein aus dem ersten Summanden in Gl. (1.61), d. h.

$$i_{gr,i} = -\frac{z_r F}{\nu_i} \cdot \sqrt{\frac{D_i}{\pi t}} \cdot c_i^{\mathrm{II}}. \tag{4.75}$$

t ist die jeweilige Lebenszeit des Tropfens.

Durch Multiplikation mit der Größe $4\pi r_0^2$ der Tropfenoberfläche erhält man aus Gl. (4.75) für die Grenzstromstärke

$$I_{gr,i} = -4\pi r_0^2 \cdot \frac{z_r F}{\nu_i} \cdot \sqrt{\frac{D_i}{\pi t}} \cdot c_i^{\mathrm{II}}, \tag{4.76}$$

wobei r_0 der von der Zeit abhängige Radius des Tropfens ist.

Die Zeitabhängigkeit des Radius wird durch das Wachstumsgesetz des Tropfens bestimmt. Da das Quecksilber aus dem Vorratsgefäß durch eine lange dünne Kapillare ausfließt, so ist die Ausflußgeschwindigkeit im wesentlichen von der Höhe der Quecksilbersäule und dem Reibungswiderstand in der Kapillare abhängig. Sie läßt sich ohne Schwierigkeiten konstant halten. In

---

[1]) Der Einschaltvorgang wiederholt sich bei jeder Loslösung eines Tropfens bzw. dem Auftreten des neuen Tropfens.

diesem Falle ist das Volumen des Tropfens seiner jeweiligen Lebenszeit t proportional.

Bezeichnet man die Ausflußgeschwindigkeit mit m (Masse pro Zeiteinheit), so ist das Gewicht des Tropfens zur Zeit t

$$\frac{4}{3}\pi r_0^3 \cdot d_{Hg} = m \cdot t,$$

wenn d_{Hg} die Dichte des Quecksilbers bedeutet.

Daraus ergibt sich für den Radius des Tropfens

$$r_0 = \left(\frac{3mt}{4\pi d_{Hg}}\right)^{1/3}.$$

Setzt man diesen Ausdruck in Gl. (4.76) ein, so erhält man für die Grenzstromstärke

$$I_{gr,i} = -4\pi^{1/2}\left(\frac{3}{4\pi d_{Hg}}\right)^{2/3} \cdot \frac{z_r F}{\nu_i} D_i^{1/2} m^{2/3} t^{1/6} \cdot c_i^{II}. \tag{4.77}$$

Die voranstehende Ableitung der Gl. (4.77) ist nicht ganz exakt, weil u. a. die durch das Anwachsen des Tropfens gegen die Lösung verursachte Verkleinerung der Diffusionsschichtdicke nicht mit berücksichtigt wurde. Die genauere Berechnung führt aber zu einer Beziehung, die sich von Gl. (4.77) nur durch den zusätzlichen Zahlenfaktor $\sqrt{7/3}$ unterscheidet. Man erhält daher

$$I_{gr,i} = -4\pi^{1/2}\sqrt{\frac{7}{3}}\left(\frac{3}{4\pi d_{Hg}}\right)^{2/3} \cdot \frac{z_r F}{\nu_i} D_i^{1/2} m^{2/3} t^{1/6} \cdot c_i^{II}. \tag{4.78a}$$

Nach Zusammenfassen aller Zahlenfaktoren und Einsetzen von d_{Hg} für 298 K erhält man schließlich die sog. ILKOVIC-Gleichung [54]:

$$\boxed{I_{gr,i} = -708 \cdot \frac{z_r}{\nu_i} D_i^{1/2} m^{2/3} t^{1/6} \cdot c_i^{II}} \tag{4.78b}$$

Hierbei ist I in μA, c_i^{II} in mmol/l, m in mg/s, D_i in cm²/s und t in s einzusetzen.

Die Grenzstromstärke vergrößert sich beim Anwachsen des Tropfens proportional zur sechsten Wurzel aus der Zeit. Die Zeitabhängigkeit ist eine Folge zweier Einflüsse: einerseits nimmt die Stromstärke durch das Anwachsen der Grenzfläche proportional zu $t^{2/3}$ zu und andererseits nimmt sie wegen der Ausbreitung der Diffusionsschicht nach $\delta = \sqrt{(3/7)\,\pi D t}$ proportional zu $t^{1/2}$ ab. Das Anwachsen der Stromstärke wie auch der Diffusionsschichtdicke ist natürlich durch die Gesamtlebensdauer des Tropfens bis zu seinem Abreißen begrenzt.

Bei der praktischen Anwendung der Tropfelektrode wird zur Auswertung gewöhnlich nicht die zeitlich schwankende momentane Stromstärke herangezogen, da in diesem Fall die Messungen mit schnellanzeigenden Instrumenten durchgeführt werden müßten. In der Regel werden Galvanometer mit größeren Schwingzeiten benutzt, die der Stromstärkeänderung nur langsam folgen und daher zeitliche Durchschnittswerte der Stromstärke während der gesamten Lebensdauer des Tropfens anzeigen.

Bezeichnet man die Tropfzeit mit τ_L, so ergibt sich für den Durchschnittswert der Grenzstromstärke

$$\boxed{\bar{I}_{gr,i} = -\frac{1}{\tau_L}\int_0^{\tau_L} I_{gr,i}\cdot dt = -607\cdot\frac{z_r}{\nu_i}\cdot D_i^{1/2} m^{2/3} \tau_L^{1/6}\cdot c_i^{\mathrm{II}}}\,. \tag{4.79}$$

Daraus folgt unter Berücksichtigung von Gl. (4.78b), daß $\bar{I}_{gr,i}$ gleich 6/7 der maximalen Stromstärke im Moment des Tropfenabreißens ist.

4.2.6.3. Die Form der polarographischen Kurve

Alle Beziehungen für die Stromstärke, die voranstehend angegeben wurden, beziehen sich auf den Fall des Grenzstroms, wenn die Konzentration c_i^* des diffundierenden Stoffs X_i am Rand der Doppelschicht gleich Null geworden ist. Hat c_i^* einen von Null verschiedenen Wert, so beträgt die durchschnittliche Stromstärke

$$\bar{I} = -607\cdot\frac{z_r}{\nu_i} D_i^{1/2} m^{2/3} \tau_L^{1/6}\cdot (c_i^{\mathrm{II}} - c_i^*)\,. \tag{4.80}$$

Dieser Ausdruck gilt ebenso wie Gl. (4.30) sowohl für eine geschwindigkeitsbegrenzende Andiffusion als auch Abdiffusion des Stoffs X_i.

Zur Ableitung der polarographischen Strom-Spannungs-Kurve sei eine einfache Redoxreaktion $X_o(\mathrm{II}) + ne^-(\mathrm{I}) \rightarrow X_r(\mathrm{II})$ betrachtet.

Die Spannung U über der polarographischen Zelle ist bei reiner Diffusionsüberspannung und Vernachlässigung aller Ohmschen Potentialabfälle in der

Lösung durch die Gleichung

$$U = U^0 + \frac{RT}{nF} \ln \frac{a_o^*}{a_r^*} = U^0 + \frac{RT}{nF} \ln \frac{f_o^*}{f_r^*} + \frac{RT}{nF} \ln \frac{c_o^*}{c_r^*} \quad (4.81)$$

gegeben (U^0 — Standard-Bezugsspannung).

Da die Geschwindigkeiten der Andiffusion des Stoffs X_o und der Abdiffusion von X_r bei vorgegebener Spannung gleich groß sein müssen, so gilt unter Berücksichtigung von Gl. (4.80)

$$\bar{I} = -K \cdot \sqrt{D_o} \cdot (c_o^{II} - c_o^*) = -K \cdot \sqrt{D_r} \cdot c_r^*.$$

Dabei wurde zur Vereinfachung angenommen, daß der Stoff X_r im Inneren der Lösung praktisch nicht vorhanden ist ($c_r^{II} = 0$). Da die Grenzstromstärke bezüglich des Stoffs X_o

$$\bar{I}_{gr,o} = -K \cdot \sqrt{D_o} \cdot c_o^{II}$$

ist, so folgt für das Konzentrationsverhältnis am Rand der Doppelschicht

$$\frac{c_o^*}{c_r^*} = \frac{\bar{I}_{gr,o} - \bar{I}}{\bar{I}} \cdot \sqrt{\frac{D_r}{D_o}}$$

und hieraus nach Einsetzen in Gl. (4.81)

$$\boxed{\begin{aligned} U &= U^0 + \frac{RT}{nF} \ln \frac{f_o \sqrt{D_r}}{f_r \sqrt{D_o}} + \frac{RT}{nF} \ln \frac{\bar{I}_{gr,o} - \bar{I}}{\bar{I}} \\ &= U_{1/2} + \frac{RT}{nF} \ln \frac{\bar{I}_{gr,o} - \bar{I}}{\bar{I}}. \end{aligned}} \quad (4.82)$$

$U_{1/2}$ wird als Halbstufen- oder Halbwellenpotential bezeichnet:

$$\boxed{U_{1/2} = U^0 + \frac{RT}{nF} \ln \frac{f_o \sqrt{D_r}}{f_r \sqrt{D_o}}}. \quad (4.83)$$

Es gibt die Spannung bei der Hälfte der Grenzstromstärke an.

Eine völlig analoge Beziehung gilt für die katodische Abscheidung eines in Quecksilber (I) löslichen Metalls Me nach der Reaktion $Me^z(II) + ze^-(I) \rightarrow Me(I)$, wobei lediglich für c_r^*, f_r und D_r die entsprechenden Größen für das Metall Me in der Amalgamphase und für c_o^{II}, c_o^*, f_o und D_o die entsprechenden Größen für das Ion Me^z in der Lösung zu setzen sind.

Das Halbstufenpotential hat für jede elektrochemische Reaktion einen charakteristischen Wert. Es kann daher zur qualitativen Identifizierung der an der Reaktion beteiligten Stoffe dienen. Die Höhe der polarographischen Stufe oder Welle, d. h. die Größe der Grenzstromstärke $\bar{I}_{gr,i}$, wird wegen ihrer Proportionalität zur Konzentration im Inneren der Lösung zur quantitativen Bestimmung der reagierenden Stoffe herangezogen.

4.2.7. Diffusionswiderstand bei Gleichstrom

Unter dem Diffusionswiderstand versteht man in Analogie zum Durchtrittswiderstand die Neigung der Strom-Spannungs-Kurve bei der Gleichgewichts-Galvanispannung für den Fall, daß nur reine Diffusionsüberspannung auftritt. Man erhält R_d durch Differentiation von Gl. (4.33) und Einsetzen von $i = 0$ zu

$$\boxed{R_d = \left(\frac{d\eta_d}{di}\right)_{\eta=0} = -\frac{RT}{z_r F} \sum_i \frac{\nu_i}{i_{gr,i}} = \frac{RT}{|z_r|\, F} \sum_i \frac{|\nu_i|}{|i_{gr,i}|}}\,. \tag{4.84}$$

Die Anwendung dieser Gleichung ermöglicht somit eine indirekte Bestimmung von Diffusionsgrenzstromdichten aus Strom-Spannungs-Messungen im Bereich sehr niedriger Überspannungen (etwa ± 5 mV).

4.2.8 Diffusionsimpedanz bei Wechselstrom

Da die Diffusionsüberspannung η_d nach Gl. (4.71) eine Phasenverschiebung $\beta = -\pi/4$ (45°) gegenüber der Stromdichte i aufweist, so entspricht der Quotient aus Überspannung und Stromdichte nicht mehr allein einem Ohmschen Widerstand, sondern einer Impedanz. Diese Diffusionsimpedanz $\mathfrak{R}_d$, die auch als Warburg-Impedanz bezeichnet wird, kann als Reihen- oder Parallelschaltung des Diffusionswiderstands R_d mit einer Diffusionskapazität C_d dargestellt werden. Sie ergibt sich aus einem Vergleich der Beziehungen (3.3) und (4.71) zu

$$\boxed{|\mathfrak{R}_d| = \frac{RT}{z_r^2 F^2} \cdot \frac{1}{\sqrt{\omega}} \cdot \sum_i \frac{\nu_i^2}{\sqrt{D_i} \cdot c_i^{\mathrm{II}}}}\,. \tag{4.85}$$

Da die Phasenverschiebung zwischen η_d und i 45° beträgt, so muß der Ohmsche Anteil an der Impedanz gleich dem kapazitiven Anteil sein, d. h. die Beziehung

$$R_d = \frac{1}{\omega C_d} \tag{4.86}$$

gelten. Daraus folgt nach Gl. (3.4) und (3.5)

bei Reihenschaltung:

$$|\Re_d| = \sqrt{2} \cdot R_d = \frac{\sqrt{2}}{\omega C_d}; \tag{4.87a}$$

bei Parallelschaltung:

$$\frac{1}{|\Re_d|} = \frac{\sqrt{2}}{R_d} = \sqrt{2} \cdot \omega C_d. \tag{4.87b}$$

Das Einsetzen von Gl. (4.85) in Gl. (4.87) liefert schließlich

bei Reihenschaltung:

$$\boxed{\begin{aligned} R_d &= \frac{RT}{z_r^2 F^2} \frac{1}{\sqrt{2\omega}} \Sigma \frac{\nu_i^2}{\sqrt{D_i} \cdot c_i^{\mathrm{II}}} \\ C_d &= \frac{z_r^2 F^2}{RT} \sqrt{\frac{2}{\omega}} \cdot \frac{1}{\Sigma \frac{\nu_i^2}{\sqrt{D_i} \cdot c_i^{\mathrm{II}}}} \end{aligned}} \tag{4.88a}$$

bei Parallelschaltung:

$$\boxed{\begin{aligned} R_d &= \frac{RT}{z_r^2 F^2} \cdot \sqrt{\frac{2}{\omega}} \cdot \Sigma \frac{\nu_i^2}{\sqrt{D_i} \cdot c_i^{\mathrm{II}}}; \\ C_d &= \frac{z_r^2 F^2}{RT} \cdot \frac{1}{\sqrt{2\omega}} \cdot \frac{1}{\Sigma \frac{\nu_i^2}{\sqrt{D_i} \cdot c_i^{\mathrm{II}}}}. \end{aligned}}. \tag{4.88b}$$

Sowohl R_d als auch C_d sind somit lineare Funktionen von $1/\sqrt{\omega} = 1/\sqrt{2\pi \cdot \mathfrak{f}}$ ($\mathfrak{f}$ — Frequenz des Wechselstroms in Hz). Die Neigung der Geraden hängt von der Größe der Summen in den Gln. (4.88) und damit von den Konzentrationen c_i^{II} der Reaktionsteilnehmer und den Diffusionskoeffizienten D_i ab. Für $\omega \to \infty$ geht die Diffusionsimpedanz gegen Null, d. h., der Einfluß der Diffusion auf die Kinetik einer elektrochemischen Reaktion wird mit wachsender Frequenz immer geringer.

Bei der Anwendung der vorstehenden Beziehungen ist jedoch stets noch der unvermeidliche Einfluß der Doppelschichtkapazität zu überprüfen. Er äußert sich häufig darin, daß die Phasenverschiebung β etwas größer als 45° ist.

4.3. Reaktionsüberspannung

Bei der Besprechung der kinetischen Gesetzmäßigkeiten, die im Fall alleiniger Durchtritts- bzw. Diffusionsüberspannung gültig sind, wurde vorausgesetzt, daß die der Durchtrittsreaktion eventuell vor- oder nachgelagerten chemischen Teilreaktionen sehr rasch verlaufen und damit praktisch stets im Gleichgewicht sind. Im folgenden soll nun der umgekehrte Fall behandelt werden, daß der zeitliche Ablauf der Bruttoreaktion allein durch die Geschwindigkeit der Nachlieferung bzw. Entfernung eines an der Durchtrittsreaktion beteiligten Stoffes X durch eine chemische Teilreaktion bestimmt wird. Die hierbei in der Nähe der Doppelschicht auftretende Verarmung bzw. Anreicherung des Stoffs X führt zu einer Konzentrationsüberspannung, die als Reaktionsüberspannung η_R bezeichnet wird [55, 56].

4.3.1. Stationäre Strom-Spannungs-Kurven

4.3.1.1. Homogene Reaktionen

Als Beispiel soll die vorgelagerte homogene Reaktion (in der Lösung II)

$$\sum |\nu_j| X_j \rightarrow \sum \nu_k X_k + \nu X \qquad (\mathrm{R_{hom}})$$

betrachtet werden. Der Stoff X wird in der Durchtrittsreaktion verbraucht und muß durch die homogene chemische Reaktion nachgebildet werden. Diese Nachbildung erfolgt außerhalb der Doppelschicht in einer sog. Reaktionsschicht, deren Dicke δ_R für eine ebene Grenzfläche in Analogie zur Diffusionsschichtdicke δ durch die Beziehung (2.2)

$$\delta_R = (c^{\mathrm{II}} - c^*)/(\partial c/\partial x)_{x=0}$$

definiert ist. Aus der Reaktionsschicht gelangt der Stoff X dann durch Diffusion an den Rand der Doppelschicht.

Im stationären Zustand diffundiert von jeder Stelle x_1 der Reaktionsschicht gerade soviel Stoff X zur Doppelschicht, wie im Gebiet $x \geqq x_1$ gebildet wird. Die diffundierende Menge und damit auch der Konzentrationsgradient des

Stoffs X muß also mit Annäherung an die Doppelschicht immer größer werden und erreicht schließlich für $x = 0$ den der Stromdichte

$$i = \frac{z_r F}{\nu} \cdot D \left(\frac{\partial c}{\partial x}\right)_{x=0} = \frac{z_r F}{\nu} \cdot D \frac{c^{\mathrm{II}} - c^*}{\delta_R} \tag{4.89}$$

entsprechenden Wert[1]). Andererseits strebt $\partial c/\partial x$ mit zunehmendem Abstand x von der Doppelschicht dem Wert Null zu.

Die Größe $(\partial c/\partial x)_{x=0}$ und damit die Stromdichte i kann auf folgende Weise ermittelt werden:

Die zeitliche Änderung $\partial c(x, t)/\partial t$ der Konzentration setzt sich an jeder Stelle der Reaktionsschicht aus einem Diffusions- und einem Reaktionsanteil zusammen. Ist v die Geschwindigkeit der homogenen Reaktion, so liefert eine Erweiterung des 2. Fickschen Gesetzes für den Fall linearer Diffusion in der x-Richtung

$$\frac{\partial c(x, t)}{\partial t} = D \cdot \frac{\partial^2 c(x, t)}{\partial x^2} + v(x, t). \tag{4.90}$$

Im stationären Zustand ist $\partial c/\partial t = 0$ und damit

$$D \cdot \frac{\partial^2 c(x)}{\partial x^2} = -v(x). \tag{4.91}$$

Die Geschwindigkeit v der homogenen Reaktion ergibt sich nach $v = \vec{v} - \overleftarrow{v}$ aus den positiven Geschwindigkeiten $\vec{v}$ und $\overleftarrow{v}$ in den beiden gegenläufigen Reaktionsrichtungen. Wenn die Konzentrationen c_j und c_k gegenüber der Konzentration $c(x)$ des Stoffes X sehr groß sind und praktisch überall als konstant angenommen werden können[2]), so ist $\vec{v} = \vec{k} \cdot f(c_j, c_k) = v_0$ von $c(x)$ unabhängig, während $\overleftarrow{v} = \overleftarrow{k} \cdot g(c_j, c_k) \cdot c^p(x) = \overleftarrow{k}' \cdot c^p(x)$ allgemein mit der Reaktionsordnung p von $c(x)$ abhängen wird. Die Bildungsgeschwindigkeit des Stoffs X ergibt sich dann zu

$$v = v_0 - \overleftarrow{k}' \cdot c^p(x). \tag{4.92}$$

Im Gleichgewicht der homogenen Reaktion wird

$$v_0 = \overleftarrow{k}' \cdot c_{gl}^p. \tag{4.93}$$

---

[1]) z_r bedeutet die Reaktionsladungszahl für den elektrochemischen Bruttoumsatz von ν Molen des Stoffs X.

[2]) Diese Bedingung muß stets erfüllt sein, damit überhaupt eine alleinige Reaktionsüberspannung bezüglich des Stoffes X vorliegen kann.

v_0 wird analog zur Austauschstromdichte i_0 als Austausch-Reaktionsgeschwindigkeit bezeichnet. c_{gl} ist identisch mit der Konzentration des Stoffs X im Inneren der Lösung.

Die Vereinigung von Gl. (4.92) und (4.93) liefert

$$v = v_0 \left[1 - \left(\frac{c(x)}{c_{gl}}\right)^p\right] = v_0[1 - u^p(x)], \tag{4.94}$$

wobei $u(x) = c(x)/c_{gl}$.

Setzt man diesen Ausdruck in Gl. (4.91) ein, so erhält man die Differentialgleichung

$$D \cdot \frac{d^2c(x)}{dx^2} = -v_0[1 - u^p(x)]$$

oder

$$\frac{d^2u}{dx^2} = -\frac{v_0}{D \cdot c_{gl}} \cdot [1 - u^p(x)].$$

Nach Multiplikation mit $du(x)/dx$ und Integration folgt

$$\left(\frac{du}{dx}\right)^2 = -\frac{2v_0}{D \cdot c_{gl}} \cdot \int (1 - u^p)\, du$$

$$= -\frac{2v_0}{D \cdot c_{gl}} \cdot \left(u - \frac{1}{p+1}\, u^{p+1}\right) + C. \tag{4.95}$$

Aus den Randbedingungen

$$\frac{c(\infty)}{c_{gl}} = u(\infty) = 1 \quad \text{und} \quad \left(\frac{du}{dx}\right)_{x\to\infty} = 0$$

ergibt sich für die Integrationskonstante C:

$$C = \frac{2v_0}{D \cdot c_{gl}} \cdot \frac{p}{p+1}$$

und damit aus Gl. (4.95)

$$\frac{du}{dx} = \sqrt{\frac{2v_0}{D \cdot c_{gl}} \cdot \left(\frac{p}{p+1} + \frac{1}{p+1}\, u^{p+1} - u\right)} = \frac{1}{c_{gl}} \cdot \frac{dc}{dx}. \tag{4.96}$$

Für $x = 0$ liefert Gl. (4.96) auf Grund des Zusammenhangs (4.89) unmittelbar die Stromdichte

$$i = \pm \frac{z_r F}{\nu} \sqrt{\frac{2p}{p+1} v_0 D \cdot c_{gl}} \cdot \sqrt{1 + \frac{1}{p} \left(\frac{c^*}{c_{gl}}\right)^{p+1} - \frac{p+1}{p} \cdot \frac{c^*}{c_{gl}}}. \tag{4.97}$$

Für $c^* < c_{gl}$ (R_{hom} vorgelagert) gilt das positive, für $c^* > c_{gl}$ (R_{hom} nachgelagert) das negative Vorzeichen.

Der Gl. (4.97) ist unter anderem zu entnehmen, daß die Stromdichte bei alleiniger Reaktionshemmung ebenso wie bei reiner Diffusionshemmung einen Grenzwert erreicht, wenn die Konzentration c^* am Rand der Doppelschicht bei hinreichend hohen Überspannungen ($\eta_R \to \infty$) auf Null absinkt. Dies tritt bereits ein, während die Konzentrationen c_j^* der Reaktanten X_j der vorgelagerten Reaktion noch wesentlich von Null verschieden sind. Die Grenzstromdichte ist somit kleiner, als wenn die homogene Reaktion ständig im Gleichgewicht wäre.

Setzt man in Gl. (4.97) $c^* = 0$, so erhält man für die Reaktionsgrenzstromdichte

$$\boxed{i_{gr,R} = \frac{z_r F}{\nu} \sqrt{\frac{2p}{p+1} v_0 D \cdot c_{gl}}}. \tag{4.98}$$

Aus Gl. (4.97) und (4.98) ergibt sich schließlich unter Berücksichtigung der allgemeinen Beziehung (4.4) in der Form

$$\eta_R = -\frac{\nu RT}{z_r F} \ln \frac{c^*}{c_{gl}} \tag{4.4}$$

die stationäre Strom-Spannungs-Kurve

$$\boxed{i = \pm\, i_{gr,R} \cdot \sqrt{1 + \frac{1}{p} \exp\left(-\frac{z_r F (p+1)\, \eta_R}{\nu RT}\right) - \frac{p+1}{p} \exp\left(-\frac{z_r F \eta_R}{\nu RT}\right)}}. \tag{4.99}$$

Das Vorzeichen in dieser Gleichung ist so zu wählen, daß es mit dem Vorzeichen von η_R übereinstimmt.

Für hinreichend große Überspannungen, deren Vorzeichen dem des Grenzstroms entgegengesetzt ist (d. h. $z_r \cdot \eta_R/\nu < 0$), genügt es, wenn man nur den ersten Exponentialausdruck unter der Wurzel berücksichtigt, da dieser schneller mit η_R anwächst als der zweite. Die Überspannung ändert sich dann linear mit dem Logarithmus der Stromdichte:

$$\eta_R = \frac{2\nu}{z_r(p+1)} \frac{RT}{F} \ln \left| \frac{i_{gr,R}}{\sqrt{p}} \right| - \frac{2\nu}{z_r(p+1)} \frac{RT}{F} \ln |i| .$$

Die Neigung dieser Geraden hat den Wert $-2\nu RT/[z_r(p+1)\,F]$, so daß aus dem Ordinatenabschnitt unter Verwendung der experimentell ermittelten Grenzstromdichte zunächst die Reaktionsordnung p bestimmbar ist. Anschließend kann aus der Neigung selbst das Verhältnis z_r/ν ermittelt werden.

4.3.1.2. Die Reaktionsschichtdicke

Zur Ermittlung der Reaktionsschichtdicke δ_R nach Gl. (4.89) ist die Kenntnis des Zusammenhangs zwischen der Stromdichte i und der Konzentration c^* erforderlich. Dazu kann man von Gl. (4.95) ausgehen, die nach Umformung zu dem Integral

$$x = -\sqrt{\frac{D(p+1)\cdot c_{gl}}{2v_0}} \cdot \int \frac{du}{\sqrt{u^{p+1} - (p+1)\,u + p}} + C$$

führt. Dieses Integral hat speziell für $p = 1$ unter Berücksichtigung von Gl. (4.89) die Lösung

$$u(x) = \frac{c(x)}{c_{gl}} = 1 - \frac{\nu}{z_r F} \frac{i}{\sqrt{D v_0 c_{gl}}} \cdot \exp\left(-\sqrt{\frac{v_0}{D c_{gl}}} \cdot x\right).$$

Daraus folgt für $x = 0$

$$c^* = c_{gl} - \frac{\nu \cdot i}{z_r F} \cdot \sqrt{\frac{c_{gl}}{D \cdot v_0}}$$

und schließlich aus Gl. (4.89) und (4.93)

$$\boxed{\delta_R = \sqrt{\frac{D \cdot c_{gl}}{v_0}} = \sqrt{\frac{D}{\vec{k}'}}} . \qquad (4.100)$$

Die Reaktionsschichtdicke ist somit bei Reaktionen 1. Ordnung bezüglich des Stoffs X unabhängig von der Stromdichte. Bei anderen Reaktionsordnungen ist dies nur angenähert für sehr kleine Stromdichten $|i| \ll |i_{gr,R}|$ der Fall.

Anstelle der Geschwindigkeitskonstanten $\vec{k}'$ kann in Gl. (4.100) auch die Halbwertszeit $\tau_{1/2}$ eingeführt werden, die bei einer Reaktion 1. Ordnung mit der Geschwindigkeitskonstante k durch die Beziehung

$$\tau_{1/2} = \frac{\ln 2}{k}$$

gegeben ist. Mit $\tau_{1/2}/\ln 2 = 1/\overleftarrow{k}' = \tau_R$ erhält man aus Gl. (4.100)

$$\delta_R = \sqrt{D \cdot \tau_R}. \tag{4.101}$$

τ_R kann somit als ein Maß für die Einstellzeit der stationären Reaktionsüberspannung dienen.

4.3.1.3. Die Reaktionsordnung

Die Bestimmung der Reaktionsordnungen p_i in bezug auf die übrigen an der homogenen chemischen Reaktion beteiligten Stoffe X_j und X_k ist in vielen Fällen auf Grund der Konzentrationsabhängigkeit der Grenzstromdichte möglich.

Die Geschwindigkeit v der homogenen Reaktion $\sum |\nu_j| X_j \to \sum \nu_k X_k + \nu X$ ist allgemein

$$v = \vec{k} \cdot \prod c_i^{p_i} - \overleftarrow{k} c^p \cdot \prod c_i^{p'_i}, \tag{4.92a}$$

wobei unter Berücksichtigung der Festlegung auf S. 126

$$\vec{k} \cdot \prod c_i^{p_i} = v_0 \tag{4.92b}$$

ist. Für die Gleichgewichtskonzentration c_{gl} des Stoffs X gilt auf Grund des Massenwirkungsgesetzes bei konstanten Aktivitätskoeffizienten

$$c_{gl} = K \cdot \prod c_{i,gl}^{\nu_i/\nu},$$

wenn K die Gleichgewichtskonstante der homogenen Reaktion ist.

Setzt man die beiden Ausdrücke für v_0 und c_{gl} in Gl. (4.98) ein, so erhält man für die Reaktionsgrenzstromdichte

$$\boxed{i_{gr,R} = \frac{z_r F}{\nu} \sqrt{\frac{2p}{p+1} D \cdot \vec{k} \cdot K \cdot \prod c_{i,gl}^{(p_i + \nu_i/\nu)}}}. \tag{4.102}$$

Daraus folgt nach Logarithmieren und partieller Differentiation nach $\log c_n$

$$\boxed{\left(\frac{\partial \log i_{gr,R}}{\partial \log c_n}\right)_{c_i \neq c_n} = \frac{1}{2} \cdot \left(p_n + \frac{\nu_n}{\nu}\right)} \tag{4.103}$$

Die Reaktionsordnung p_n bezüglich des Stoffs X_n ist somit aus der Konzentrationsabhängigkeit der Grenzstromdichte bei Variation der Konzentration c_n und Konstanthaltung aller übrigen Konzentrationen zugängig.

4.3.1.4. Heterogene Reaktionen

Ebenso wie eine gehemmte homogene chemische Reaktion führt auch eine der Durchtrittsreaktion vor- oder nachgelagerte gehemmte heterogene Reaktion zu einer Reaktionsüberspannung. Für die Bildungsgeschwindigkeit des Stoffs X kann hier wie bei homogenen Reaktionen (Gl. 4.94) der Ansatz

$$v = v_0 \left[1 - \left(\frac{c^{**}}{c_{gl}^{**}}\right)^p\right] = v_0(1 - u^p) \tag{4.104}$$

gemacht werden. Die Konzentrationen c^{**} und c_{gl}^{**} des an der Durchtrittsreaktion beteiligten Stoffs X sind hier jedoch in den meisten Fällen Oberflächenkonzentrationen an der Phasengrenzfläche.

Die maximale Bildungsgeschwindigkeit des Stoffs X und damit die Grenzstromdichte ist erreicht, wenn die Konzentration c^{**} gleich Null wird. Dann gilt nach Gl. (4.104) unter Berücksichtigung der Stationaritätsbeziehung $i = (z_r F/\nu) \cdot v$

$$\boxed{i_{gr,R} = \frac{z_r F}{\nu} \cdot v_0}. \tag{4.105}$$

Für die Größe $u = c^{**}/c_{gl}^{**}$ folgt daraus

$$u = \left(1 - \frac{v}{v_0}\right)^{1/p} = \left(1 - \frac{i}{i_{gr,R}}\right)^{1/p}.$$

Einsetzen dieses Ausdrucks in Gl. (4.6) ergibt schließlich (bei konstanten Aktivitätskoeffizienten) für die Überspannung

$$\boxed{\eta_R = -\frac{\nu RT}{z_r F p} \ln\left(1 - \frac{i}{i_{gr,R}}\right)}. \tag{4.106}$$

Gl. (4.106) hat die gleiche Form wie Gl. (4.33) für die Diffusionsüberspannung.

Für $|-i/i_{gr,R}| \gg 1$ geht Gl. (4.106) wieder in den einfacheren Ausdruck

$$\boxed{\eta_R = \frac{\nu RT}{z_r F p} \ln|i_{gr,R}| - \frac{\nu RT}{z_r F p} \ln|i|} \tag{4.107}$$

über. Die Verlängerung der entsprechenden Geraden bis $\eta_R = 0$ führt auf den Wert der Reaktionsgrenzstromdichte $i_{gr,R}$. Die Neigung liefert die Reaktionsordnung p bezüglich des Stoffs X.

Die angegebenen Beziehungen sind nur für kleine Oberflächenkonzentrationen hinreichend genau erfüllt.

Die Reaktionsordnung in bezug auf die einzelnen Stoffe X_i, die außer X noch an der heterogenen chemischen Reaktion beteiligt sind, kann analog wie bei homogenen Reaktionen aus der Konzentrationsabhängigkeit der Grenzstromdichte ermittelt werden. Setzt man die auch für heterogene Reaktionen gültige Gl. (4.92b) in Gl. (4.105) ein, so ergibt sich für die Grenzstromdichte

$$i_{gr,R} = \frac{z_r F}{\nu} \cdot \vec{k} \cdot \prod c_i^{p_i}. \tag{4.108}$$

Daraus folgt für die Ordnung p_n bezüglich des Stoffs X_n

$$\boxed{p_n = \left(\frac{\partial \log i_{gr,R}}{\partial \log c_n}\right)_{c_i \neq c_n}}. \tag{4.109}$$

Die dargestellten Gesetzmäßigkeiten gelten entsprechend auch für Ad- bzw. Desorptionsvorgänge

$$X\,(\mathrm{II}) \rightleftharpoons X_{ad}\,(\mathrm{II}^{**})$$

als Spezialfälle heterogener Reaktionen. Eine gehemmte Adsorption führt dann zum Auftreten einer Konzentrationsüberspannung, die als Adsorptionsüberspannung bezeichnet werden kann. Die Geschwindigkeit v, die Geschwindigkeitskonstante $\vec{k}$ und die Grenzstromdichte $i_{gr,R}$ entsprechen dann sinngemäß der Adsorptionsgeschwindigkeit, der Geschwindigkeitskonstante der Adsorption bzw. der Adsorptionsgrenzstromdichte (Gl. (4.108)) mit c_i = Konzentration des adsorbierenden Stoffs X im Inneren der Elektrolytlösung und $p_i = 1$.

4.3.2. Potentiostatischer Einschaltvorgang

Ebenso wie bei reiner Diffusionshemmung stellt sich auch bei der Hemmung einer homogenen chemischen Teilreaktion die stationäre Konzentrationsverteilung beim Einschalten einer konstanten Überspannung nicht augenblicklich ein. Infolgedessen erreicht auch hier die Stromdichte ihren stationären Wert erst nach einer gewissen Zeit. Da die allgemeine Beschreibung dieses Einschaltvorgangs sehr kompliziert ist, soll hier nur der Zeitverlauf der Stromdichte für den Fall einer gehemmten homogenen Reaktion 1. Ordnung bezüglich des an der Durchtrittsreaktion beteiligten Stoffs X behandelt werden. In diesem Fall ist die Geschwindigkeit nach Gl. (4.92) und (4.94)

$$v = v_0 - \overleftarrow{k}' \cdot c(x) = v_0 \cdot \left(1 - \frac{c(x)}{c_{gl}}\right).$$

Das erweiterte 2. FICKsche Gesetz liefert dann für die zeitliche Änderung der Konzentration $c(x, t)$ die partielle Differentialgleichung

$$\frac{\partial c}{\partial t} = D \cdot \frac{\partial^2 c}{\partial x^2} + v_0 - \overleftarrow{k}' \cdot c(x, t). \tag{4.110}$$

Als Rand- und Anfangsbedingungen sind für den potentiostatischen Einschaltvorgang die Beziehungen

$$c(x, 0) = c_{gl} \quad \text{und} \quad c(0, t > 0) = c^*(t)$$

zu berücksichtigen.

Unter diesen Bedingungen erhält man bei Berücksichtigung der Gl. (4.101) als Lösung der Gl. (4.110) für das Konzentrationsverhältnis $c(x, t)/c_{gl}$ den Ausdruck

$$\frac{c(x,t)}{c_{gl}} = 1 - \frac{1}{2}\left(1 - \frac{c^*(t)}{c_{gl}}\right) \cdot \left\{\left[1 - \Phi\left(\frac{x}{2\delta_R}\sqrt{\frac{\tau_R}{t}} - \sqrt{\frac{t}{\tau_R}}\right)\right] \cdot \exp\left(-\frac{x}{\delta_R}\right) + \left[1 - \Phi\left(\frac{x}{2\delta_R}\sqrt{\frac{\tau_R}{t}} + \sqrt{\frac{t}{\tau_R}}\right)\right] \exp\left(\frac{x}{\delta_R}\right)\right\} \tag{4.111}$$

Φ ist die GAUSSsche Fehlerfunktion. τ_R entspricht wieder $\tau_{1/2}/\ln 2 = 1/\overleftarrow{k}'$.

Zur Berechnung der Stromdichte i ist nach Gl. (4.89) die Kenntnis des Konzentrationsgefälles an der Stelle $x = 0$ erforderlich.

Differentiation von Gl. (4.111) nach x liefert dafür

$$\left(\frac{\partial c}{\partial x}\right)_{x=0} = \frac{c_{gl} - c^*}{\delta_R}\left[\Phi\left(\sqrt{\frac{t}{\tau_R}}\right) + \sqrt{\frac{\tau_R}{\pi t}} \exp\left(-\frac{t}{\tau_R}\right)\right].$$

Berücksichtigt man noch, daß die Konzentration c^* mit der Überspannung η_R durch die Beziehung

$$\eta_R = -\frac{\nu RT}{z_r F} \ln \frac{c^*}{c_{gl}}$$

verknüpft ist, so folgt schließlich für die Strom-Zeit-Kurve bei vorgegebener Überspannung unter Berücksichtigung von Gl. (4.89)

$$\boxed{i = i_{gr,R} \cdot \left[1 - \exp\left(-\frac{z_r F \eta_R}{\nu RT}\right)\right] \cdot \left[\Phi\left(\sqrt{\frac{t}{\tau_R}}\right) + \sqrt{\frac{\tau_R}{\pi t}} \exp\left(-\frac{t}{\tau_R}\right)\right]}. \tag{4.112}$$

Für $t \to \infty$ geht Gl. (4.112) in die für den stationären Zustand gültige Beziehung (4.99) über (für $p = 1$). Für sehr kleine Zeiten nimmt sie die Form

$$i = i_{gr,R} \cdot \left[1 - \exp\left(-\frac{z_r F \eta_R}{\nu RT}\right)\right] \cdot \sqrt{\frac{\tau_R}{\pi t}}$$

an, d. h., die Stromdichte fällt mit der Zeit in gleicher Weise ab wie bei reiner Diffusionsüberspannung.

4.3.3. Die Strom-Spannungs-Beziehung bei Wechselstrommessungen

4.3.3.1. Homogene chemische Reaktion

Die mit dem Durchgang eines Wechselstroms durch eine Elektrode verbundenen Stromdichteänderungen führen zu periodischen Veränderungen der Konzentrationen aller Reaktionsteilnehmer in der Nähe der Phasengrenze. Diese Änderungen können im Fall einer der Durchtrittsreaktion vor- oder nachgelagerten homogenen chemischen Reaktion

$$\sum |\nu_j| X_j \rightleftharpoons \sum \nu_k X_k + \nu X$$

ganz allgemein zum Teil auf eine Diffusionshemmung der Stoffe X_j und X_k und zum Teil auf die Hemmung der Reaktion selbst zurückgeführt werden. Wenn jedoch die Konzentrationen c_j und c_k der Stoffe X_j und X_k hinreichend groß sind, so daß bei nicht zu hohen Stromdichten praktisch stets $c_j^* = c_j^{II}$ und $c_k^* = c_k^{II}$ gilt, dann kann der Anteil der Diffusionshemmung vernachlässigt werden. Die Überspannung resultiert dann allein aus der Änderung der Konzentration c^* des an der Durchtrittsreaktion beteiligten Stoffs X am Rand der Doppelschicht und ist somit eine reine Reaktionsüberspannung. Sie ergibt sich bei konstanten Aktivitätskoeffizienten nach Gl. (4.4) zu

$$\eta_R = -\frac{\nu RT}{z_r F} \ln \frac{c^*}{c_{gl}}. \tag{4.4}$$

Für die Orts- und Zeitabhängigkeit der Konzentration $c(x, t)$ des Stoffs X gilt unter den angegebenen Bedingungen wieder das 2. Fɪᴄᴋsche Gesetz in der erweiterten Form (4.90)

$$\frac{\partial c(x, t)}{\partial t} = D \cdot \frac{\partial^2 c(x, t)}{\partial x^2} + v, \tag{4.90}$$

wobei nach Gl. (4.94)

$$v = v_0 \cdot \left[1 - \left(\frac{c(x, t)}{c_{gl}}\right)^p\right] \tag{4.94}$$

die Geschwindigkeit der homogenen Reaktion und p die Reaktionsordnung in bezug auf den Stoff X darstellen.

Für die Lösung von Gl. (4.90) soll im folgenden einschränkend angenommen werden, daß die Abweichung $\Delta c(x, t) = c(x, t) - c_{gl}$ der Konzentration des Stoffs X in der Reaktionsschicht gegenüber ihrem Wert im Inneren der Lösung überall sehr klein ist. Für den dieser Voraussetzung entsprechenden Stromdichte- bzw. Überspannungsbereich kann Gl. (4.94) wegen

$$\left(\frac{c(x, t)}{c_{gl}}\right)^p = \left(1 + \frac{c(x, t) - c_{gl}}{c_{gl}}\right)^p \approx 1 + p \cdot \frac{\Delta c(x, t)}{c_{gl}}$$

in erster Näherung durch die Beziehung

$$v = -\frac{v_0 \cdot p}{c_{gl}} \cdot \Delta c(x, t) = -k \cdot \Delta c(x, t)$$

mit

$$k = \frac{v_0 \cdot p}{c_{gl}}$$

ersetzt werden.

Führt man diesen Ausdruck in das erweiterte 2. Fɪᴄᴋsche Gesetz (4.90) ein, so erhält man die partielle Differentialgleichung

$$\frac{\partial \Delta c(x, t)}{\partial t} = D \cdot \frac{\partial^2 \Delta c(x, t)}{\partial x^2} - k \cdot \Delta c(x, t). \tag{4.113}$$

Ihre Lösung hat im Fall eines sinusförmigen Wechselstroms der Dichte

$$i = i_{\max} \cdot \sin \omega t \tag{4.114}$$

mit der Randbedingung Gl. (4.89)

$$\left(\frac{\partial \Delta c(x, t)}{\partial x}\right)_{x=0} = -\frac{\nu}{z_r F D} \cdot i_{\max} \cdot \sin \omega t \tag{4.115}$$

die Form

$$\Delta c(x, t) = \left[B_1 \cdot \sin \left(\omega t - \frac{\sqrt{\frac{\omega}{2D}} \cdot x}{\sqrt{\frac{k}{\omega} + \sqrt{1 + \left(\frac{k}{\omega}\right)^2}}} \right) - B_2 \cdot \cos \left(\omega t - \frac{\sqrt{\frac{\omega}{2D}} \cdot x}{\sqrt{\frac{k}{\omega} + \sqrt{1 + \left(\frac{k}{\omega}\right)^2}}} \right) \right] \times \exp \left(- \frac{\sqrt{\frac{\omega}{2D}} \cdot x}{\sqrt{-\frac{k}{\omega} + \sqrt{1 + \left(\frac{k}{\omega}\right)^2}}} \right). \tag{4.116}$$

Die Konzentration des Stoffs X verändert sich somit in der Nähe der Doppelschicht im Rhythmus einer gedämpften Schwingung. Diese Schwingung setzt sich aus zwei Anteilen mit den Amplituden B_1 bzw. B_2 zusammen.

Wie aus einem Vergleich mit Gl. (4.114) hervorgeht, hat der erste Anteil unmittelbar am Rand der Doppelschicht ($x = 0$) die gleiche Phase wie die Stromdichte, während der zweite Anteil eine Phasenverzögerung von $-\pi/2$ ($-90°$) gegenüber der Stromdichte aufweist. Somit besteht auch schon am Rand der Doppelschicht insgesamt eine Phasenverschiebung der Konzentrationsschwankungen.

Für die Amplituden B_1 und B_2 ergeben sich nach partieller Differentiation von Gl. (4.116) nach x und t, Einsetzen der Differentialquotienten in die Gln.

(4.113) und (4.115) und Koeffizientenvergleich die Größen:

$$B_1 = -\frac{\nu}{z_r F} \cdot \frac{\dot{i}_{\max}}{\sqrt{2D\omega}} \cdot \sqrt{\frac{\sqrt{1+\left(\frac{k}{\omega}\right)^2}+\frac{k}{\omega}}{1+\left(\frac{k}{\omega}\right)^2}}$$

und

$$B_2 = -\frac{\nu}{z_r F} \cdot \frac{\dot{i}_{\max}}{\sqrt{2D\omega}} \cdot \sqrt{\frac{\sqrt{1+\left(\frac{k}{\omega}\right)^2}-\frac{k}{\omega}}{1+\left(\frac{k}{\omega}\right)^2}}.$$

Da nach Voraussetzung die Konzentrationsänderung des Stoffs X nur sehr klein, d. h. somit auch $|(c^* - c)/c| \ll 1$ sein sollte, so gilt für die Reaktionsüberspannung nach Gl. (4.4) angenähert

$$\eta_R = -\frac{\nu RT}{z_r F} \ln \frac{c^*}{c_{gl}} \approx -\frac{\nu RT}{z_r F} \frac{\Delta c^*}{c_{gl}}. \tag{4.117}$$

Setzt man daher aus Gl. (4.116) $\Delta c^* = \Delta c(0, t)$ in Gl. (4.117) ein, so erhält man schließlich für die Wechselstrom-Überspannung im Fall einer gehemmten homogenen chemischen Teilreaktion

$$\boxed{\begin{aligned}\eta_R = {} & \frac{\nu^2 RT}{z_r^2 F^2} \cdot \frac{1}{\sqrt{2D} \cdot c_{gl}} \cdot \frac{1}{\sqrt{\omega}} \cdot \sqrt{\frac{\sqrt{1+\left(\frac{k}{\omega}\right)^2}+\frac{k}{\omega}}{1+\left(\frac{k}{\omega}\right)^2}} \cdot \dot{i}_{\max} \cdot \sin \omega t \\ & -\frac{\nu^2 RT}{z_r^2 F^2} \cdot \frac{1}{\sqrt{2D} \cdot c_{gl}} \cdot \frac{1}{\sqrt{\omega}} \cdot \sqrt{\frac{\sqrt{1+\left(\frac{k}{\omega}\right)^2}-\frac{k}{\omega}}{1+\left(\frac{k}{\omega}\right)^2}} \cdot \dot{i}_{\max} \cdot \cos \omega t\end{aligned}}. \tag{4.118}$$

4.3.3.2. Heterogene chemische Reaktion

Ebenso wie bei der homogenen Reaktion kann auch im Fall einer vor- oder nachgelagerten heterogenen chemischen Teilreaktion bei kleinen Abweichungen der Konzentration $c^{**}(t)$ des an der Durchtrittsreaktion beteiligten Stoffs

X vom Gleichgewichtswert näherungsweise der Geschwindigkeitsansatz

$$v = -\frac{v_0 \cdot p}{c_{gl}^{**}} \cdot \Delta c^{**}(t) = -k \cdot \Delta c^{**}(t) \tag{4.119a}$$

gemacht werden. c_{gl}^{**} ist hier die Gleichgewichtskonzentration des Stoffs X unmittelbar an der Oberfläche der Elektrode.

Bei alleiniger Hemmung der heterogenen chemischen Reaktion ergibt sich dann die Überspannung in Analogie zu Gl. (4.117) zu

$$\eta_R = -\frac{\nu RT}{z_r F} \cdot \frac{\Delta c^{**}(t)}{c_{gl}^{**}}. \tag{4.119b}$$

Da die heterogene Reaktion immer an der Oberfläche der Elektrode stattfindet, so ist hier nur die zeitliche Änderung der Konzentration $d\Delta c^{**}(t)/dt$ zu untersuchen. Sie setzt sich nach

$$\frac{d\Delta c^{**}(t)}{dt} = -\frac{\nu \cdot i}{z_r F} + v = -\frac{\nu \cdot i}{z_r F} - k \cdot \Delta c^{**}(t) \tag{4.120}$$

additiv aus zwei Anteilen zusammen, von denen der eine $[-\nu \cdot i/(z_r F)]$ den elektrochemischen Umsatz des Stoffs X infolge des Stromflusses und der andere die Nachlieferung bzw. den Verbrauch des Stoffs X auf Grund der heterogenen chemischen Teilreaktion berücksichtigt.

Bei einem sinusförmigen Wechselstrom ergibt sich somit aus Gl. (4.120) die Differentialgleichung

$$\frac{d\Delta c^{**}(t)}{dt} = -\frac{\nu}{z_r F} i_{\max} \cdot \sin \omega t - k \cdot \Delta c^{**}(t).$$

Die Lösung dieser Gleichung liefert

$$\Delta c^{**}(t) = B_1 \cdot \sin \omega t - B_2 \cdot \cos \omega t. \tag{4.121}$$

Differenziert man Gl. (4.121) nach t, so folgt durch Koeffizientenvergleich für die Amplituden

$$B_1 = -\frac{\nu}{z_r F} i_{\max} \cdot \frac{k}{k^2 + \omega^2} \tag{4.122a}$$

und

$$B_2 = -\frac{\nu}{z_r F} i_{\max} \cdot \frac{\omega}{k^2 + \omega^2}. \tag{4.122b}$$

Einsetzen der Gln. (4.122) und (4.121) in die Beziehung (4.119) führt schließlich zur Reaktionsüberspannung

$$\eta_R = \frac{\nu^2 RT}{z_r{}^2 F^2} \cdot \frac{1}{c_{gl}^{**}} \cdot \frac{k}{k^2 + \omega^2} \cdot i_{\max} \cdot \sin \omega t$$
$$- \frac{\nu^2 RT}{z_r{}^2 F^2} \cdot \frac{1}{c_{gl}^{**}} \cdot \frac{\omega}{k^2 + \omega^2} \cdot i_{\max} \cos \omega t \,. \tag{4.123}$$

4.3.4. Reaktionswiderstand bei Gleichstrom

Der Reaktionswiderstand R_R entspricht der Neigung der Strom-Spannungs-Kurve $(d\eta_R/di)_{i=0}$ bei der Gleichgewichts-Galvanispannung im Fall reiner Reaktionsüberspannung.

Er ergibt sich für eine vor- oder nachgelagerte homogene chemische Reaktion durch Differentiation von Gl. (4.73) und Bestimmung des Grenzwerts von $(di/d\eta_R)$ für $\eta_R \to 0$ zu

$$\boxed{R_R = \left(\frac{d\eta_R}{di}\right)_{i=0} = \left|\frac{\nu}{z_r}\right| \cdot \frac{RT}{F} \cdot \sqrt{\frac{2}{p+1}} \cdot \frac{1}{|i_{gr,R}|}} \,. \tag{4.124}$$

Die experimentelle Bestimmung des Reaktionswiderstands R_R und der Reaktionsgrenzstromdichte $i_{gr,R}$ liefert somit den Ausdruck

$$\left|\frac{\nu}{z_r}\right| \cdot \sqrt{\frac{2}{p+1}} \,.$$

Die Kenntnis dieser Größe ermöglicht in vielen Fällen bereits eine genauere Aussage über den Mechanismus der homogenen Reaktion.

Bei einer heterogenen Reaktionshemmung ergibt sich R_R in analoger Weise wie oben aus der Strom-Spannungs-Beziehung (4.106):

$$\boxed{R_R = \left|\frac{\nu}{z_r}\right| \frac{RT}{F} \cdot \frac{1}{p} \cdot \frac{1}{|i_{gr,R}|}} \,. \tag{4.125}$$

4.3.5. Reaktionsimpedanz bei Wechselstrom

4.3.5.1. Homogene chemische Reaktion

Die Reaktionsüberspannung η_R zeigt bei Durchgang eines Wechselstroms durch die Elektrode ebenso wie die Diffusionsüberspannung η_d eine Phasenverschiebung gegenüber der Stromdichte. Der Gesamtwiderstand ist daher eine Impedanz, die als Reaktionsimpedanz $\mathfrak{R}_R$ bezeichnet wird. $\mathfrak{R}_R$ setzt sich aus einer Widerstandskomponente R_R (Reaktionswiderstand) und einer kapazitiven Komponente $1/\omega C_R$ (C_R – Reaktionskapazität) zusammen.

Das Verhalten der Reaktionsimpedanz ist im allgemeinen komplizierter als das der Diffusionsimpedanz, weil die Phasenverschiebung zwischen Reaktionsüberspannung und Stromdichte nicht konstant ist, sondern von der Frequenz und der Reaktionsgeschwindigkeit abhängt.

Nach Gl. (4.118) setzt sich die Reaktionsüberspannung η_R bei einem sinusförmigen Wechselstrom der Kreisfrequenz ω und genügend kleinen Werten von η_R aus zwei Anteilen zusammen. Der erste Anteil befindet sich in Phase mit der Stromdichte und liefert daher den Widerstand

$$R_R = \frac{RT}{z_r{}^2F^2} \cdot \frac{\nu^2}{\sqrt{2D} \cdot c_{gl}} \cdot \frac{1}{\sqrt{\omega}} \cdot \sqrt{\frac{\sqrt{1 + \left(\frac{k}{\omega}\right)^2} + \frac{k}{\omega}}{1 + \left(\frac{k}{\omega}\right)^2}}. \tag{4.126a}$$

Der zweite Anteil hat gegenüber der Stromdichte die Phasenverzögerung $\pi/2$ und ergibt unter Zugrundelegung einer Reihenschaltung die Kapazität

$$C_R = \frac{z_r{}^2F^2}{RT} \cdot \frac{\sqrt{2D} \cdot c_{gl}}{\nu^2 \cdot \sqrt{\omega}} \cdot \sqrt{\frac{1 + \left(\frac{k}{\omega}\right)^2}{\sqrt{1 + \left(\frac{k}{\omega}\right)^2} - \frac{k}{\omega}}}. \tag{4.126b}$$

Die Gln. (4.126) unterscheiden sich gegenüber den für reine Diffusionshemmung gültigen Beziehungen (4.88) nur durch die zusätzlichen Wurzelausdrücke, in denen die Nachlieferung bzw. der Verbrauch des Stoffs X durch die chemische Teilreaktion berücksichtigt wird.

Ist die Frequenz ω sehr klein gegenüber der Konstanten $k = v_0 p/c_{gl}$, so vereinfachen sich die Gln. (4.126) zu

$$R_R = \frac{RT}{z_r{}^2F^2} \cdot \frac{\nu^2}{\sqrt{D \cdot k \cdot c_{gl}}} = \frac{RT}{z_r{}^2F^2} \cdot \frac{\nu^2}{\sqrt{p \cdot D \cdot c_{gl} \cdot v_0}} = R_{R,gr} \tag{4.127a}$$

und

$$\frac{1}{\omega C_R} = \frac{RT}{z_r{}^2F^2} \cdot \frac{\nu^2}{\sqrt{D \cdot k} \cdot c_{gl}} \cdot \frac{\omega}{2k} = \frac{RT}{z_r{}^2F^2} \cdot \frac{\nu^2}{\sqrt{p \cdot D \cdot c_{gl} \cdot v_0}} \cdot \frac{c_{gl}}{2pv_0} \cdot \omega \tag{4.127b}$$

Die experimentelle Bestimmung von R_R und $1/(\omega C_R)$ als Funktion von ω ermöglicht somit den Zugang zu der Austausch-Geschwindigkeit v_0 der chemischen Reaktion.

Für $\omega \to 0$ nähert sich R_R einem konstanten Grenzwert $R_{R,gr}$, während $1/(\omega C_R)$ nach Null strebt.

Für sehr große Frequenzen ($\omega \gg k$) gehen R_R und $1/(\omega C_R)$ andererseits in die entsprechenden Werte R_d und $1/(\omega C_d)$ für reine Diffusionshemmung über, wie aus einem Vergleich mit den Gln. (4.88) zu ersehen ist.

Zwischen den beiden Grenzwerten [0 und $1/(\omega C_d)$] zeigt die Funktion $1/(\omega C_R) = f(1/\omega)$ einen glockenförmigen Verlauf mit einem Maximum bei $\omega_{\max} = k \cdot \sqrt{3}$.

Die Phasenverschiebung β_R der Reaktionsüberspannung η_R gegenüber der Stromdichte ergibt sich aus den Gln. (4.126) wegen $\operatorname{tg} \beta_R = 1/(\omega C_R R_R)$ zu

$$\boxed{\operatorname{tg} \beta_R = \frac{k}{\omega} - \sqrt{1 + \left(\frac{k}{\omega}\right)^2}} \tag{4.128}$$

und ist somit im Gegensatz zu den Verhältnissen bei reiner Diffusionsüberspannung sehr stark von der Frequenz abhängig. Für $\omega \ll k$ wird

$$\operatorname{tg} \beta_R = -\frac{1}{2} \cdot \frac{\omega}{k}.$$

4.3.5.2. Heterogene chemische Reaktion

Der Ohmsche und kapazitive Anteil der Reaktionsimpedanz ergeben sich bei heterogener Reaktionshemmung in analoger Weise wie oben aus der heterogenen Reaktionsüberspannung. Bei Zugrundelegung einer Reihenschaltung von R_R und $1/(\omega C_R)$ folgt somit aus Gl. (4.123)

$$R_R = \frac{\nu^2 RT}{z_r^2 F^2} \cdot \frac{1}{c_{gl}^{**} \cdot k} \cdot \frac{1}{1 + \left(\frac{\omega}{k}\right)^2} \tag{4.129a}$$

und

$$\frac{1}{\omega C_R} = \frac{\nu^2 RT}{z_r^2 F^2} \cdot \frac{1}{c_{gl}^{**} \cdot k} \cdot \frac{\frac{\omega}{k}}{1 + \left(\frac{\omega}{k}\right)^2}. \tag{4.129b}$$

Gegenüber den Gln. (4.126) für homogene Reaktionshemmung erhält man hier einfachere Ausdrücke, weil eine heterogene Reaktion stets innerhalb der Doppelschicht abläuft und daher keine Diffusionsvorgänge außerhalb der Schicht zu berücksichtigen sind.

Für kleine Frequenzen $\omega \ll k$ wird

$$R_R = \frac{\nu^2 RT}{z_r{}^2 F^2} \cdot \frac{1}{c_{gl}^{**} \cdot k} = R_{R,gr} \tag{4.130a}$$

und

$$\frac{1}{\omega C_R} = \frac{\nu^2 RT}{z_r{}^2 F^2} \cdot \frac{1}{c_{gl}^{**} \cdot k} \cdot \frac{\omega}{k} \tag{4.130b}$$

R_R nähert sich auch hier mit fallender Frequenz einem Grenzwert $R_{R,gr}$, während $1/(\omega C_R)$ proportional mit ω gegen Null strebt.

Für hohe Frequenzen $\omega \gg k$ nehmen R_R und $1/(\omega C_R)$ die Werte

$$R_R = \frac{\nu^2 RT}{z_r{}^2 F^2} \cdot \frac{1}{c_{gl}^{**} \cdot k} \cdot \left(\frac{k}{\omega}\right)^2 \tag{4.131a}$$

und

$$\frac{1}{\omega C_R} = \frac{\nu^2 RT}{z_r F} \cdot \frac{1}{c_{gl}^{**} \cdot k} \cdot \frac{k}{\omega} \tag{4.131b}$$

an. Im Unterschied zur homogenen Reaktionshemmung gehen hier beide Werte mit wachsender Frequenz gegen Null, und zwar R_R quadratisch und $1/(\omega C_R)$ linear mit $1/\omega$.

Auch hier hat die Funktion $1/(\omega C_R) = f(1/\omega)$ die Form einer Glockenkurve, jedoch liegt das Maximum nicht wie bei einer homogenen Reaktion bei $\omega_{\max} = \sqrt{3} \cdot k$, sondern bei $\omega_{\max} = k$.

Die Phasenverschiebung zwischen Reaktionsüberspannung und Stromdichte ergibt sich zu

$$\operatorname{tg} \beta_R = \frac{1}{\omega R_R C_R} = -\frac{\omega}{k}. \tag{4.132}$$

Sie nähert sich demnach für $\omega \gg k$ dem Wert $\pi/2$ (90°), für $\omega \ll k$ dem Wert 0, d. h., die Reaktionsimpedanz verhält sich bei niedrigen Frequenzen weitgehend wie ein Ohmscher Widerstand, bei hohen Frequenzen hingegen wie eine Kapazität. Die Phasenverschiebung kann hier also im Gegensatz zur homogenen Reaktionshemmung über $\pi/4$ (45°) hinaus ansteigen.

4.4. Kristallisationsüberspannung

Bei festen Metallionen-Elektroden kann außer der Durchtritts-, Diffusions- und Reaktionsüberspannung noch eine Kristallisationsüberspannung η_K auftreten, die auf die Hemmung des Übergangs der Metallionen von dem *ad*-Atomzustand [22] in den geordneten Gitterverband oder in umgekehrter Richtung zurückzuführen ist. Die Größe der Überspannung η_K ergibt sich nach Gl. (4.7) aus der chemischen Affinität des Kristallisationsvorgangs zu

$$\eta_K = \frac{A_K}{z_r F} = \frac{RT}{z_r F} \cdot \nu_{ad} \cdot \ln \frac{a_{ad}}{a_{ad,gl}}, \qquad (4.7)$$

wobei a_{ad} und $a_{ad,gl}$ die Aktivitäten der *ad*-Atome bei Stromfluß bzw. im Gleichgewicht sind. a_{ad} hängt von der jeweiligen Geschwindigkeit des Kristallisationsvorgangs ab.

4.4.1. Der Kristallisationsvorgang

Der Einbau eines Metallions aus der äußeren Helmholtz-Fläche in den Gitterverband kann nach einer Theorie von Kossel und Stranski nur an einer Wachstumsstelle (Halbkristallage) erfolgen [57]. Solche Wachstumsstellen befinden sich an den Kanten von (monoatomaren) Stufen oder Versetzungen in den Kristallflächen und sind an realen Kristalloberflächen stets vorhanden.

Erfolgt der Durchtritt der Metallionen durch die Phasengrenze direkt an einer Wachstumsstelle, so tritt keine Kristallisationsüberspannung auf, da dieser Vorgang die Durchtrittsreaktion selbst ist und seine Hemmung zur Durchtrittsüberspannung führt [57a]. Findet die Durchtrittsreaktion jedoch an einer glatten Kristallfläche statt, so müssen die dabei entstehenden *ad*-Atome erst durch Oberflächendiffusion an die Wachstumsstellen herangebracht werden. Für den damit verbundenen Platzwechsel ist eine Aktivierungsenergie erforderlich, die zu einer Hemmung dieses Vorgangs und damit zur Kristallisationsüberspannung führen kann. Demgegenüber kann der eigentliche Einbau des Atoms in das Gitter häufig als ungehemmt angesehen werden. Beim umgekehrten Vorgang der Loslösung eines Atoms von einer Wachstumsstelle ist hingegen stets eine Aktivierungsenergie aufzubringen, die der Differenz der Bindungsenergien zwischen dem eingebauten Ion und dem *ad*-Atom bzw. *ad*-Ion entspricht. Da diese Differenz von der Überspannung unabhängig sein wird, kann hier wie allgemein bei Diffusionsvorgängen eine (anodische) Grenzstromdichte erwartet werden.

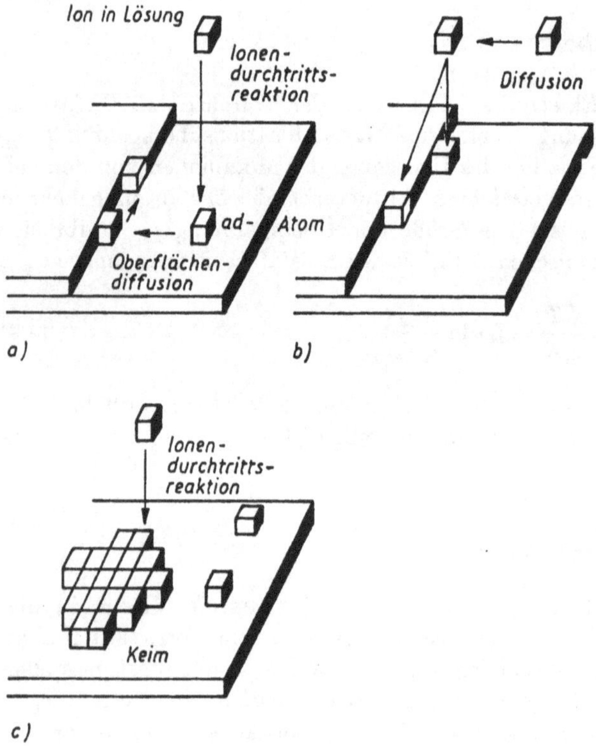

Abb. 4.7. Schematische Darstellung der Teilvorgänge bei der Metallabscheidung

a) Ionendurchtrittsreaktion zu einem *ad*-Atom und Oberflächendiffusion zur Einbaustelle im Gitter; b) direkter Ionendurchtritt an der Stelle des Einbaus ins Gitter; c) Ionendurchtrittsreaktion und zweidimensionale Keimbildung

4.4.2. Keimbildung als geschwindigkeitsbestimmender Vorgang

Nach im wesentlichen von Volmer entwickelten Vorstellungen muß bei der Bildung eines dreidimensionalen Kristallkeims aus der Gasphase eine Aktivierungsenergie aufgebracht werden, die als Keimbildungsarbeit W_{KB} bezeichnet wird. Sie beträgt für einen von gleichartigen Flächen begrenzten, z. B. kubischen Kristallkeim

$$W_{KB} = \frac{4 \cdot \gamma \cdot \sigma^3}{3} \cdot \frac{V^2}{(G_K - G_\infty)^2}. \tag{4.133}$$

Dabei ist γ ein von der Kristallform abhängiger geometrischer Faktor, σ die spezifische freie Oberflächenenthalpie, V das Molvolumen, G_K die molare freie Enthalpie des Kristallkeims und G_∞ die molare freie Enthalpie eines unendlich großen Kristalls. G_K ist ähnlich wie bei einem Flüssigkeitstropfen um so größer, je kleiner der Keim ist.

Die Keimbildung wird begünstigt, wenn W_{KB} klein ist, d. h. nach Gl. (4.133) wenn σ klein ist (z. B. infolge Adsorption von kapillaraktiven Stoffen) und wenn $G_K \gg G_\infty$ ist (d. h. solange der Keim genügend klein ist).

Zur Berechnung der Keimbildungsarbeit bei der katodischen Abscheidung von Metallionen aus einer Elektrolytlösung führt man in Gl. (4.133) anstelle von G_K und G_∞ zweckmäßig die chemischen Potentiale $\mu_{\mathrm{Me}^z,K}$ und $\mu_{\mathrm{Me}^z,\infty}$ des Metallions (Ladung z) im Kristallkeim bzw. in dem unendlich groß gedachten Kristall ein. $\mu_{\mathrm{Me}^z,\infty}$ ist mit der Gleichgewichts-Galvanispannung zwischen Metall und Lösung durch die Beziehung

$$\mu_{\mathrm{Me}^z,\infty} = -zFg_{gl} + \mu^0_{\mathrm{Me}^z,\mathrm{Lsg}} + RT \ln a_{\mathrm{Me}^z,\mathrm{Lsg}} \tag{4.134}$$

verknüpft. Für $\mu_{\mathrm{Me}^z,K}$ erhält man in analoger Weise

$$\mu_{\mathrm{Me}^z,K} = -zFg_i + \mu^0_{\mathrm{Me}^z,\mathrm{Lsg}} + RT \ln a^*_{\mathrm{Me}^z,\mathrm{Lsg}}, \tag{4.135}$$

wobei vorausgesetzt ist, daß die Galvanispannung g_i bei der Stromdichte i stets mit der Gleichgewichts-Galvanispannung zwischen Keim und lösungsseitigem Rand der Doppelschicht identisch ist. Andererseits ist berücksichtigt, daß die Aktivität $a^*_{\mathrm{Me}^z}$ der Metallionen am Rand der Doppelschicht, z. B. infolge von Diffusionshemmung, von der Aktivität a_{Me^z} im Inneren der Lösung verschieden sein kann.

Setzt man die Ausdrücke (4.134) und (4.135) in Gl. (4.133) ein, so erhält man mit $g_i - g_{gl} = \eta_K$ die Beziehung

$$W_{KB} = \frac{4\gamma\sigma^3}{3} \frac{V^2}{[-z \cdot \eta_K \cdot F + RT \ln (a^*_{\mathrm{Me}^z}/a_{\mathrm{Me}^z})]^2}. \tag{4.136}$$

Aus Gl. (4.136) geht hervor, daß die Keimbildungsarbeit um so kleiner und damit die zu $\exp(-W_{KB}/RT)$ proportionale Keimbildungswahrscheinlichkeit um so größer wird, je höher die Überspannung η_K ist [58].

4.4.3. Kinetische Gesetzmäßigkeiten der Kristallisationsreaktion und der Keimbildung

Die Kristallisationsreaktion

$$\mathrm{Me}_{ad} \rightarrow \mathrm{Me}_{\mathrm{Gitter}}$$

an einer Elektrode Metall (I)/Lösung (II) ist hinsichtlich ihrer Kinetik als eine der Durchtrittsreaktion

$$\mathrm{Me}^{z}(\mathrm{II}) + ze^{-}(\mathrm{I}) \rightarrow \mathrm{Me}_{ad} \qquad (r^{**})$$

nachgelagerte Oberflächendiffusion der auf einer glatten Kristallfläche abgeschiedenen *ad*-Atome zu einer Wachstumsstelle an einer Wachstumsstufe zu behandeln [58a]. Dazu sei im folgenden das einfache Modell zueinander parallel verlaufender Wachstumsstufen mit dem Abstand $2x_0$ und eindimensionaler Oberflächendiffusion senkrecht zu den Stufen (x-Richtung) betrachtet. (Abb. 4.8.) Die zeitliche Änderung der *ad*-Atom-Konzentration $c_{ad}(x, t)$ ergibt sich dann aus dem erweiterten 2. FICKschen Gesetz zu

$$\frac{\partial c_{ad}}{\partial t} = D_{ad} \frac{\partial^2 c_{ad}}{\partial x^2} + \frac{|i_k|}{zF} - \frac{i_a c_{ad}}{zF c_{ad,gl}}, \qquad (4.137)$$

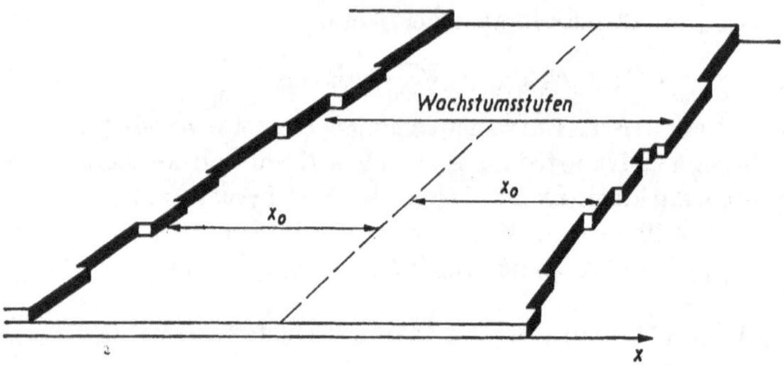

Abb. 4.8. Zur Oberflächendiffusion von *ad*-Atomen zwischen zwei parallelen Wachstumsstufen

wobei D_{ad} der Oberflächen-Diffusionskoeffizient der *ad*-Atome ist. Die Stromdichten i_k und i_a berücksichtigen die Bildung bzw. den Abbau der *ad*-Atome in der Durchtrittsreaktion (r^{**}) und sind ortsunabhängig. Ihre Änderungen mit der Überspannung sind durch Gl. (4.14) gegeben.

Für die stationäre Strom-Spannungs-Kurve erhält man als Lösung der Differentialgleichung (4.137) mit $i = i_a + i_k$:

$$i = i_0 \cdot \left[\exp\left(\frac{\alpha zF}{RT}\,\eta\right) - \exp\left(-\frac{(1-\alpha)\,zF}{RT}\,\eta\right)\right] \cdot \frac{\lambda_0}{x_0} \tanh \frac{x_0}{\lambda_0}. \qquad (4.138)$$

i_0 ist die Austauschstromdichte der Reaktion (r^{**}), und für λ_0 gilt:

$$\lambda_0 = \left(\frac{zFD_{ad}c_{ad,gl}}{i_0}\right)^{1/2} \cdot \exp\left(-\frac{\alpha zF}{2RT}\eta\right).$$

λ_0 hat die Dimension einer Länge und ist ein indirektes Maß für den anteiligen Einfluß der Oberflächendiffusion auf die Geschwindigkeit des Gesamtvorgangs der Metallabscheidung. $c_{ad,gl}$ ist die *ad*-Atom-Konzentration im Gleichgewicht der Kristallisationsreaktion.

Für hinreichend negative Überspannungen oder allgemeiner für $\lambda_0 \gg x_0$, d. h. $\tanh(x_0/\lambda_0) \approx x_0/\lambda_0$, liegt bei Abwesenheit von Diffusionshemmungen in der Lösung reine Durchtrittsüberspannung vor, und es gilt die Butler-Volmer-Gleichung (Gl. (4.14)). Die Oberflächendiffusion verläuft praktisch ungehemmt ($c_{ad} \approx c_{ad\ gl}$). Die Stromdichte hängt dann nicht von x_0 bzw. der Flächendichte $1/(2x_0)$ an Wachstumsstufen ab.

Hingegen wird die Oberflächendiffusion geschwindigkeitsbestimmend, wenn $\lambda_0 \ll x_0$. Man erhält dann aus Gl. (4.138) wegen $\tanh(x_0/\lambda_0) \approx 1$:

$$i = i_0 \frac{\lambda_0}{x_0} \cdot \left[\exp\left(\frac{\alpha zF}{RT}\eta\right) - \exp\left(-\frac{(1-\alpha)zF}{RT}\eta\right)\right]. \tag{4.139}$$

Auch in diesem Fall ergeben sich für genügend große Überspannungen Tafel-Geraden. Die Stromdichte hängt hier aber wesentlich vom Zustand der Metalloberfläche (λ_0/x_0), z. B. ihrer Vorbehandlung oder der Art der kristallographischen Flächen, ab.

Bei sehr kleinen Werten von η kann in Analogie zu Gl. (4.39) die Beziehung (4.139) ersetzt werden durch

$$i = i_0 \cdot \frac{\lambda_0}{x_0} \cdot \frac{zF}{RT}\eta,$$

d. h., die Stromdichte hängt linear von der Überspannung und der Flächendichte der Wachstumsstufen ab.

Sind auf einer glatten Metalloberfläche anfangs nur sehr wenige Wachstumsstufen vorhanden, so gewinnt mit zunehmender negativer Überspannung deren Neubildung im Gesamtprozeß der Metallabscheidung mehr und mehr an Bedeutung. Sie hat die in Abschn. 4.4.2. behandelte Keimbildung zur Voraussetzung. Deren Geschwindigkeit bzw. die ihr äquivalente Stromdichte i ist allgemein

$$i = k \cdot \exp\left(-\frac{W_{KB}}{RT}\right). \tag{4.140}$$

Für den Fall dreidimensionaler Keimbildung und Abwesenheit von Diffusionshemmungen folgt dann mit Gl. (4.136) nach Zusammenfassung der konstanten Größen zu k_3 und k_3'

$$\ln |i_3| = k_3 - \frac{k_3'}{\eta^2},$$

d. h., der Logarithmus der Stromdichte ändert sich linear mit dem Kehrwert des Quadrats der Überspannung. Diese Abhängigkeit wurde z. B. von KAISCHEW u. Mitarb. [58b] für die Abscheidung von Hg, Ag, Pb und Fe auf Platin gefunden.

Für den Fall zweidimensionaler Keimbildung kann in analoger Weise der Zusammenhang

$$\ln |i_2| = k_2 - \frac{k_2'}{\eta}$$

abgeleitet werden, d. h., der Logarithmus des Stromdichte ändert sich linear mit dem Kehrwert der Überspannung. Dies scheint unter gewissen Bedingungen z. B. für die Abscheidung von Ag und Cu [58c] gegeben zu sein.

5. Die Kinetik elektrochemischer Reaktionen bei Überlagerung mehrerer Überspannungsarten

Eine der Hauptaufgaben bei der kinetischen Untersuchung einer elektrochemischen Bruttoreaktion besteht darin, den Reaktionsmechanismus, d. h. die Art und Geschwindigkeit der einzelnen nach- oder auch nebeneinander ablaufenden Teilvorgänge und deren kinetische Kenngrößen, zu ermitteln. Dazu ist in jedem Fall zunächst die experimentelle Bestimmung des Zusammenhangs zwischen einer Reihe von Versuchsvariablen, wie Stromdichte, Überspannung, Zeit, Strömungsgeschwindigkeit der Elektrolytlösung, Konzentration einzelner Reaktionsteilnehmer, Frequenz (bei Wechselstrom) u. a., erforderlich. Mit Hilfe der dabei gewonnenen Ergebnisse muß sodann versucht werden, die Art der Überspannung und damit die Natur der jeweils geschwindigkeitsbestimmenden Teilvorgänge zu erkennen. Anschließend können dann die charakteristischen kinetischen Kenngrößen dieser Teilvorgänge bestimmt werden.

Wenn beim Ablauf einer gegebenen Bruttoreaktion nur ein einziger Teilvorgang stark gehemmt ist, alle übrigen Vorgänge hingegen praktisch im Gleichgewicht sind, so bereitet das oben angegebene Verfahren in der Regel keine grundsätzlichen Schwierigkeiten. Die Art der Überspannung kann dann meist durch einen einfachen Vergleich der experimentellen Ergebnisse mit den in Kap. 4. besprochenen Gesetzmäßigkeiten für reine Durchtritts-, Diffusions-, Reaktions- oder Kristallisationsüberspannung erkannt werden.

Häufig werden jedoch mehrere Teilreaktionen gleichzeitig gehemmt sein und daher mehrere Überspannungsarten nebeneinander auftreten. In solchen Fällen besteht die Aufgabe zunächst darin, die verschiedenen Anteile an der beobachteten Gesamtüberspannung zu ermitteln. Dies ist in der Regel nicht unmittelbar möglich, sondern kann meist nur dadurch erreicht werden, daß man durch geeignete Wahl der Versuchsbedingungen den einen oder anderen Überspannungsanteil vernachlässigbar klein werden läßt. Für die Auswahl solcher Versuchsbedingungen ist eine genauere Kenntnis der allgemeinen Gesetzmäßigkeiten bei der Überlagerung mehrerer Überspannungsarten erforderlich.

5.1. Gesamtüberspannung

Die Gesamtüberspannung η über der Phasengrenzschicht einer Elektrode setzt sich bei Vernachlässigung einer eventuell vorhandenen Widerstandspolarisation im allgemeinen Fall additiv aus den verschiedenen Anteilen von Durchtritts-, Diffusions-, Reaktions- und Kristallisationsüberspannung zusammen, so daß

$$\eta = \eta_D + \eta_d + \eta_R + \eta_K . \tag{5.1}$$

Die für das Auftreten einer Durchtrittsüberspannung η_D maßgebliche Größe ist die Austauschstromdichte i_0. Wird i_0 sehr groß ($i_0 \to \infty$), so geht $\eta_D \to 0$ und damit

$$\eta \to \eta_d + \eta_R + \eta_K .$$

Der Grenzübergang $i_0 \to \infty$ bedeutet die Einstellung des Gleichgewichts in der Durchtrittsschicht und hat bei einer vorgegebenen Stromdichte in der Regel keinen Einfluß auf die Größe der verbleibenden Überspannungsanteile η_d, η_R und η_K.

Sind auch die Geschwindigkeiten vor- oder nachgelagerter chemischer Teilreaktionen sehr groß (Austausch-Reaktionsgeschwindigkeit $v_{0,R} \to \infty$), so enthält die Gesamtüberspannung nur noch Anteile von Diffusions- und Kristallisationsüberspannung, d. h., es gilt

$$\eta \to \eta_d + \eta_K .$$

Verläuft auch die Diffusion hinreichend schnell, so bleibt nur noch Kristallisationsüberspannung übrig, so daß

$$\eta \to \eta_K$$

geht. Die Kristallisationsüberspannung ist von dem Reaktions- und Diffusionsanteil der Gesamtüberspannung unabhängig. Verläuft schließlich auch der Kristallisationsvorgang ungehemmt ($v_{0,K} \to \infty$), so wird die Gesamtüberspannung gleich Null, d. h.

$$\eta \to 0 .$$

5.2. Stationäre Strom-Spannungs-Kurve

5.2.1. Allgemeines

Bei vernachlässigbar kleiner Widerstandspolarisation ist die Gesamtüberspannung η einer Elektrode gleich der Überspannung über der elektrochemischen Doppelschicht. Für den Fall nur einer einzigen Durchtrittsreaktion ist dann bei großem Fremdelektrolytüberschuß die Stromdichte i nach den Gln. (4.10) und (4.13) allgemein durch die Beziehung

$$i = i_0 \cdot \left[\frac{c^{**}}{c^{**}_{gl}} \cdot \frac{c_r^{**}}{c^{**}_{r,gl}} \cdot \exp\left(\frac{\alpha z F}{RT}\eta\right) - \frac{c_o^{**}}{c^{**}_{o,gl}} \cdot \exp\left(-\frac{(1-\alpha) zF}{RT}\eta\right)\right] \quad z > 0 \tag{5.2a}$$

bzw.

$$i = -i_0 \cdot \left[\frac{c^{**}}{c^{**}_{gl}} \cdot \frac{c_o^{**}}{c^{**}_{o,gl}} \cdot \exp\left(\frac{\alpha z F}{RT}\eta\right) - \frac{c_r^{**}}{c^{**}_{r,gl}} \cdot \exp\left(-\frac{(1-\alpha) zF}{RT}\eta\right)\right] \quad z < 0 \tag{5.2b}$$

gegeben (nach Kap. 4.1.2.2. muß α gegebenenfalls durch $\alpha \cdot \lambda$ ersetzt werden).

Bei reiner Durchtrittsüberspannung entsprechen die Konzentrationen c^{**}, c_o^{**} und c_r^{**} den Gleichgewichtskonzentrationen c^{**}_{gl}, $c^{**}_{o,gl}$ und $c^{**}_{r,gl}$ und Gl. (5.2) geht in die einfache Beziehung (4.14)

$$i_D = \frac{z}{|z|}\, i_0 \left[\exp\left(\frac{\alpha z F}{RT}\eta\right) - \exp\left(-\frac{(1-\alpha) zF}{RT}\eta\right)\right] \tag{5.3}$$

über. Tritt jedoch zusätzlich eine Diffusions-, Reaktions- oder Kristallisationshemmung auf, dann weichen die Konzentrationen c^{**}, c_o^{**} und c_r^{**} von ihren Gleichgewichtswerten ab. Die Größe der Abweichungen ist von der Stromdichte abhängig.

Bei gleichzeitiger Durchtrittshemmung und Diffusionshemmung der Stoffe X_o und X_r auf der Lösungsseite erhält man z. B. aus Gl. (5.2a) mit $c^{**} = c^{**}_{gl}$, $c_o^{**}(c_r^{**}) = c_o^{*}(c_r^{*})$, $c^{**}_{o,gl}(c^{**}_{r,gl}) = c_o^{\mathrm{II}}(c_r^{\mathrm{II}})$ und Berücksichtigung von Gl. (4.32)

$$i = i_0 \cdot \left[\left(1 - \frac{i}{i_{gr,r}}\right) \cdot \exp\left(\frac{\alpha z F}{RT}\eta\right) - \left(1 - \frac{i}{i_{gr,o}}\right) \cdot \exp\left(-\frac{(1-\alpha) zF}{RT}\eta\right)\right] \tag{5.4}$$

$i_{gr\,o}$ und $i_{gr,r}$ sind die Diffusionsgrenzstromdichten bezüglich der Stoffe X_o bzw. X_r [60].

Ist die Austauschstromdichte gegenüber den Diffusionsgrenzstromdichten sehr groß ($i_0 \gg |i_{gr}|$), so geht Gl. (5.4) erwartungsgemäß in die Strom-Spannungs-Kurve für reine Diffusionsüberspannung über. Eine überlagerte Durchtrittsüberspannung macht sich im Verlauf der Kurve gewöhnlich erst bemerkbar, wenn i_0 in die Größenordnung von $|i_{gr}|$ kommt.

Eine Unterscheidung zwischen Diffusionshemmung einerseits und Reaktions- bzw. Kristallisationshemmung andererseits ist relativ einfach möglich. Durch Diffusionsvorgänge in der Elektrolytlösung beeinflußte Ströme, insbesondere Diffusionsgrenzströme, hängen stark von der Dicke der Diffusionsschicht und damit von den Strömungsverhältnissen in der Nähe der Elektrodengrenzfläche ab (künstliche Rührung, Gasblasenrührung, natürliche Konvektion). Bei Reaktionsgrenzströmen ist dies nicht der Fall, da im Falle vorgelagerter homogener Reaktionen die Dicke δ_R der Reaktionsschicht in der Regel sehr viel kleiner als die Diffusionsschichtdicke δ ist. Rührunabhängige Grenzströme auf Grund gehemmter heterogener chemischer Reaktionen hängen häufig sehr deutlich vom energetischen Zustand der Elektrodenoberfläche (Vorbehandlung, Adsorption von Elektrodengiften u. a.) ab und können dann daran erkannt werden.

5.2.2. Rotierende Scheibenelektrode

Die Untersuchung stationärer Zustände von Reaktionsabläufen hat die Vorgabe definierter Konvektionsbedingungen in der Elektrolytlösung zur Voraussetzung. Besonders geeignet dafür ist die in Abschn. 4.2.2.2. beschriebene rotierende Scheibenelektrode mit glatter Oberfläche, an der die Diffusionsschichtdicke überall gleich groß ist. Die Abhängigkeit der stationären Stromdichte von der Umdrehungsgeschwindigkeit ω bei Überlagerung von Durchtritts- und Diffusionsüberspannung ist dann, z. B. für die Redoxreaktion $X_o(\mathrm{II}) + ne^-(\mathrm{I}) \rightarrow X_r(\mathrm{II})$, leicht berechenbar:

Für die Strom-Spannungs-Beziehung gilt Gl. (5.2b). Die Konzentration der Elektronen im Metall (I) kann als konstant angesehen werden ($c^{**} = c^{**}_{gl}$). Der lösungsseitige Rand der Durchtrittsschicht entspreche dem Rand der Diffusionsschicht, so daß $c_o^{**}(c_r^{**}) = c_o^{*}(c_r^{*})$. $c^{**}_{o,gl}$ und $c^{**}_{r,gl}$ sind die Konzentrationen c_o^{II} bzw. c_r^{II} im Inneren der Elektrolytlösung. Es gilt weiterhin die Stationaritätsbedingung (4.40) für die Diffusion und für die darin enthaltenen Diffusionsschichtdicken nach Gl. (4.51): $\delta_i = 1{,}61\omega^{-1/2}\nu_L{}^{1/6}D_i{}^{1/3}$.

Damit ergibt sich unter Beachtung von Gl. (5.3) als Endbeziehung:

$$\boxed{\frac{1}{i} = \frac{1}{i_D}\left[1 + \frac{1{,}61\,\nu_L^{1/6}\,i_0}{nF}\left(\frac{A_o}{D_o} + \frac{A_r}{D_r}\right)\cdot\frac{1}{\sqrt{\omega}}\right]}. \tag{5.5a}$$

Hierbei ist $A_o = (D_o^{1/3}/c_o^{\mathrm{II}}) \exp\left(-\frac{\alpha nF}{RT}\,\eta\right)$ und

$$A_r = (D_r^{1/3}/c_r^{\mathrm{II}}) \exp\left[\frac{-(1-\alpha)\,nF}{RT}\cdot\eta\right].$$

Eine analoge Abhängigkeit

$$\frac{1}{i} = \frac{1}{i_D}\cdot\left(1 + \frac{\text{konst.}}{\sqrt{\omega}}\right)$$

gilt natürlich auch bei Einführung des Elektrodenpotentials anstelle der Überspannung.

Bestimmt man die Stromdichte i bei vorgegebenem Elektrodenpotential und verschiedenen Umdrehungsgeschwindigkeiten ω der Scheibenelektrode, so liefert die Auftragung von $1/i$ gegen $1/\sqrt{\omega}$ eine Gerade, deren sehr gut durchführbare Extrapolation auf $1/\sqrt{\omega} = 0$ zur rein durchtrittsbestimmten (reziproken) Stromdichte $1/i_D$ führt (Abb. 5.1.). Wendet man dieses Verfahren für verschiedene Potentiale bzw. Überspannungen an, so erhält man eine Strom-Spannungs-Beziehung (5.3), aus der in üblicher Weise die Austauschstromdichte i_0 und der Durchtrittsfaktor α ermittelt werden können. Mit dieser Methode können noch Standard-Austauschstromdichten bis zu einigen zehn A/cm^2 bestimmt werden.

Wird ein in der Durchtrittsreaktion an der rotierenden Scheibenelektrode verbrauchter Stoff X nicht allein durch konvektive Diffusion, sondern auch durch eine gehemmte homogene Reaktion (siehe dazu Abschn. 4.3.1.1.) nachgeliefert, so äußert sich dies darin, daß die gemäß Gl. (4.52) für reine Diffusionsüberspannung zu erwartende Proportionalität zwischen der Grenzstromdichte i_{gr} und $\sqrt{\omega}$ bei hinreichend großer Umdrehungsgeschwindigkeit und Überspannung schließlich nicht mehr gegeben ist. Die Grenzströme liegen dann unterhalb der i_{gr}-$\sqrt{\omega}$-Gerade. Aus ihrer Verkleinerung können die Geschwindigkeitskonstanten $\vec{k}$ und $\overleftarrow{k}$ der vorgelagerten chemischen Reaktion bestimmt werden.

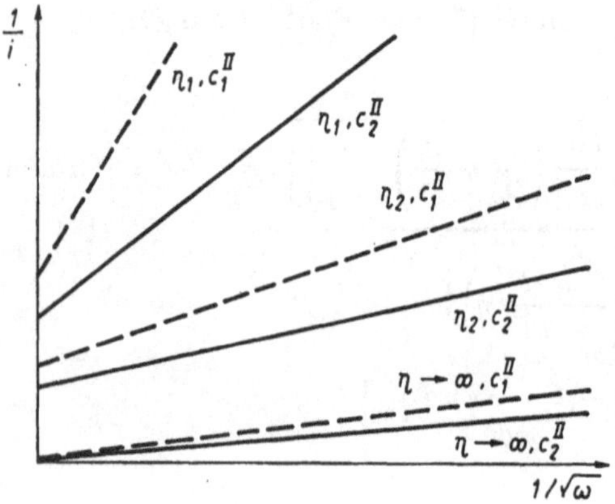

Abb. 5.1. Abhängigkeit der reziproken Stromdichte von $1/\sqrt{\omega}$ bei Überlagerung von Durchtritts- und Diffusionsüberspannung (schematisch). $\eta_2 > \eta_1$; $c_2^{\mathrm{II}} > c_1^{\mathrm{II}}$

Dazu sei die einfache homogene Reaktion

$$X_j \underset{\overleftarrow{k}}{\overset{\vec{k}}{\rightleftharpoons}} X_k + X$$

betrachtet (z. B. die Dissoziation einer schwachen Säure $HA \rightleftharpoons H^+ + A^-$ mit $X = H^+$, die der Durchtrittsreaktion $H^+ + e^- \rightarrow 1/2\,H_2$ vorgelagert ist). Zur Berechnung der Stromdichte bei Überlagerung von Diffusions- und Reaktionsüberspannung müssen zunächst die Differentialgleichungen (4.90) für die Reaktionsteilnehmer gelöst werden. Sie müssen jedoch im Fall der rotierenden Scheibenelektrode entsprechend Gl. (2.36) noch um den Konvektionsanteil $-u(\partial c/\partial x)$ erweitert werden (u — Komponente der Strömungsgeschwindigkeit senkrecht zur Scheibe). Man erhält dann für den stationären Zustand

$$\frac{\partial c_j}{\partial t} = D_j \frac{\partial^2 c_j}{\partial x^2} - u \cdot \frac{\partial c_j}{\partial x} - \vec{k} \cdot c_j + \overleftarrow{k} \cdot c_k c = 0$$

$$\frac{\partial c}{\partial t} = D \cdot \frac{\partial^2 c}{\partial x^2} - u \cdot \frac{\partial c}{\partial x} + \vec{k} \cdot c_j - \overleftarrow{k} \cdot c_k c = 0 .$$

Hierbei bedeuten c_j, c_k und c die Konzentrationen von X_j, X_k bzw. X.

Unter der Voraussetzung, daß $c_k \gg c$ gewählt wird, d. h. c_k praktisch unabhängig von x konstant bleibt, ergibt sich als Lösung der Differentialgleichung für die Grenzstromdichte

$$\boxed{\frac{i_{gr}}{\sqrt{\omega}} = \frac{i_{gr,d}}{\sqrt{\omega}} - \frac{D_j^{2/3} D^{-1/2} c_k^{1/2} \cdot i_{gr}}{1{,}61\, \nu_L^{1/6} (\vec{k}/\overleftarrow{k}) \sqrt{\overleftarrow{k}}}} . \tag{5.5b}$$

Die Auftragung von $i_{gr}/\sqrt{\omega}$ gegen i_{gr} liefert eine Gerade, aus deren (negativer) Neigung bei bekannter Gleichgewichtskonstante $\vec{k}/\overleftarrow{k}$ die Geschwindigkeitskonstanten vorgelagerter Reaktionen (bis zu Größenordnungen von $10^6\,s^{-1}$) berechnet werden können. Bei reiner Diffusionsüberspannung ($\vec{k} \to \infty$) ergibt sich bei obiger Auftragung eine Parallele zur x-Achse.

5.2.3. Rotierende Doppelelektroden

Zur Untersuchung nachgelagerter homogener Reaktionen sowie allgemein zum Nachweis von Stoffen, die bei elektrochemischen Reaktionen gebildet werden, haben sich rotierende Doppelelektroden [60a] bewährt, die in der Stirnfläche eines Zylinders zwei konzentrisch und voneinander isoliert angeordnete Elektroden aufweisen, z. B. eine innere Scheibe und ein äußerer Ring oder zwei Ringe. Hierbei wird ein an der inneren Elektrode gebildeter Stoff im Strömungsfeld nach außen transportiert. Ein Teil davon — charakterisiert durch das Übertragungsverhältnis $N < 1$ — kann an der äußeren Elektrode durch Vorgabe eines geeigneten Potentials elektrochemisch umgesetzt werden, ein anderer Teil diffundiert ins Innere der Lösung ab oder kann gegebenenfalls chemisch weiter reagieren.

Findet an der Scheibe die Reaktion $X_{o,S} + n_S e^- \to X_r$ (z. B. $Fe^{3+} + e^- \to Fe^{2+}$) statt und wird das Produkt X_r am Ring nach $X_r \to X_{o,R} + n_R e^-$ (z. B. $Fe^{2+} \to Fe^{3+} + e^-$) oxydiert, so ergibt sich das Übertragungsverhältnis zu

$$\boxed{N = \frac{n_S I_{gr,R}}{n_R I_{gr,S}} < 1}, \tag{5.6a}$$

wobei $I_{gr,R}$ und $I_{gr,S}$ die Grenzstromstärken am Ring bzw. an der Scheibe bedeuten. Wenn allein die Abdiffusion von X_r ins Lösungsinnere eine Rolle spielt, dann ist $N = N_d$ nur noch von den Elektrodengeometrien (Scheiben- und Ringradien) abhängig [60b], nicht aber von der Umdrehungsgeschwindigkeit der Ring-Scheiben-Elektrode.

Wird X_r zusätzlich durch eine nachgelagerte homogene Reaktion mit der Geschwindigkeitskonstante k verbraucht (z. B. $2\,Fe^{2+} + H_2O_2 + 2\,H^+ \to 2\,Fe^{3+} + 2\,H_2O$), so erreicht nur noch eine geringere Menge von X_r den Ring; das Übertragungsverhältnis N wird dann um so kleiner, je länger X_r zwischen Scheibe und Ring verweilt, d. h., je kleiner die Umdrehungsgeschwindigkeit wird. Für $n_S = n_R$ gilt:

$$\frac{1}{N} = \frac{I_{gr,S}}{I_{gr,R}} = \frac{1}{N_d} \cdot \left[1 + 1{,}28 \cdot \left(\frac{\nu_L}{D}\right)^{1/3} \cdot \frac{k}{\omega}\right]. \tag{5.6b}$$

Die Auftragung von $1/N$ gegen $1/\omega$ liefert eine Gerade, aus deren Steigung die Geschwindigkeitskonstante k der nachgelagerten homogenen Reaktion bestimmt werden kann. Für $k = 0$ erhält man erwartungsgemäß $N = N_d$.

Sehr schnelle nachgelagerte Reaktionen sind nur bei hohen Drehzahlen (bis 25000 U/min) und engen Isolierspalten zwischen den beiden Elektroden (bis 0,1 mm) erfassbar.

5.3. Polarisationswiderstand

Unter dem Polarisationswiderstand R_p versteht man unabhängig vom jeweiligen Reaktionsmechanismus ganz allgemein die Größe

$$R_p = \left(\frac{d\eta}{di}\right)_{i=0 \text{ bzw. } \eta=0}.$$

Sie entspricht der Neigung der Strom-Spannungs-Kurve bei der Gleichgewichts-Galvanispannung und hat die Dimension eines Ohmschen Widerstands.

Je nach Art der Überspannung unterscheidet man zwischen dem Durchtrittswiderstand R_D, dem Reaktionswiderstand R_R, dem Diffusionswiderstand R_d und dem Kristallisationswiderstand R_K. Bei Überlagerung mehrerer Überspannungsarten setzt sich der gesamte Polarisationswiderstand R_p der Elektrode additiv aus den einzelnen Widerstandsanteilen zusammen, so daß

$$R_p = R_D + R_R + R_d + R_K.$$

Die Größe der verschiedenen Anteile ist im einzelnen aus dem Kap. 4 zu ersehen.

5.4. Polarisationsimpedanz

Bei Wechselstrommessungen wird die Strom-Spannungs-Beziehung in der Nähe der Gleichgewichts-Galvanispannung nicht mehr allein durch den Polarisationswiderstand R_p, sondern noch zusätzlich durch die Polarisationskapazität C_p bestimmt. Wie in Kap. 3.2.3. dargelegt, ergeben R_p und C_p

zusammen die Polarisationsimpedanz $\mathfrak{R}_p$. Bei der experimentellen Bestimmung der Polarisationsimpedanz müssen die Überspannungsamplituden so klein gewählt werden, daß sie noch im Bereich der Linearität der Strom-Spannungs-Kurve liegen.

Aus $\mathfrak{R}_p$ erhält man durch rechnerische Abtrennung des auf die Umladung der Doppelschicht entfallenden Anteils $1/(\omega C_D)$ und des OHMschen Widerstands R_Ω der Elektrolytlösung die FARADAY-Impedanz $\mathfrak{R}_f$. $\mathfrak{R}_f$ stellt den Anteil am gesamten Wechselstromwiderstand dar, der auf den gehemmten Ablauf der elektrochemischen Reaktion entfällt. Daher können allein aus dem Verhalten der FARADAY-Impedanz Rückschlüsse auf den Reaktionsmechanismus gezogen werden.

Bei gleichzeitiger Durchtritts-, Diffusions-, Reaktions- und Kristallisationshemmung setzt sich ganz allgemein sowohl die OHMsche als auch die kapazitive Komponente der FARADAY-Impedanz additiv aus den einzelnen Anteilen der verschiedenen Überspannungsarten zusammen, so daß bei Reihenschaltung

$$R_f = R_D + R_d + R_R + R_K \tag{5.7a}$$

und

$$\frac{1}{\omega C_f} = \frac{1}{\omega C_d} + \frac{1}{\omega C_R} + \frac{1}{\omega C_K}. \tag{5.7b}$$

Zur Ermittlung des Reaktionsmechanismus ist die Bestimmung der Größe der einzelnen Anteile erforderlich. Dafür kann vor allem die Frequenzabhängigkeit der FARADAY-Impedanz herangezogen werden [62].

Bei Überlagerung von Durchtritts- und Diffusionshemmung ($\mathfrak{R}_R = \mathfrak{R}_K = 0$) ergeben sich zum Beispiel für die Komponenten R_f und $1/(\omega C_f)$ der FARADAY-Impedanz unter Berücksichtigung der Gl. (4.16), (4.88a) und (4.88b) die Beziehungen

$$R_f = R_D + R_d = \frac{RT}{z_r F} \cdot \frac{1}{i_0} + \frac{RT}{z_r^2 F^2} \frac{1}{\sqrt{2\omega}} \cdot \sum \frac{\nu_i^2}{\sqrt{D_i} \cdot c_i} \tag{5.8a}$$

und

$$\frac{1}{\omega C_f} = \frac{1}{\omega C_d} = \frac{RT}{z_r^2 F^2} \cdot \frac{1}{\sqrt{2\omega}} \cdot \sum \frac{\nu_i^2}{\sqrt{D_i} \cdot c_i}. \tag{5.8b}$$

Beide Komponenten sind linear abhängig von $1/\sqrt{\omega}$. Die Neigung der Geraden hängt von den Konzentrationen c_i im Inneren der Phasen und von den Diffusionskoeffizienten D_i ab. Die Differenz $R_f - (1/\omega C_f)$ liefert wegen $R_d = 1/(\omega C_d)$ den Durchtrittswiderstand R_D und damit die Austauschstromdichte i_0.

Bei Überlagerung von Reaktions- und Diffusionshemmung ($R_D = \mathfrak{R}_K = 0$) erhält man aus den Gln. (4.88), (4.126) und (4.135) bei homogenen chemischen Teilreaktionen

$$R_f = R_d + R_R = \frac{RT}{z_r^2 F^2} \cdot \frac{1}{\sqrt{2\omega}} \times$$

$$\times \left[\Sigma \frac{\nu_i^2}{\sqrt{D_i} \cdot c_i} + \frac{\nu^2}{\sqrt{D} \cdot c_{gl}} \cdot \sqrt{\frac{\sqrt{1 + \left(\frac{k}{\omega}\right)^2} + \frac{k}{\omega}}{1 + \left(\frac{k}{\omega}\right)^2}} \right] \tag{5.9a}$$

$$\frac{1}{\omega C_f} = \frac{1}{\omega C_d} + \frac{1}{\omega C_R} = \frac{RT}{z_r^2 F^2} \cdot \frac{1}{\sqrt{2\omega}} \times$$

$$\times \left[\Sigma \frac{\nu_i^2}{\sqrt{D_i} \cdot c_i} + \frac{\nu^2}{\sqrt{D} \cdot c_{gl}} \cdot \sqrt{\frac{\sqrt{1 + \left(\frac{k}{\omega}\right)^2} - \frac{k}{\omega}}{1 + \left(\frac{k}{\omega}\right)^2}} \right] \tag{5.9b}$$

bei heterogenen chemischen Teilreaktionen

$$R_f = R_d + R_R = \frac{RT}{z_r^2 F^2} \times$$

$$\times \left[\frac{1}{\sqrt{2\omega}} \cdot \Sigma \frac{\nu_i^2}{\sqrt{D_i} \cdot c_i} + \frac{\nu^2}{k \cdot c_{gl}^{**}} \cdot \frac{1}{1 + \left(\frac{\omega}{k}\right)^2} \right] \tag{5.10a}$$

$$\frac{1}{\omega C_f} = \frac{1}{\omega C_d} + \frac{1}{\omega C_R} = \frac{RT}{z_r^2 F^2} \times$$

$$\times \left[\frac{1}{\sqrt{2\omega}} \cdot \Sigma \frac{\nu_i^2}{\sqrt{D_i} \cdot c_i} + \frac{\nu^2}{k \cdot c_{gl}^{**}} \cdot \frac{\frac{\omega}{k}}{1 + \left(\frac{\omega}{k}\right)^2} \right]. \tag{5.10b}$$

Die für heterogene Reaktionen gültigen Beziehungen (5.10) gelten in analoger Weise auch für die Überlagerung von Kristallisations- und Diffusionshemmung.

Wie aus Gl. (5.9b) und (5.10b) hervorgeht, werden die kapazitiven Anteile $1/(\omega C_R)$ bzw. auch $1/(\omega C_K)$ bei hinreichend niedrigen Frequenzen vernachlässigbar klein, so daß $1/(\omega C_f) = 1/(\omega C_d)$ und $R_R = R_{R,gr}$ bzw. $R_K = R_{K,gr}$ gilt. Da nach Gl. (4.86) $1/(\omega C_d) = R_d$ ist, so erhält man unter Berücksichtigung von Gl. (5.8b) schließlich

$$\frac{1}{\omega C_f} = \frac{1}{\omega C_d} = R_d = R_f - (R_D + R_{R,gr} + R_{K,gr}). \tag{5.11}$$

C_f liefert somit bei kleinen Frequenzen unmittelbar C_d und R_d und damit die Diffusionsimpedanz $\mathfrak{R}_d$. Die Differenz $R_f - R_d$ ist gleich der Summe $R_D + R_{R,gr} + R_{K,gr}$.

Bei hinreichend hohen Frequenzen werden nach Gl. (5.9a) bzw. (5.10a) die Widerstandsanteile R_d, R_R bzw. R_K vernachlässigbar klein und die Widerstandskomponente R_f geht in den Durchtrittswiderstand R_D über:

$$R_D = \lim_{\omega \to \infty} R_f. \tag{5.12}$$

In praxi ist die Auffindung des Grenzwerts R_D nur durch Extrapolation aus Messungen im Bereich von 10 bis 10^5 Hz möglich, da bei noch höheren Frequenzen der Strom vorwiegend durch die zu R_f parallele Doppelschichtkapazität C_D fließt.

Da für $\omega \to \infty$ auch $1/(\omega C_d)$, $1/(\omega C_R)$ und $1/(\omega C_K)$ gegen Null gehen, so verschwindet bei hohen Frequenzen neben der Ohmschen auch die kapazitive Komponente $1/(\omega C_f)$ der Faraday-Impedanz, d. h.

$$\lim_{\omega \to \infty} 1/(\omega C_f) = 0. \tag{5.13}$$

Unter Berücksichtigung von Gl. (5.11), (5.12) und (5.13) kann man somit schließlich aus Messungen bei hohen Frequenzen die Summe $R_{R,gr} + R_{K,gr}$ erhalten.

Für die Ermittlung der Anteile von Reaktions- und Kristallisationsüberspannung gibt es schließlich folgende Möglichkeit:

Wenn entweder nur eine einzige chemische Teilreaktion oder nur eine einzige Kristallisationsreaktion vorliegt, dann stellt die Kurve $1/(\omega C_f) = f(1/\omega)$ nach Gl. (5.10b) eine Überlagerung der Geraden $1/(\omega C_d) = F(1/\omega)$ und der Glockenkurve $1/(\omega C_R) = G(1/\omega)$ bzw. $1/(\omega C_K) = G'(1/\omega)$ mit einem Maximum bei $\omega_{R,\max} = k \cdot \sqrt{3}$ bzw. $\omega_{K,\max} = k$ dar. Treten jedoch Reaktions- und Kristallisationshemmung nebeneinander auf, so wird die Gerade $1/(\omega C_d) = F(1/\omega)$ von zwei Glockenkurven mit je einem Maximum überlagert. Wenn die Frequenzen

$\omega_{R,\max}$ und $\omega_{K,\max}$ hinreichend weit entfernt liegen, so ist eine Trennung der Reaktions- von der Kristallisationskomponente relativ einfach möglich. Bei kleinen Unterschieden von $\omega_{R,\max}$ und $\omega_{K,\max}$ überlagern sich hingegen die Maxima, und eine Trennung der beiden Anteile kann nur auf Grund einer genaueren Analyse des gesamten Kurvenverlaufs erfolgen [63]. Da Messungen der FARADAY-Impedanz wegen des Einflusses der Doppelschichtkapazität nur im Bereich bis 10^5 Hz möglich sind, so sind die Maxima nur dann zugängig, wenn sie innerhalb dieses Bereichs liegen. Ist $\omega_{\max} \ll 10$ Hz oder $\gg 10^5$ Hz, so tritt als kapazitive Komponente im wesentlichen nur der Diffusionsanteil $1/(\omega C_d)$ auf.

5.5. Potentiostatische Einschaltvorgänge

Auch bei potentiostatischen Einschaltmessungen kann die experimentell vorgegebene, zeitlich konstante Gesamtüberspannung η einer Elektrode mehr oder weniger große Anteile der verschiedenen Überspannungsarten enthalten. Die zeitlich veränderliche Gesamtstromdichte i setzt sich additiv aus der Reaktionsstromdichte i_r und der auf die Umladung der Doppelschicht entfallenden kapazitiven Stromdichte i_c zusammen, so daß

$$i = i_r + i_c.$$

Bei reiner Diffusionsüberspannung ist die Reaktionsstromdichte i_r nach Gl. (4.56) umgekehrt proportional $\sqrt{t}$. Im Fall reiner Reaktionsüberspannung ergibt sich die potentiostatische Strom-Zeit-Kurve aus Gl. (4.112).

In beiden Fällen sollte die Stromdichte i_r im Moment des Einschaltens der Überspannung ($t = 0$) theoretisch einen unendlich großen Wert annehmen. Dies würde jedoch voraussetzen, daß die durch den elektrochemischen Umsatz bewirkten Konzentrationsänderungen in der Phasengrenzschicht augenblicklich erfolgen, d. h. die Durchtrittsreaktion beliebig schnell verläuft. In Wirklichkeit können jedoch wegen der stets vorhandenen mehr oder weniger starken Durchtrittshemmung zur Zeit $t = 0$ noch keine Konzentrationsänderungen eingetreten sein. Die Überspannung zur Zeit $t = 0$ kann daher (abgesehen von den OHMschen Potentialabfällen $i \cdot R_\Omega$) nur reine Durchtrittsüberspannung sein.

Als Beispiel für die Auswertung einer potentiostatischen Einschaltmessung soll im folgenden der Strom-Zeit-Verlauf bei der Überlagerung von Durchtritts- und Diffusionsüberspannung für die elektrochemische Bruttoreaktion

$$X_o(\mathrm{II}) + e^-(\mathrm{I}) \rightarrow X_r(\mathrm{II})$$

angegeben werden:

Für die Stromdichte i_r bei gleichzeitiger Durchtritts- und Diffusionshemmung folgt aus Gl. (5.2) mit $c^{**} = c^{**}_{gl}$, $c_o^{**}(c_r^{**}) = c_o^*(c_r^*)$, $c^{**}_{o,gl}(c^{**}_{r,gl}) = c_o^{II}(c_r^{II})$ und $z = -1$

$$i_r = i_0 \cdot \left[\frac{c_r^*}{c_r^{II}} \cdot \exp\left(\frac{(1-\alpha)\,F}{RT}\eta\right) - \frac{c_o^*}{z_o^{II}} \exp\left(-\frac{\alpha F}{RT} \cdot \eta\right)\right]. \quad (5.14)$$

Das Diffusionsverhalten der Stoffe X_o und X_r wird durch das 2. FICKsche Gesetz beschrieben. Danach ist

$$\frac{\partial c_r(x,t)}{\partial t} = D_r \cdot \frac{\partial^2 c_r(x,t)}{\partial x^2} \quad \text{und} \quad \frac{\partial c_o(x,t)}{\partial t} = D_o \cdot \frac{\partial^2 c_o(x,t)}{\partial x^2}. \quad (5.15)$$

Die Anfangs- und Randbedingungen lauten

$$\begin{aligned} &c_r(x,0) = c_r^{II} \qquad c_o(x,0) = c_o^{II} \\ &c_r(\infty,t) = c_r^{II} \qquad c_o(\infty,t) = c_o^{II} \\ &i_r = FD_r \cdot \left(\frac{\partial c_r(x,t)}{\partial x}\right)_{x=0} = -FD_o \cdot \left(\frac{\partial c_o(x,t)}{\partial x}\right)_{x=0}. \end{aligned} \quad (5.16)$$

Damit erhält man als Lösung des Gleichungssystems (5.14) und (5.15)

$$\boxed{i_r = i_r(0) \cdot \exp(\lambda^2 t) \cdot \left[1 - \frac{2}{\sqrt{\pi}} \cdot \int\limits_0^{\lambda\sqrt{t}} \exp(-y^2) \cdot dy\right]} \quad (5.17)$$

wobei

$$i_r(0) = i_0 \cdot \left[\exp\left(\frac{(1-\alpha)\,F}{RT}\eta\right) - \exp\left(-\frac{\alpha F}{RT} \cdot \eta\right)\right] \quad (5.18\text{a})$$

und

$$\lambda = \frac{i_0}{F}\left[\frac{1}{\sqrt{D_r} \cdot c_r^{II}} \cdot \exp\left(\frac{(1-\alpha)\,F}{RT}\eta\right) + \frac{1}{\sqrt{D_o} \cdot c_o^{II}} \cdot \exp\left(-\frac{\alpha F}{RT} \cdot \eta\right)\right] \quad (5.18\text{b})$$

ist.

Aus einem Vergleich der Gl. (5.18a) für die Anfangsstromdichte $i_r(0)$ und der Gl. (5.3) geht hervor, daß zur Zeit $t = 0$ wirklich reine Durchtrittsüberspannung vorliegt.

Für kleine Zeiten ($\lambda \cdot \sqrt{t} \ll 1$) gilt näherungsweise

$$\boxed{i_r = i_r(0) \cdot \left(1 - \frac{2}{\sqrt{\pi}} \cdot \lambda \cdot \sqrt{t}\right)}, \tag{5.19}$$

d. h., die Stromdichte ändert sich linear mit der Quadratwurzel aus der Zeit.

Für große Zeiten $\left(\lambda \cdot \sqrt{t} \gg 1\right)$ folgt aus Gl. (5.17)

$$\boxed{i_r = i_r(0) \cdot \frac{1}{\sqrt{\pi} \cdot \lambda \cdot \sqrt{t}}}. \tag{5.20}$$

Diese Beziehung ist identisch mit Gl (4.55) für reine Diffusionshemmung, d. h., für große Zeiten wird die Überspannung praktisch eine alleinige Diffusionsüberspannung.

Bei Kenntnis der Anfangsstromdichte $i_r(0)$ ist nach Gl. (5.18a) die Austauschstromdichte i_0 und der Durchtrittsfaktor α zugängig. Die Bestimmung von $i_r(0)$ aus der allein meßbaren Gesamtstromdichte i ist wegen des anfänglich stets vorhandenen kapazitiven Stromanteils nicht direkt, sondern nur durch Extrapolation des Strom-Zeit-Verlaufs auf $t = 0$ möglich. Dazu trägt man unter Berücksichtigung von Gl. (5.19) die Stromdichte i zweckmäßig gegen $\sqrt{t}$ auf (lineare Extrapolation). Hierbei ist allerdings zu beachten, daß der für die Umladung der Doppelschicht beim Einschalten erforderliche zusätzliche kapazitive Strom $i_c \sim \exp\left[-t/(RC)\right]$ entsprechend der jeweiligen Zeitkonstante RC eine gewisse Abklingzeit benötigt. Die Extrapolation von $i = i_r + i_c$ ist deshalb aus einem Zeitbereich oberhalb etwa 10^{-3} s vorzunehmen.

Auch ist bei den häufig relativ hohen Anfangsstromdichten der Ohmsche Potentialabfall in der Elektrolytlösung (zwischen Versuchselektrode und Haber-Luggin-Kapillare) zu berücksichtigen.

Bestimmt man auf diese Weise die Anfangsstromdichte $i_r(0)$ bei verschiedenen potentiostatisch vorgegebenen Überspannungen, so erhält man eine Strom-Spannungs-Kurve für die reine Durchtrittsüberspanung. Dieses Verfahren ist insbesondere dann von Interesse, wenn die Austauschstromdichten i_0 relativ groß sind, so daß mit stationären Meßmethoden die Durchtrittsüberspannung überhaupt nicht erfaßt werden könnte. Andererseits ist zu beachten, daß wegen der Proportionalität zwischen i_0 und λ und der Bedingung $\lambda \cdot \sqrt{t} \ll 1$ für die Gültigkeit von Gl. (5.19) die Austauschstromdichten nicht zu groß (d. h. $>$ etwa 50 mA/cm²) sein dürfen, um $i \approx i_r (i_c \approx 0)$ gewährleisten zu können.

5.6. Dreieckspannungsmethode (zyklische Voltametrie)

Bei Vorgabe eines dreieckförmigen Potential-Zeit-Verlaufs erhält man keine monoton verlaufenden Strom-Spannungs-Kurven, sondern es treten Maxima und Minima des Stromes auf.

Diese können ihre Ursache in einer potentialabhängigen, inhibierend wirkenden Adsorption von Reaktionsteilnehmern oder Deckschichtbildung auf der Elektrodenoberfläche haben, wie dies z. B. in wäßrigen Lösungen beim Auf- und Abbau von Wasserstoff- und Sauerstoff-Chemisorptionsschichten während der Aufnahme von Zyklogrammen der Fall ist (siehe dazu Kap. 6 und 7). Die damit verbundenen „Deckschichtströme" hängen stark vom Elektrodenmaterial ab; sie sind z. B. beim Gold in einem weiten Potentialbereich sehr viel geringer als beim Platin. Ihr Einfluß auf das Zyklogramm der jeweils untersuchten elektrochemischen Reaktion läßt sich nur schwer allgemein beschreiben und kann von Fall zu Fall, z. B. durch geeignete Wahl des Elektrodenmaterials oder der Potentialvorschubgeschwindigkeit, auch minimiert werden.

Aber auch bei Abwesenheit der eben genannten Effekte kommt es zur Ausbildung von Extremwerten im Zyklogramm. So entsteht z. B. ein Maximum der Stromdichte gemäß Gl. (4.30) $i \sim (c_i^{II} - c_i^*)/\delta$ infolge Überlagerung zweier Einflüsse: einerseits nimmt mit zeitlich ansteigender Überspannung die Differenz $c_i^{II} - c_i^*$ wegen des raschen Verbrauchs eines Reaktanten X_i ($c_i^* \to 0$) zu, andererseits wächst gleichzeitig die Diffusionsschichtdicke entsprechend $\delta = \sqrt{\pi D t}$ an.

Als Beispiel sollen zunächst die Voltamogramme bei einem einmaligen Potentialdurchlauf für die elektrochemische Redoxreaktion

$$X_o(\mathrm{II}) + ne^-(\mathrm{I}) \rightarrow X_r(\mathrm{II})$$

berechnet werden. Dazu sind wieder die Differentialgleichungen (5.15) mit den Anfangs- und Randbedingungen (5.16) wie im vorhergehenden Abschn. 5.5. zu lösen. Die Überspannung bzw. das Elektrodenpotential ist jedoch jetzt keine konstante Größe, sondern eine lineare Funktion der Zeit: $U = U_0 + v \cdot t$, wobei v die (negative oder positive) Potentialvorschubgeschwindigkeit und U_0 das Anfangs- bzw. Umkehrpotential darstellen.

Bei reiner Diffusionsüberspannung, d. h. ungehemmter (reversibler) Durchtrittsreaktion, muß entsprechend Gl. (4.29) und unter Berücksichtigung der Nernstschen Gleichung für das Gleichgewicht der Durchtrittsreaktion für

$x = 0$ und $t > 0$ die zusätzliche Randbedingung

$$\frac{c_o^*}{c_r^*} = \frac{c_o^{II}}{c_r^{II}} \exp\left[\frac{nF}{RT}\eta\right] = \exp\left[\frac{nF}{RT}(U_0 + vt - U^0)\right] \tag{5.21}$$

erfüllt sein (U^0 — Standard-Elektrodenpotential). Die Lösung der Differentialgleichungen (5.15) führt dann für den Fall $c_r^{II} = 0$, $D_o = D_r$ und $v < 0$ auf den von RANDLES [64a] und SEVCIK [64b] abgeleiteten Zusammenhang

$$i = -(nF)^{3/2}(RT)^{-1/2} D_o^{1/2} c_o^{II} |v|^{1/2} P[n(U - U^0)]. \tag{5.22}$$

Die Funktion $P[n(U - U^0)]$ durchläuft ein Maximum mit dem Wert 0,4463. Diesem entspricht das (katodische) Stromdichtemaximum (Peakstromdichte)

$$i_P = -0{,}4463(nF)^{3/2}(RT)^{-1/2} D_o^{1/2} c_o^{II} |v|^{1/2} \tag{5.23a}$$

bzw. für 298 K nach Einsetzen der Konstanten

$$\boxed{i_P = -2{,}69 \cdot 10^5\, n^{3/2} D_o^{1/2} c_o^{II} |v|^{1/2}}\,. \tag{5.23b}$$

Mit c_o^{II} in mol/cm³, D_o in cm²/s und $|v|$ in V/s erhält man i_p in A/cm². Die Peakstromdichte ist somit direkt proportional der Konzentration des reduzierbaren Stoffs X_c sowie der Quadratwurzel aus der Potentialvorschubgeschwindigkeit.

Beim Rücklauf des Potentials ($v > 0$) nach Überschreiten des Peakpotentials (um mindestens 100/n mV) erhält man bei genügend schneller Potentialänderung — bedingt durch die Oxydation des zuvor entstandenen Reaktionsprodukts X_c — eine gleich große anodische Peakstromdichte: i_p (anodisch) $= |i_p|$ (katodisch).

Die Peakpotentiale sind unabhängig von c_o^{II} und v bei 298 K um 28,5/n mV gegenüber dem Standard-Elektrodenpotential verschoben, und zwar bei der katodischen Reaktion in negativer und bei der anodischen Reaktion in positiver Richtung. Sie liegen somit um 57/n mV auseinander. Dieser Umstand kann als Kriterium für die Reversibilität der Durchtrittsreaktion gelten. Zu hohe Potentialvorschubgeschwindigkeiten $|v|$ vergrößern allerdings den Peakabstand, weil dann die Randbedingung (5.21) nicht mehr erfüllt ist.

Wird ein Teil des in der reversiblen Durchtrittsreaktion im ersten Peak entstandenen Produkts X_r durch eine nachgelagerte homogene chemische Reaktion mit der Geschwindigkeitskonstante k verbraucht, so erscheint das dann von v abhängige Peakpotential schon in geringerem Abstand vom Umkehrpotential U_0 und die Stromdichte des Rückpeaks verkleinert sich. Das Peak-

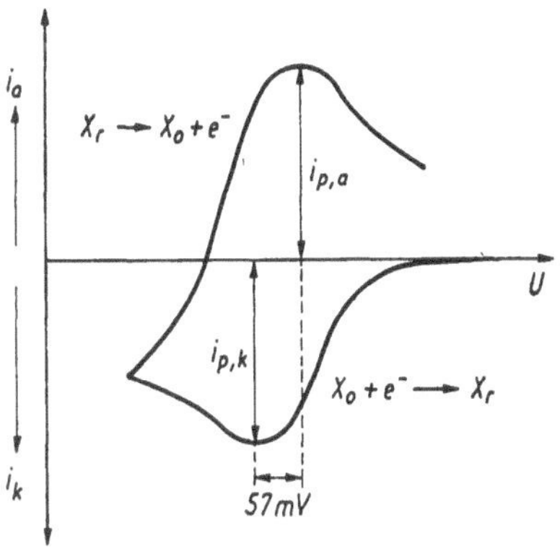

Abb. 5.2. Voltamogramm für eine reversible Durchtrittsreaktion bei einmaligem Dreieckspannungsdurchlauf (298 K, $n = 1$); geschwindigkeitsbestimmende Diffusion

potential ändert sich linear mit ln $(k/|v|)$. Die Geschwindigkeitskonstante k kann in einfachen Fällen aus dem Unterschied der beiden Peakströme ermittelt werden.

Bei gehemmtem (irreversiblen) Verlauf der Durchtrittsreaktion ist als Randbedingung für $x = 0$, $t > 0$ anstelle von Gl. (5.21) die Gleichung (5.14) anzusetzen. Diese kann wiederum für den Fall der Reaktion $X_o(\mathrm{II}) + ne^- \rightarrow X_r(\mathrm{II})$ bei vernachlässigbarer Rückreaktion und Berücksichtigung der Gl. (4.28b) in der Form

$$i = -nFk_0c_o^{\mathrm{II}} \exp\left[-\frac{\alpha nF}{RT}(U_0 + vt - U^0)\right] \tag{5.24}$$

geschrieben werden.

Dann ergibt sich als Lösung der Differentialgleichung (5.15) für die katodische Stromdichte

$$i = -\pi^{1/2}nF\left(\frac{\alpha nF}{RT}|v|\right)^{1/2} \cdot D_o^{1/2}c_o^{\mathrm{II}}Q\left(\frac{\alpha nF}{RT}|v|\,t\right). \tag{5.25a}$$

Die Funktion Q verläuft ähnlich wie die Funktion P bei reversibler Durchtrittsreaktion. Ihr Maximum beträgt hier jedoch $Q = 0{,}282$. Daraus folgt für die Peakstromdichte bei 298 K:

$$\boxed{i_p = -3.01 \cdot 10^5\, n^{3/2}\, \alpha^{1/2}\, D_o^{1/2}\, c_o^{\mathrm{II}}|v|^{1/2}} \tag{5.26}$$

(Maßeinheiten wie bei Gl. (5.23b)).

Ein Vergleich der Ausdrücke (5.23b) und (5.26) zeigt, daß die Peakstromdichte in beiden Fällen proportional $D_o^{1/2}$, c_o^{II} und $|v|^{1/2}$ ist, in letzterem Fall aber noch der Durchtrittsfaktor α eingeht.

Aus einem Vergleich der Gln. (5.26) und (5.24) erkennt man, daß das Peakpotential — anders als bei ungehemmter Durchtrittsreaktion — von der Potentialvorschubgeschwindigkeit abhängt, und zwar verschiebt sich U_p bei Erhöhung von $|v|$ auf das Zehnfache um $30/\alpha n$ mV in Richtung höherer Überspannungen, woraus der Durchtrittsfaktor α ermittelt werden kann. Die Auftragung von $\ln |i_p(v)|$ gegen $U_p(v)$ ergibt eine Gerade, aus deren Ordinatenabschnitt die Standard-Geschwindigkeitskonstante k_0 der Durchtrittsreaktion und aus deren Neigung αn entnommen werden kann. Mit dieser Methode können noch Standard-Austauschstromdichten bis zu einigen zehn A/cm^2 bestimmt werden.

6. Die Wasserstoffelektrode

Die katodische Abscheidung von elementarem Wasserstoff und dessen anodische Oxydation gehören zu den am häufigsten untersuchten elektrochemischen Reaktionen [65]. Sie verlaufen in sauren Lösungen vorwiegend nach der Bruttoreaktionsgleichung

$$2\,H^+(II) + 2e^-(I) \rightleftharpoons H_2(II) \qquad (r_1)$$

(Standard-Elektrodenpotential $U^0_{\mathrm{SHE}} = 0$ V)
und in alkalischen Lösungen vorwiegend nach der Gleichung

$$2\,H_2O(II) + 2e^-(I) \rightleftharpoons H_2(II) + 2\,OH^-(II) \qquad (r_2)$$

($U^0_{\mathrm{SHE}} = -\,0{,}828$ V). In neutralen Lösungen überwiegt in katodischer Richtung die Reaktion (r_2), in anodischer die Reaktion (r_1).

Die Untersuchung des Reaktionsmechanismus hat ergeben, daß beim Ablauf der Reaktion (r_1) in katodischer Richtung folgende Teilvorgänge auftreten:

1. Antransport der H^+-Ionen zur Doppelschicht durch Migration, Diffusion und Konvektion
2. Entladung der H^+-Ionen
   a) an freien Stellen der Elektrodenoberfläche unter Bildung von adsorbierten H-Atomen (Volmer-Reaktion)

   $$H^+ \cdot \mathrm{solv} + e^- \rightarrow \boldsymbol{H_{ad}}$$

   oder

   b) an mit adsorbierten H-Atomen besetzten Stellen der Oberfläche unter Bildung von adsorbierten H_2-Molekülen (Heyrovsky-Reaktion)

   $$H^+ \cdot \mathrm{solv} + H_{ad} \rightarrow (H_{ad} \cdot H)^+_{\cdot} + e^- \rightarrow H_{2,ad}$$

3. Rekombination zweier adsorbierter H-Atome zu adsorbierten H_2-Molekülen (Tafel-Reaktion)

   $$H_{ad} + H_{ad} \rightarrow H_{2,ad}$$

4. Desorption der adsorbierten H_2-Moleküle
5. Abtransport der H_2-Moleküle durch Diffusion und Konvektion bzw. Gasblasenentwicklung

In alkalischen Lösungen verläuft die VOLMER-Reaktion nach

$$H_2O + e^- \rightarrow H_{ad} + OH^- \cdot \text{solv}$$

und die HEYROVSKY-Reaktion nach

$$H_2O + H_{ad} + e^- \rightarrow H_{2,ad} + OH^- \cdot \text{solv}.$$

Bei der anodischen Oxydation von Wasserstoff verlaufen die Teilvorgänge in umgekehrter Richtung, beginnend mit dem Antransport der Wasserstoffmoleküle durch Diffusion und Konvektion und ihre chemisorptive Aufspaltung in H_{ad}-Atome.

Je nach den Versuchsbedingungen kann die eine oder andere dieser Teilvorgänge besonders stark gehemmt sein und damit den Reaktionsweg und den Verlauf der Strom-Spannungs-Kurven bestimmen. Als wichtigste Einflußfaktoren sind insbesondere die Stromdichte, die Art des Elektrodenmaterials [66], die Beschaffenheit der Elektrodenoberfläche, der pH-Wert [67] und die Zusammensetzung der Lösung sowie die Temperatur zu berücksichtigen.

6.1. Einfluß von Transportvorgängen

Bei verdünnten Säurelösungen (bis etwa 10^{-2} mol/l) und hohen Stromdichten wird die Geschwindigkeit der katodischen Wasserstoffabscheidung durch den Antransport der H^+-Ionen (Teilvorgang 1) bestimmt. Die grundsätzlich mögliche Nachlieferung von H^+-Ionen durch Dissoziation der Wassermoleküle verläuft demgegenüber sehr langsam. Es tritt somit eine rührabhängige Grenzstromdichte auf, die gemäß Gl. (4.32) der Konzentration der H^+-Ionen in der Lösung proportional ist. Bei höheren Säurekonzentrationen nimmt die Grenzstromdichte gewöhnlich stärker als linear mit c_{H^+} zu, weil die dann auftretenden Wasserstoffblasen eine zusätzliche Rührung der Elektrolytlösung bewirken.

Das Auftreten einer katodischen Diffusionsgrenzstromdichte beweist, daß die Wasserstoffabscheidung in sauren Lösungen durch Entladung von H^+-Ionen, nicht aber von H_2O-Molekülen erfolgt.

Bei H^+-Ionen-Konzentrationen von etwa 1 mol/l würde die (durch Extrapolation zu ermittelnde) Diffusionsgrenzstromdichte erte in der Größenordnung von 10 A/cm² erreichen, so daß der Antransport der H^+-Ionen in stärker sauren Lösungen keinen hemmenden Einfluß mehr auf den Ablauf der Reaktion ausübt.

Der Abtransport des molekularen Wasserstoffs (Teilvorgang 5) tritt als geschwindigkeitsbegrenzender Teilvorgang in der Regel nur an solchen („aktiven") Elektrodenmetallen auf, die wie Pt, Pd, Ir, Rh den Teilvorgang 3, die Rekombination der H-Atome zu H_2-Molekülen, bzw. bei anodischer Polarisation den umgekehrten Vorgang der Aufspaltung von H_2-Molekülen in H-Atome katalytisch genügend beschleunigen. Erfolgt der Ab- bzw. Antransport der H_2-Moleküle durch Diffusion, so beobachtet man an den genannten aktiven Metallen bis zu Stromdichten von etwa 2 mA/cm² reine Diffusionsüberspannung.

Durch Vergiftung ihrer Oberfläche kann eine aktive Elektrode desaktiviert und dadurch die Geschwindigkeit des Teilvorgangs 3 wesentlich herabgesetzt werden. Dies hat zur Folge, daß die H_2-Diffusion keinen Einfluß mehr auf die Überspannung ausübt.

Auch das Auftreten von Wasserstoffblasen, die der Elektrodenoberfläche anhaften, führt bereits zu einer Überspannung. So findet man z. B., daß das Potential einer platinierten Platinelektrode im Rhythmus der Ausbildung und Ablösung der Gasblasen hin- und herschwankt. Dieser Effekt ist darauf zurückzuführen, daß der Wasserstoff im Inneren der Blasen unter einem erhöhten Druck steht (Kapillardruck).

6.2. Volmer-Tafel-Mechanismus

Wenn sämtliche Transportvorgänge hinreichend rasch verlaufen, nimmt die Überspannung η bei der katodischen Wasserstoffabscheidung mit der Stromdichte i in vielen Fällen nach der Gleichung

$$|\eta| = a + b \cdot \log |i| \tag{6.1}$$

zu. a und b sind Konstanten. Die Beziehung (6.1), die zuerst von Tafel (1905) empirisch gefunden wurde, gilt bei Abwesenheit von Diffusionshemmungen für sehr viele Elektrodenarten in dem sehr großen Stromdichtebereich von 10^{-9} bis 10^2 A/cm². Die experimentell ermittelten Werte für die Tafel-Konstante b liegen in den meisten Fällen bei 0,10···0,14 V. Gelegentlich treten jedoch auch niedrigere oder höhere Werte auf. Letzteres wird insbesondere bei sehr kleinen Überspannungen beobachtet, bei denen es allerdings schwierig ist, die katodische Reaktion getrennt von der anodischen Rückreaktion zu verfolgen. In unmittelbarer Nähe des Gleichgewichtspotentials bestehen lineare Zusammenhänge zwischen Stromdichte und Überspannung. Die Werte für die Konstante a variieren von Metall zu Metall beträchtlich.

Nach der ursprünglich von TAFEL entwickelten Vorstellung sollte der geschwindigkeitsbegrenzende Teilvorgang die Bildung der H_2-Moleküle aus den adsorbierten H-Atomen, d. h. der Teilvorgang 3, sein. Dies würde bedeuten, daß die Überspannung allein auf die Stauung von adsorbierten H-Atomen an der Elektrodenoberfläche zurückzuführen wäre. Die Abhängigkeit der Überspannung von der Art des Elektrodenmetalls könnte dann auf die unterschiedliche katalytische Wirksamkeit für die TAFEL-Reaktion $2\,H_{ad} \rightarrow H_{2,ad}$ zurückgeführt werden.

Tatsächlich sind Metalle mit niedriger Überspannung, wie Pt, Pd, Ni oder Cu, gute Katalysatoren und Metalle mit hoher Überspannung, wie Pb, Hg, Sn oder Cd, schlechte Katalysatoren für die TAFEL-Reaktion.

Bei geringer Bedeckung der Elektrodenoberfläche mit H-Atomen ist die Geschwindigkeit der Reaktion $2\,H_{ad} \rightarrow H_2$ unter Vernachlässigung der Rückreaktion proportional zu Θ_H^2, wenn Θ_H den mit adsorbierten H-Atomen besetzten Bruchteil der Oberfläche bedeutet. Wäre die Rekombination der H-Atome der gehemmteste Teilvorgang, so würde daher für die Stromdichte i die Beziehung

$$i = -\vec{k}_T \cdot \Theta_H^2 \tag{6.2}$$

zu erwarten sein.

Da die TAFEL-Reaktion eine rein chemische Teilreaktion ist, so führt ihre Hemmung zu einer Reaktionsüberspannung, die sich nach Gl. (4.6) bei von Θ_H unabhängigen Aktivitätskoeffizienten zu

$$\eta_R = -\frac{RT}{F} \ln \frac{\Theta_H}{\Theta_{H,gl}} \tag{6.3}$$

ergibt. Der Gleichgewichtsbedeckungsgrad $\Theta_{H,gl}$ ist z. B. an Platin $> 0{,}9$, an Gold $\ll 1$ und an Quecksilber nahezu Null. Einsetzen von Gl. (6.2) führt zur TAFEL-Gleichung

$$\eta = a - \frac{2{,}303\,RT}{2F} \log |i| \,. \tag{6.4}$$

Bei anodischen Überspannungen und bei kleinen katodischen Überspannungen ist in Gl. (6.2) auch die Rückreaktion ($H_2 \rightarrow 2\,H_{ad}$) zu berücksichtigen, so daß bei kleinen Bedeckungsgraden ($\Theta_H \ll 1$)

$$i = -\vec{k}_T \Theta_H^2 + \overleftarrow{k}_T c_{H_2}. \tag{6.5}$$

Damit folgt aus der allgemeinen Beziehung (4.106)

$$\boxed{\eta_R = -\frac{RT}{2F} \ln \left(1 - \frac{i}{i_{gr,a}}\right)}. \tag{6.6}$$

$i_{gr,a}$ stellt die anodische (rührunabhängige) Reaktionsgrenzstromdichte dar, die sich für $\Theta_H \to 0$ und $\eta_R \to \infty$ ausbilden würde. Sie entspricht der Dissoziationsgeschwindigkeit des molekularen Wasserstoffs in die adsorbierten H-Atome.

Für große katodische Stromdichten $(-i \gg i_{gr,a})$ geht Gl. (6.6) wieder in die TAFEL-Gleichung (6.4) über, wobei $a = (RT/2F) \ln i_{gr,a}$ ist.

In dem Ansatz (6.5) für die Stromdichte i ist noch unberücksichtigt geblieben, daß jedes in der Reaktion $H_2 \to 2\,H_{ad}$ entstehende H-Atom bei seiner Adsorption einen freien Platz auf der Metalloberfläche benötigt. Die Geschwindigkeit der Aufspaltung der H_2-Moleküle ist daher unter der Voraussetzung einer homogenen Oberfläche und einer einatomaren Adsorptionsschicht auch noch proportional dem Quadrat $(1 - \Theta_H)^2$ des unbesetzten Oberflächenanteils. Gl. (6.5) muß daher bei höheren Bedeckungsgraden nach

$$i = -\vec{k}_T \Theta_H^2 + \overleftarrow{k}_T (1 - \Theta_H)^2\, c_{H_2} \tag{6.7}$$

erweitert werden.

Führt man in Gl. (6.7) die Austauschstromdichte der TAFEL-Reaktion

$$i_{0,T} = \vec{k}_T \cdot \Theta_{H,gl}^2 = \overleftarrow{k}_T (1 - \Theta_{H,gl})^2\, c_{H_2} \tag{6.8}$$

ein, so erhält man

$$i = i_{0,T} \cdot \left[\left(\frac{1 - \Theta_H}{1 - \Theta_{H,gl}}\right)^2 - \left(\frac{\Theta_H}{\Theta_{H,gl}}\right)^2\right]. \tag{6.9}$$

Hieraus folgt für $\Theta_H \to 0$ die anodische Grenzstromdichte

$$i_{gr,a} = \frac{i_{0,T}}{(1 - \Theta_{H,gl})^2} \tag{6.10}$$

Außerdem liefert Gl. (6.9) für $\Theta_H \to 1$ jedoch auch eine katodische Grenzstromdichte

$$i_{gr,k} = -\frac{i_{0,T}}{\Theta_{H,gl}^2}, \tag{6.11}$$

die der maximalen Stromdichte bei vollständiger Bedeckung der Oberfläche mit H-Atomen entspricht. Diese katodische Grenzstromdichte konnte allerdings bisher nicht sicher beobachtet werden.

Für die Konstante b der TAFEL-Gleichung (6.1) folgt aus Gl. (6.4) der Wert $2{,}303RT/(2F) = 0{,}029$ V (298 K). Dieser Wert wird auch experimentell vielfach bei Metallen mit sehr niedriger Überspannung, z. B. platiniertem Platin, gefunden. Bei höheren Überspannungen tritt jedoch meist ein viermal größerer Wert von b auf. Diese Unstimmigkeit führte dazu, nicht den Teilvorgang 3, sondern den Teilvorgang 2a als geschwindigkeitsbegrenzenden Teilschritt anzusehen (ERDEY-GRUZ, VOLMER 1930).

Die Entladung eines H^+-Ions durch ein Elektron, die sog. VOLMER-Reaktion, ist eine der am häufigsten sowohl experimentell als auch theoretisch untersuchten elektrochemischen Reaktionen.

Da es sich bei dem Vorgang $H^+ \cdot \text{solv} + e^- \rightarrow H_{ad}$ um eine Durchtrittsreaktion handelt, so erhält man für die Strom-Spannungs-Kurve bei kleinen Bedeckungsgraden unter Berücksichtigung der allgemeinen Beziehung (4.13 b)

$$i_V = -F \cdot \vec{k}_V \cdot c_{H^+}^{**} \cdot \exp\left(-\frac{(1-\alpha_V)\,F\eta_D}{RT}\right) + F\overleftarrow{k}_V\,\Theta_H \cdot \exp\left(\frac{\alpha_V F\eta_D}{RT}\right). \quad (6.12)$$

α_V ist der Durchtrittsfaktor der VOLMER-Reaktion, der in vielen Fällen annähernd den Wert 0,5 hat.

Nach Einführung der Austauschstromdichte $i_{0,V}$ der VOLMER-Reaktion

$$i_{0,V} = F \cdot \vec{k}_V c_{H^+,gl}^{**} = F \cdot \overleftarrow{k}_V \Theta_{H,gl} \quad (6.13)$$

kann Gl. (6.12) mit $c_{H^+}^{**} = c_{H^+,gl}^{**}$ auch in der Form

$$i_V = i_{0,V} \cdot \left[\frac{\Theta_H}{\Theta_{H,gl}} \cdot \exp\left(\frac{\alpha_V F\eta_D}{RT}\right) - \exp\left(-\frac{(1-\alpha_V)\,F\eta_D}{RT}\right)\right] \quad (6.14)$$

geschrieben werden, woraus sich für hinreichend hohe katodische Überspannungen schließlich die TAFEL-Gleichung

$$\eta_D = a - \frac{2{,}303RT}{(1-\alpha_V)\,F} \log|i| = a - b \log|i| \quad (6.15)$$

ergibt. Mit $\alpha_V = 0{,}5$ liefert Gl. (6.15) den experimentell vielfach (z. B. an Platin, Silber, Quecksilber, Kupfer, Eisen) beobachteten Wert $b = 2{,}303RT/(0{,}5F) = 0{,}117\,V$ (298 K).

In Gl. (6.12) ist noch nicht berücksichtigt worden, daß die VOLMER-Reaktion nur an den nicht besetzten Oberflächenstellen stattfinden kann, deren Anteil an der Gesamtfläche $(1 - \Theta_H)$ beträgt. Bei höheren Bedeckungsgraden muß daher in Gl. (6.12) der Ausdruck für die Geschwindigkeit der katodischen Teilreaktion noch mit dem Faktor $(1 - \Theta_H)$ multipliziert werden, so daß

$$i_V = -F \cdot \vec{k}_V (1 - \Theta_H)\, c^{**}_{H^+} \exp\left(-\frac{(1 - \alpha_V)\, F\eta_D}{RT}\right) + F \cdot \overleftarrow{k}_V \Theta_H \exp\left(\frac{\alpha_V F \eta_D}{RT}\right). \tag{6.16}$$

Für die VOLMER-Reaktion $H_2O + e^- \rightarrow H_{ad} + OH^- \cdot$ solv gilt entsprechend

$$i_V = -F \cdot \vec{k}_V (1 - \Theta_H)\, c^{**}_{H_2O} \exp\left(-\frac{(1 - \alpha_V)\, F\eta_D}{RT}\right) + F \cdot \overleftarrow{k}_V \Theta_H \cdot c^{**}_{OH^-} \exp\left(\frac{\alpha_V F \eta_D}{RT}\right). \tag{6.17}$$

Nach Einführung der Austauschstromdichten $i_{0,V}$ gehen beide Gleichungen in die Beziehung

$$\boxed{i_V = i_{0,V}\left[\frac{\Theta_H}{\Theta_{H,gl}} \exp\left(\frac{\alpha_V F\eta_D}{RT}\right) - \frac{1 - \Theta_H}{1 - \Theta_{H,gl}} \exp\left(-\frac{1 - \alpha_V)\, F\eta_D}{RT}\right)\right]} \tag{6.18}$$

über, wenn Θ_H und $\Theta_{H,gl}$ wieder die Bedeckungsgrade bei der Stromdichte i bzw. im Gleichgewicht bedeuten und $c^{**}_{H_2O}(z^{**}_{HO^-}) = c^{**}_{H_2O,gl}(c^{**}_{OH^-,gl})$ ist.

Bei gleichzeitiger Hemmung der VOLMER- und der TAFEL-Reaktion setzt sich die Gesamtüberspannung nach

$$\eta = \eta_D + \eta_R \tag{6.19}$$

additiv aus einem Durchtritts- und einem Reaktionsanteil zusammen. Eine explizite Darstellung von η als Funktion von i ist nur für $\alpha_V = 0{,}5$ möglich und liefert für sehr kleine Bedeckungsgrade

$$\eta = -\frac{RT}{2F} \ln\left(1 - \frac{i}{i_{gr,a}}\right) + \frac{RT}{0{,}5F} \operatorname{Ar\,sin\,h} \frac{i}{2 i_{0,V}(1 - i/i_{gr,a})^{1/4}}. \tag{6.20}$$

Hierbei entspricht der erste Summand dem Anteil der Reaktionsüberspannung und der zweite dem Anteil der Durchtrittsüberspannung.

Für große katodische Überspannungen geht Gl. (6.20) in die TAFEL-Gleichung (6.15) über, während für große anodische Überspannungen die Stromdichte der anodischen Reaktionsgrenzstromdichte $i_{gr,a}$ zustrebt.

6.3. Volmer-Heyrovsky-Mechanismus

Nach dem zuerst von HEYROVSKY angegebenen Mechanismus kann die Bildung der H_2-Moleküle aus den zuvor in der VOLMER-Reaktion entstandenen adsorbierten H-Atomen außer durch die TAFEL-Reaktion auch auf dem Wege

$$H_{ad} + H^+ \cdot \text{solv} + e^- \rightarrow H_2$$

bzw.

$$H_{ad} + H_2O + e^- \rightarrow H_2 + OH^- \cdot \text{solv}$$

erfolgen. Die HEYROVSKY-Reaktion ist ebenso wie die VOLMER-Reaktion eine Durchtrittsreaktion und wird gelegentlich auch als elektrochemische Desorption bezeichnet. Ihre Geschwindigkeit bzw. die ihr äquivalente Stromdichte beträgt unter Berücksichtigung der allgemeinen Beziehung (4.13b)

$$i_H = -F \cdot \vec{k}_H \cdot \Theta_H \cdot c^{**}_{H^+} \exp\left(-\frac{(1-\alpha_H)\,F\eta_D}{RT}\right) + F \cdot \overleftarrow{k}_H(1-\Theta_H)\,c^{**}_{H_2} \exp\left(\frac{\alpha_H F\eta_D}{RT}\right) \tag{6.21}$$

bzw.

$$i_H = -F \cdot \vec{k}_H \Theta_H c^{**}_{H_2O} \exp\left(-\frac{1-\alpha_H)\,F\eta_D}{RT}\right) + F\overleftarrow{k}_H(1-\Theta_H)\,c^{**}_{H_2} c^{**}_{OH^-} \exp\left(\frac{\alpha_H F\eta_D}{RT}\right). \tag{6.22}$$

Bei Verwendung der Austauschstromdichte $i_{0,H}$ im Gleichgewicht der HEYROVSKY-Reaktion folgt aus Gl. (6.21) und (6.22)

$$\boxed{i_H = i_{0,H}\left[\frac{1-\Theta_H}{1-\Theta_{H,gl}} \exp\left(\frac{\alpha_H F\eta_D}{RT}\right) - \frac{\Theta_H}{\Theta_{H,gl}} \cdot \exp\left(-\frac{(1-\alpha_H)\,F\eta_D}{RT}\right)\right]} \tag{6.23}$$

Der Durchtrittsfaktor α_H kann von dem Wert α_V der VOLMER-Reaktion verschieden sein.

Da die an der HEYROVSKY-Reaktion beteiligten adsorbierten H-Atome durch die VOLMER-Reaktion erzeugt bzw. verbraucht werden, so laufen beim VOLMER-HEYROVSKY-Mechanismus zwei Durchtrittsreaktionen nacheinander ab. Im stationären Zustand müssen beide Reaktionen die gleiche Geschwindigkeit haben, d. h., die Stromdichte ist für jede Reaktion $i_V = i_H = i/2$ (i — Gesamtstromdichte).

Für sehr kleine Bedeckungsgrade ($\Theta_H \ll 1$) folgt dann aus Gl. (6.18) und (6.23)

$$i = -2i_{0,V} \exp\left(-\frac{(1-\alpha_V)\,F\eta_D}{RT}\right) \cdot \frac{1-\exp\left(\dfrac{2F\eta_D}{RT}\right)}{1+\dfrac{i_{0,V}}{i_{0,H}}\exp\left(\dfrac{(1-\alpha_H+\alpha_V)\,F\eta_D}{RT}\right)} \tag{6.24}$$

Bei großen anodischen Überspannungen ($\eta_D \gg RT/F$) erhält man daraus

$$i = 2i_{0,H} \exp\left(\frac{\alpha_H F\eta_D}{RT}\right),$$

d. h., es tritt hier im Unterschied zum VOLMER-TAFEL-Mechanismus kein anodischer Grenzstrom auf.

Für große katodische Überspannungen geht Gl. (6.24) in die Beziehung

$$i = -2i_{0,V} \exp\left(-\frac{(1-\alpha_V)\,F\eta_D}{RT}\right)$$

über. Die Extrapolation von i auf $\eta_D = 0$ liefert hier nicht $i_{0,V}$, sondern $2i_{0,V}$.

Im Unterschied zum VOLMER-TAFEL-Mechanismus erhält man also aus anodischen und katodischen TAFEL-Geraden unterschiedliche Austauschstromdichten.

6.4. Adsorption des Wasserstoffs

Wie aus den vorangehenden Abschnitten zu ersehen ist, hängt die Kinetik der katodischen Wasserstoffentwicklung und insbesondere der anodischen Wasserstoffoxydation sehr wesentlich von dem Adsorptionsverhalten des Wasserstoffs ab. Wasserstoff adsorbiert besonders stark an den Platinmetallen, den Metallen der Eisengruppe (Fe, Co, Ni) und allen hydridbildenden Metallen, in geringerem Maße hingegen an Au, Ag, Cr, Cu u. a. und fast gar nicht an Hg. Bei gewöhnlicher Temperatur und hinreichend hoher Adsorptionswärme liegt der adsorbierte Wasserstoff überwiegend in atomarer Form vor [68].

Der Bedeckungsgrad Θ_H einer Metalloberfläche mit atomarem Wasserstoff kann durch die Aufnahme von sog. Ladekurven $\eta = f(\Delta q)$ bei konstanter Stromstärke ermittelt werden. Das Prinzip dieser Methode besteht darin, daß der adsorbierte Wasserstoff anodisch oxydiert wird und aus der hierfür benötigten Ladungsmenge Δq_H mit Hilfe des FARADAYschen Gesetzes die Wasserstoffmenge berechnet wird.

Der prinzipielle Verlauf einer (anodischen) Ladekurve ist in Abb. 6.1. dargestellt [69]. Im ersten flachen Anstieg (*A* bis *B*) erfolgt die Oxydation des adsorbierten Wasserstoffs zu H^+-Ionen. Ist dieser Vorgang beendet, so wird bei weiterer Ladungszufuhr zunächst nur der Doppelschichtkondensator weiter aufgeladen, bis die dabei ansteigende Überspannung zur Oxydation von OH^--Ionen oder H_2O-Molekülen ausreicht (Punkt *C*). Im anschließenden flachen Teil *C* bis *D* bildet sich dann zunächst eine Sauerstoffschicht (Chemiesorptions- oder Oxidschicht), während im letzten waagerechten Teil (*D* bis *E*) schließlich die Entwicklung von gasförmigem Sauerstoff stattfindet.

Zur Berechnung des wahren Bedeckungsgrads Θ_H muß die aus Δq_H ermittelte Menge an Wasserstoff durch die wahre Größe der Metalloberfläche (geometrische Oberfläche mal Rauhigkeitsfaktor) dividiert werden [70]. Bei den Edelmetallen (Pt, Pd, Ir, Au u. a.) kann man in der Regel annehmen, daß die im Teilstück *C* bis *D* der Ladekurve gebildete Sauerstoffschicht monoatomar ist und der Bedeckungsgrad daher unmittelbar aus der Beziehung

$$\Theta_H = \frac{2\Delta q_H}{\Delta q_o} \tag{6.26}$$

erhalten werden kann.

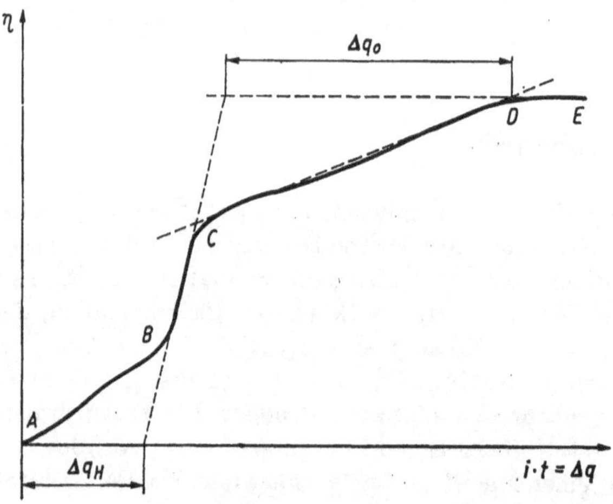

Abb. 6.1. Ladekurve an einer Platinelektrode in HCl-Lösung, ausgehend vom Gleichgewichtspotential einer mit adsorbiertem Wasserstoff belegten Platinoberfläche

Bei der Bestimmung von Θ_H ist stets dafür zu sorgen, daß keine nennenswerte Nachlieferung von Wasserstoff aus der Elektrolytlösung bzw. aus dem Inneren des Metalls erfolgen kann. Dieser Einfluß ist um so geringer, je größer die (anodische) Stromdichte und je kleiner infolgedessen die Elektrolysezeit gewählt wird.

Wenn die Stromrichtung an einem Punkt im Bereich des Abschnittes $A - B$ der Ladekurve umgekehrt wird, dann erhält man eine katodische Ladekurve (Reduktion von H^+-Ionen zu H-Atomen), die bei den Edelmetallen Pt oder Pd ziemlich genau den umgekehrten Verlauf wie die anodische Ladekurve aufweist. Daraus folgt, daß sich die Durchtrittsreaktion praktisch stets im Gleichgewicht befindet. Aus der Ladekurve kann dann unmittelbar der Zusammenhang zwischen Θ_H und dem Gleichgewichts-Elektrodenpotential erhalten werden.

Detailliertere Untersuchungen mit Hilfe der Dreieckspannungsmethode (s. dazu Abschn. 5.6.) lassen z. B. an Platin je zwei katodische und anodische Strompeaks erkennen, die mindestens zwei Arten von adsorbiertem atomaren Wasserstoff entsprechen. Aus dem Integral $q_H = \int i \cdot dt$ unter den Strompeaks und der Zahl der Oberflächenmetallatome pro Flächeneinheit läßt sich ebenfalls der Bedeckungsgrad Θ_H ermitteln. Für blanke Platinoberflächen beim Gleichgewichtspotential der Wasserstoffelektrode (1 atm Druck) erhält man auf diesem Wege $\Theta_H \approx 1$ (ein H-Atom pro Pt-Oberflächenatom). Analoge Messungen an rauhen Oberflächen erlauben die Bestimmung der wahren Oberfläche und damit auch des Rauhigkeitsfaktors.

Die skizzierte Verfahrensweise ist auch allgemeiner zur Ermittlung des Bedeckungsgrades Θ_i anderer adsorbierter (elektrochemisch inaktiver) Stoffe X_i von Interesse. Man ermittelt Θ_i aus der Differenz der q_H-Werte, die einmal mit und einmal ohne Anwesenheit von X_i in der Elektrolytlösung gemessen werden.

Die Adsorption des Wasserstoffs verläuft bei kleinen Bedeckungsgraden in der Regel nach der LANGMUIRschen Adsorptionsisotherme für den Vorgang $H_2 \rightleftharpoons 2\,H_{ad}$:

$$\Theta_H = \frac{b \cdot \sqrt{p_{H_2}}}{1 + b \cdot \sqrt{p_{H_2}}} \quad \text{bzw.} \quad \frac{\Theta_H}{1 - \Theta_H} = K_{ads} \cdot \sqrt{p_{H_2}}.$$

Bei mittleren Bedeckungsgraden wird hingegen vielfach ein langsamerer Anstieg von Θ_H mit p_{H_2} gemäß der TEMKIN-Isotherme Gl. (1.37) beobachtet [71]. Dieses Verhalten ist darauf zurückzuführen, daß die Metalloberflächen im allgemeinen energetisch inhomogen sind und die Adsorption bei niedrigen Gasdrücken zunächst vorwiegend an den aktivsten Stellen, mit zunehmendem Druck jedoch an immer weniger aktiven Stellen erfolgt (allmähliche Abnahme der Bindungsenergie). Außerdem können mit zunehmendem Bedeckungsgrad abstoßende Kräfte zwischen den adsorbierten Atomen wirksam werden.

Der Bedeckungsgrad Θ_H ist außer von der Überspannung, dem Wasserstoffdruck und der Art des Metalls auch noch beträchtlich von der Art der Lösungsbestandteile abhängig, da durch die spezifische Adsorption von Ionen oder Katalysatorgiften die Bindungsenergie der H-Atome an das Metall und die Zahl der aktiven Zentren auf der Oberfläche verändert werden.

6.5. Einfluß des Elektrodenmetalls und des pH-Wertes

Die Austauschstromdichten i_0 der Wasserstoffreaktion als Maß für deren Geschwindigkeit variieren je nach Art des Metalls in dem weiten Bereich von etwa $10^{-2} \ldots 10^{-13}$ A/cm². Im wesentlichen gleichsinnig dazu ändert sich die Wasserstoffüberspannung η bei einer Stromdichte von ungefähr -1 mA/cm² von etwa $0 \cdots -1{,}5$ V. Eine genaue Reihenfolge der Metalle ist nur schwerlich angebbar, da i_0 und η stark von der Reinheit und Vorbehandlung der Metalloberfläche sowie der Zusammensetzung der Elektrolytlösung abhängen. So verursachen bestimmte Anionen z. B. in der Reihenfolge SO_4^{2-}, Cl^-, Br^-, I^- zunehmende Hemmungserscheinungen. Auch „Elektrodengifte" oder katalysierende Verunreinigungen können die Wasserstoffreaktion deutlich beeinflussen. Grob kann unterschieden werden zwischen den Edelmetallen mit besonders kleiner Überspannung ($\eta \approx 0 \cdots -200$ mV), einer Gruppe von Metallen wie Quecksilber, Blei und Zink mit besonders hoher Überspannung ($\eta \approx -600 \cdots -1500$ mV) und einer mittleren Gruppe mit z. B. Eisen und Kupfer ($\eta \approx -300 \cdots -500$ mV).

Wie schon die Bruttoreaktionen (r_1) und (r_2) vermuten lassen, erweist sich als weitere Einflußgröße bezüglich der Austauschstromdichte der jeweilige pH-Wert der Elektrolytlösung. Entsprechend Gl. (4.28) gilt allgemein für eine Redoxreaktion

$$\ln i_0 = \ln i_{00} + (1 - \alpha) \cdot \ln c_o^{\mathrm{II}} + \alpha \cdot \ln c_r^{\mathrm{II}}.$$

Daraus folgt für den Fall einer geschwindigkeitsbestimmenden Volmer-Reaktion für saure Lösungen ($H^+ \cdot \mathrm{solv} + e^- \rightleftharpoons H_{ad}$)

$$\ln i_{0,V} = \ln i_{00,V} + (1 - \alpha_V) \cdot \ln c_{\mathrm{H}^+}^{\mathrm{II}} + \alpha_V \cdot \ln \Theta_{\mathrm{H},gl}$$

und für alkalische Lösungen ($H_2O + e^- \rightleftharpoons H_{ad} + OH^- \cdot \mathrm{solv}$)

$$\ln i_{0,V} = \ln i_{00,V} + (1 - \alpha_V) \cdot \ln c_{\mathrm{H_2O}} + \alpha_V \cdot \ln (c_{\mathrm{OH}^-}^{\mathrm{II}} \cdot \Theta_{\mathrm{H},gl}).$$

Unter der Voraussetzung, daß im betrachteten pH-Bereich der Gleichgewichts-Bedeckungsgrad $\Theta_{\mathrm{H},gl}$ pH-unabhängig ist, erhält man dann folgendes Ergebnis: Die Austauschstromdichte i_0 steigt im sauren Bereich mit abnehmendem pH-Wert und im alkalischen Bereich mit zunehmendem pH-Wert an. Im mittleren pH-Bereich durchläuft i_0 somit ein Minimum. Diese Erwartung wird an Elektrokatalysatoren, wie z. B. Platin, experimentell erfüllt [67].

7. Die Sauerstoffelektrode

Sehr häufig auftretende elektrochemische Reaktionen von großem praktischen Interesse (Korrosion, Wasserelektrolyse, Brennstoffzellen u. a.) sind die anodische Oxydation von H_2O-Molekülen oder OH^--Ionen bzw. die katodische Reduktion von Sauerstoff. Je nach dem pH-Wert der Elektrolytlösung sind die Bruttoreaktionsgleichungen

$$2\,H_2O(II) \rightleftharpoons O_2(II) + 4\,H^+(II) + 4e^-(I) \quad (U^0_{SHE} = 1{,}23\ V) \qquad (r_1)$$

bzw.

$$4\,OH^-(II) \rightleftharpoons O_2(II) + 2\,H_2O(II) + 4e^-(I) \quad (U^0_{SHE} = 0{,}401\ V) \qquad (r_2)$$

zu betrachten. Bei den meisten Metallen ist der Ablauf der Reaktionen (r_1) und (r_2) auf Grund sehr kleiner Austauschstromdichten allerdings stark gehemmt [72], so daß schon die Einstellung des Gleichgewichts-Elektrodenpotentials

$$U_{gl} = U^0 + \frac{RT}{4F} \ln p_{O_2} + \frac{RT}{F} \ln a_{H^+} - \frac{RT}{2F} \ln a_{H_2O}$$

$$= U^{0\prime} + \frac{RT}{4F} \ln p_{O_2} - \frac{RT}{F} \ln a_{OH^-} + \frac{RT}{2F} \ln a_{H_2O}$$

nur unter besonderen Bedingungen (z. B. Aktivierung der Metalloberfläche durch gründliche katodische und anodische Vorelektrolyse oder mechanische Oberflächenerneuerung) möglich ist.

Im Anfangsstadium der Reaktionen (r_1) und (r_2) tritt der Sauerstoff an einer freien Metalloberfläche in der Regel zunächst nicht gasförmig auf, sondern wird zur Ausbildung einer Chemisorptions- oder Oxiddeckschicht verbraucht. Die Dicke solcher Schichten schwankt zwischen einer monoatomaren Bedekkung und etwa 10 nm [73].

Die Eigenschaften der Sauerstoff-Deckschichten bestimmen sehr wesentlich den weiteren Verlauf der Reaktionen (r_1) und (r_2), da diese (ebenso wie irgendwelche anderen Redox-Reaktionen) schließlich nicht mehr an der freien

Metalloberfläche sondern an der Deckschichtoberfläche stattfinden. Dazu muß die Deckschicht vor allem elektronenleitend sein, damit die freiwerdenden Elektronen in das Metall abfließen können (bei den Oxidschichten auf Al, Ta, Ti u. a. ist diese Voraussetzung z. B. nicht gegeben).

7.1. Die anodische Sauerstoffentwicklung

Für eine merkliche anodische Sauerstoffentwicklung sind im allgemeinen relativ hohe Mindestüberspannungen η_{min} erforderlich, die in der Reihenfolge Co < Fe < Ni < Cd < Pb < Pd < Au < Pt zunehmen. Bei einer Stromdichte von etwa 10^{-5} A beträgt η_{min} z. B. an Co, Fe oder Cu ungefähr 0,3 V, an blankem Pt oder Au ungefähr 0,5···0,7 V.

Die Stromdichteabhängigkeit folgt bei genügend langer Vorpolarisation (Bildung einer definierten Oxidschicht) häufig einer TAFEL-Gleichung $\eta = a + b \cdot \log i$ mit einem b-Wert von etwa 0,12 V ($\approx 2{,}303RT/(\alpha F)$ mit $\alpha = 0{,}5$). Bei ungenügender Vorpolarisation können während der Aufnahme der Strom-Spannungs-Kurven beträchtliche Verzerrungen und auch sprunghafte Änderungen des Kurvenverlaufs auftreten. Diese Erscheinungen sind vorwiegend auf Änderungen der Oxidschichteigenschaften zurückzuführen, die manchmal sogar mit dem bloßen Auge zu erkennen sind.

Besonders zu beachten ist die vielfach ausgeprägte Zeitabhängigkeit der Sauerstoffüberspannung. Häufig nimmt die Überspannung anfangs etwa linear mit dem Logarithmus der Elektrolysedauer zu und nähert sich dann einem Grenzwert, der jedoch meist nur schwierig zu bestimmen ist.

Charakteristisch für die Sauerstoffüberspannung scheint weiterhin eine nur geringe pH-Abhängigkeit zu sein. Hingegen ist vielfach ein großer Einfluß von Fremdionen, oberflächenaktiven Stoffen und vom Lösungsmittel beobachtet worden. Alle diese Einflüsse sind jedoch sowohl experimentell als auch theoretisch noch unzureichend geklärt.

Mit steigender Temperatur nimmt die Sauerstoffüberspannung im allgemeinen ab. An Pt ist bei konstant gehaltenem Elektrodenpotential z. B. ein linearer Zusammenhang zwischen $\log i$ und $1/T$ gefunden worden.

Der Reaktionsmechanismus der anodischen Sauerstoffentwicklung muß als noch nicht endgültig geklärt angesehen werden. Auf jeden Fall verläuft die Bruttoreaktion (r_1) bzw. (r_2) über eine kompliziertere Folge von Teilschritten als die Wasserstoffentwicklung, wobei vor allem folgende Mechanismen möglich erscheinen [80]: Der primäre und zumindest an Platin und anderen Edelmetallen geschwindigkeitsbestimmende Vorgang besteht wahrscheinlich in der Oxydation eines H_2O-Moleküls bzw. OH^--Ions zu einem adsorbierten

OH-Radikal. Für den weiteren Verlauf kann im einzelnen folgendes Reaktionsschema zugrunde gelegt werden:
In sauren Lösungen:

$$\begin{array}{lcl}
4\cdot(H_2O \rightarrow OH_{ad} + H^+ + e^-) & \text{oder} & 2(H_2O \rightarrow OH_{ad} + H^+ + e^-) \\
2\cdot(2\,OH_{ad} \rightarrow H_2O + O_{ad}) & & 2(OH_{ad} \rightarrow O_{ad} + H^+ + e^-) \\
\quad 2\,O_{ad} \rightarrow O_2 & & 2\,O_{ad} \rightarrow O_2 \\
\hline
2\,H_2O \rightarrow O_2 + 4\,H^+ + 4e^- & & 2\,H_2O \rightarrow O_2 + 4\,H^+ + 4e^-
\end{array}$$

in alkalischen Lösungen:

$$\begin{array}{lcl}
4\cdot(OH^- \rightarrow OH_{ad} + e^-) & \text{oder} & 2(OH^- \rightarrow OH_{ad} + e^-) \\
2\cdot(2\,OH_{ad} \rightarrow H_2O + O_{ad}) & & 2(OH_{ad} + OH^- \rightarrow O_{ad} + H_2O + e^-) \\
\quad 2\,O_{ad} \rightarrow O_2 & & \quad 2\,O_{ad} \rightarrow O_2 \\
\hline
4\,OH^- \rightarrow O_2 + 2\,H_2O + 4e^- & & 4\,OH^- \rightarrow O_2 + 2\,H_2O + 4e^-
\end{array}$$

Es ist nicht auszuschließen, daß noch weitere adsorbierte Zwischenstufen durchlaufen werden, z. B. $2\,OH_{ad} \rightarrow H_2O_{2ad}$ und $H_2O_{2ad} \rightarrow O_2 + 2\,H^+ + 2e^-$, wenngleich auch der Nachweis von Peroxiden bei der Sauerstoffentwicklung bisher nicht gelungen zu sein scheint.

Nach einem anderen Mechanismus könnte der gasförmige Sauerstoff auch aus der primär auf der Metalloberfläche gebildeten Oxidschicht abgespalten werden. Der Reaktionsablauf wäre dann allgemein z. B. durch das Schema

$$\begin{array}{l}
2\,MeO + 2\,H_2O \rightleftharpoons 2\,MeO_2 + 4\,H^+ + 4e^- \\
2\,MeO_2 \rightleftharpoons 2\,MeO + O_2 \\
\hline
2\,H_2O \rightleftharpoons O_2 + 4\,H^+ + 4e^-
\end{array}$$

gegeben [81].

7.2. Die katodische Sauerstoffreduktion

Der elektrochemischen Reduktion des Sauerstoffs zu H_2O bzw. OH^- ist die Diffusion der gelösten O_2-Moleküle an die Elektrodengrenzfläche vorgelagert. Ist diese geschwindigkeitsbestimmend, so wird der Umsatz gemäß Gl. (4.31) durch die Diffusionsgrenzstromdichte

$$i_{O_2,gr} = -4FD_{O_2} \cdot \frac{c^{II}_{O_2}}{\delta}$$

begrenzt. Für luftgesättigte wäßrige Lösungen ergeben sich z. B. daraus für 298 K mit $D_{O_2} \approx 10^{-5}\,\mathrm{cm^2/s}$ und $c_{O_2}^{II} \approx 2 \cdot 10^{-7}\,\mathrm{mol/cm^3}$ Grenzstromdichten zwischen etwa 0,01 mA/cm² bei ruhenden Lösungen und etwa 1 mA/cm² bei sehr stark bewegten Lösungen.

Nach seinem Antransport muß das O_2-Molekül mit der Elektrodenoberfläche (z. B. Me) in hinreichend starke Wechselwirkung treten, d. h. chemisorbiert werden, um die O=O-Bindung zu schwächen und letztlich ihre reduktive Aufspaltung unter H_2O- bzw. OH^--Bildung zu ermöglichen. Dies kann in unterschiedlicher Weise erfolgen.

Die Adsorption an einem Ende des O_2-Moleküls

Me—O
    \
     O

(Winkel 120°) erhält eine der beiden O=O-Bindungen relativ ungeschwächt, so daß bei der elektrochemischen Reduktion gemäß den Bruttogleichungen

$$O_{2,ad} + 2\,H^+ + 2e^- \rightarrow H_2O_{2,ad}$$

bzw.

$$O_{2,ad} + H_2O + 2e^- \rightarrow HO^-_{2,ad} + OH^-$$

zunächst die Bildung von Wasserstoffperoxid bzw. Peroxidionen begünstigt wird. Diese können desorbieren [$H_2O_{2,ad}(HO^-_{2,ad}) \rightarrow H_2O_2 \cdot \mathrm{solv}\ (HO_2^- \cdot \mathrm{solv})$] oder nach

$$H_2O_{2,ad} + 2\,H^+ + 2e^- \rightarrow 2\,H_2O$$

bzw.

$$HO^-_{2,ad} + H_2O + 2e^- \rightarrow 3\,OH^-$$

weiterreagieren, so daß die Sauerstoffreduktion insgesamt in zwei aufeinanderfolgenden 2-Elektronenprozessen mit H_2O_2 bzw. HO_2^- als Zwischenprodukt abläuft.

Bestimmungen der Austauschstromdichten und deren pH-Abhängigkeit z. B. am Platin machen für die Peroxid-Bildung folgenden Ablauf der Elektronenübergänge wahrscheinlich:

$$O_{2,ad} + H^+ \rightarrow HO^+_{2,ad}$$
$$HO^+_{2,ad} + e^- \rightarrow HO_{2,ad}$$
$$HO_{2,ad} + H^+ + e^- \rightarrow H_2O_{2,ad} \rightarrow H_2O_2 \cdot \mathrm{solv}$$

bzw.

$$O_{2,ad} + e^- \rightarrow O^-_{2,ad}$$
$$O^-_{2,ad} + H_2O \rightarrow HO_{2,ad} + OH^-$$
$$HO_{2,ad} + e^- \rightarrow HO^-_{2,ad} \rightarrow HO_2^- \cdot \mathrm{solv}.$$

Der jeweils erste Elektronenübergang ist geschwindigkeitsbestimmend.

Bei der Adsorption des O_2-Moleküls an beiden Enden entsprechend

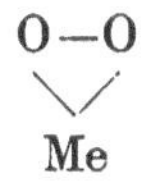

oder bei passendem Abstand der Adsorptionszentren in der Form

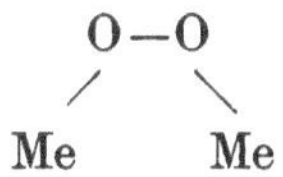

wird infolge Bindungsdehnung auch die zweite Bindung im O_2-Molekul geschwächt und dadurch die direkte Reduktion in einem 4-Elektronenprozeß gefördert:

$$O_{2,ad} + 4H^+ + 4e^- \rightarrow 2H_2O$$

bzw.

$$O_{2,ad} + 2H_2O + 4e^- \rightarrow 4OH^-.$$

Natürlich erfolgen auch hier die Elektronenübergänge nicht sämtlich gleichzeitig, sondern z. B. nach

$$O_{2,ad} \xrightarrow[2e^-]{2H^+} 2OH_{ad} \xrightarrow[2e^-]{2H^+} 2H_2O.$$

Die oben skizzierten Mechanismen und die Kinetik der Sauerstoffreduktion für die verschiedensten Elektrodenmaterialien und Versuchsbedingungen sind vielfach untersucht worden, vor allem mit rotierenden Scheiben-Ring-Elektroden (siehe dazu Abschn. 5.2.2.). Insbesondere betrifft dies die Unterscheidung zwischen dem 2- und 4-Elektronenprozeß durch Bestimmung des Verhältnisses der Stromdichten i_2 und i_4, die der Reduktion von O_2 einerseits zum Zwischenprodukt H_2O_2 (bzw. HO_2^-) und andererseits direkt zu H_2O (bzw. OH^-) zuzuordnen sind.

Erfolgt die O_2-Reduktion an der Scheibe, so ergibt sich die Scheibenstromdichte zu $i_S = i_2 + i_4$. Das dabei gebildete Zwischenprodukt wird entsprechend dem Übertragungsverhältnis N teilweise zum Ring transportiert und kann dort bei einem Potential im Grenzstrombereich anodisch wieder aufoxydiert werden. Für die Ringstromdichte gilt dann $i_R = N \cdot i_2$, woraus i_2 und schließlich $i_4 = i_S - i_2$ ermittelt werden können. Ein Verhältnis $i_2/i_4 \ll 1$, wie z. B. am Platin im Grenzstrombereich der O_2-Reduktion, besagt, daß letztere nahezu vollständig über den 4-Elektronenprozeß verläuft. Bei positiveren Scheibenpotentialen im TAFEL-Bereich der O_2-Reduktion tritt zunehmend stärker der 2-Elektronenprozeß in Erscheinung, was auf eine ansteigende Bedeckung der Platinoberfläche mit adsorbiertem Sauerstoff bzw. Platinoxiden zurückgeführt werden könnte. Auch an den anderen Platinmetallen und am Silber laufen der 2- und 4-Elektronenprozeß nebeneinander ab. An Quecksilber hingegen erfolgt die Sauerstoffreduktion vollständig, an Graphitelektroden und Gold überwiegend über die Bildung von H_2O_2 bzw. HO_2^-.

Zusätzlich zu den oben geschilderten Reaktionsabläufen sind bei einer eingehenderen kinetischen und mechanistischen Analyse von Fall zu Fall noch eine Reihe weiterer Teilvorgänge zu berücksichtigen, z. B. der chemische Zerfall von Peroxid nach $2H_2O_2\,(2HO_2^-) \rightarrow O_2 + 2H_2O\,(2OH^-)$ an der Elektrodenoberfläche oder in der Lösung (Erniedrigung des Übertragungsverhältnisses N), die anodische Rückreaktion $H_2O_2 \rightarrow O_2 + 2H^+ + 2e^-$, die Adsorption des O_2 (Einfluß des Bedeckungsgrades Θ_O auf die Durchtrittsreaktionen und den Peroxidzerfall) sowie die Adsorption von Anionen (Erhöhung der Überspannung in der Reihenfolge der Adsorbierbarkeit der Anionen $ClO_4^- < SO_4^{2-} < Cl < Br$).

7.3. Bildung und Abbau von Sauerstoff-Deckschichten

Für die Aufklärung des Vorgangs der Deckschichtbildung können in vielen Fällen wieder die Aufnahme von galvanostatischen Ladekurven und die Dreieckspannungsmethode wesentliche Beiträge liefern [74]. Aus der (schematischen) Abb. 7.1. ist ersichtlich, daß bei anodischer Polarisation eines Metalls die Neigung der Ladekurve nach einem anfänglichen Steilanstieg, der der Umladung des Doppelschichtkondensators entspricht, am Punkt A eine deutliche Veränderung erfährt. Von diesem Punkt an wird die weiterhin zugeführte Ladungsmenge bis zum Punkt B vorwiegend zur Ausbildung der Sauerstoff-Deckschicht nach der allgemeinen stöchiometrischen Umsatzgleichung $H_2O \rightarrow O$ (Deckschicht) $+ 2H^+ + 2e^-$ bzw. $2OH^- \rightarrow O$ (Deckschicht) $+ H_2O + 2e^-$ verbraucht. Im Punkt B ist der Aufbau der Schicht beendet; bei weiterer Ladungszufuhr erfolgt schließlich die Entwicklung von gasförmigem Sauerstoff.

Eine eindeutige Analyse der Ladekurve in dem angegebenen Sinne ist jedoch nur dann möglich, wenn keine Nebenreaktionen (z. B. anodische Auflösung des Metalls oder Oxydation von eventuell vorhandenem Wasserstoff) stattfinden können.

Wenn man bei einem Elektrodenpotential im Bereich des Abschnitts $A - B$ die Stromrichtung umkehrt, so wird die jeweils vorhandene Sauerstoffschicht wieder abgebaut. Die dabei registrierte katodische Ladekurve verläuft infolge

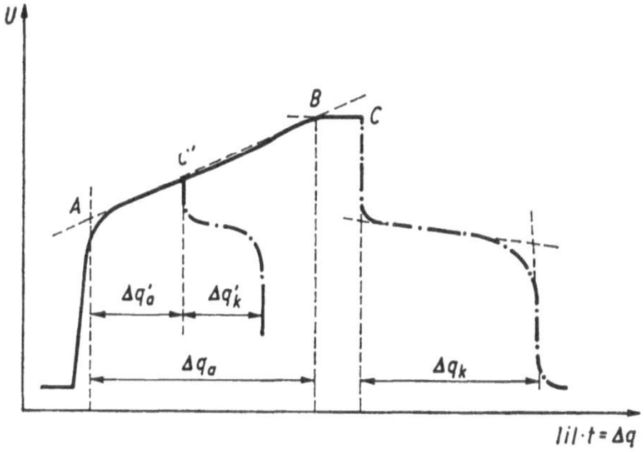

Abb. 7.1. Anodische und katodische Ladekurven beim Auf- bzw. Abbau von Sauerstoff-Deckschichten

——— anodisch; —·— kathodisch

größerer Überspannungen (abhängig von der gewählten Stromdichte) zumeist nicht symmetrisch zur anodischen Ladekurve, sondern der Abbau der Schicht erfolgt bei negativeren Potentialen als der Aufbau.

Aus der Größe der Ladungsmengen Δq_a ($\Delta q_a'$) bzw. Δq_k ($\Delta q_k'$) kann man die Sauerstoffmengen ermitteln, die sich an den Punkten C (C') auf der Metalloberfläche befinden. Dabei ist jedoch zu beachten, daß die Reduktion des Sauerstoffs insbesondere bei kleinen Stromdichten häufig nur bis zum H_2O_2 erfolgt, so daß die katodisch gemessenen Ladungsmengen einen zu kleinen Wert für die Sauerstoffbedeckung liefern [75].

Außerdem kann die Reproduzierbarkeit von Ladekurven dadurch erschwert werden, daß sich ein Teil des Sauerstoffs im Metall löst oder seine Bindungsfestigkeit mit der Zeit verändert. In manchen Fällen wird z. B. beobachtet, daß mit zunehmender Zeit immer negativere Elektrodenpotentiale zur Reduktion des Sauerstoffs erforderlich werden. Dies weist darauf hin, daß die Bindung zwischen Metall und Sauerstoff mit der Zeit fester wird.

Die dem Auf- bzw. Abbau der Sauerstoffschichten entsprechenden Abschnitte der Ladekurve verlaufen annähernd linear. Sowohl im anodischen als auch im katodischen Bereich besteht zwischen dem Elektrodenpotential und der Stromdichte (für gleiche geflossene Ladungsmengen) ungefähr eine Tafelsche Beziehung $|\eta| = a + b \cdot \log |i|$ mit einem b-Wert von etwa $\pm 0{,}1$ V.

Bemerkenswert ist die pH-Abhängigkeit der Ladekurve. In der Regel verschieben sich die Ladekurven bei pH-Änderungen um annähernd 59 mV/pH (298 K), d. h. wie das Gleichgewichts-Elektrodenpotential der Sauerstoff-

Elektrode. Die Form der Kurven bleibt hingegen weitgehend erhalten. Dieser Befund legt den Schluß nahe, daß bei Aufnahme der Ladekurven Gleichgewichtszustände durchlaufen werden. Dieser Auffassung steht jedoch einerseits die starke Stromdichte-Abhängigkeit des Elektrodenpotentials und andererseits die unterschiedlichen Lagen und Neigungen der anodischen und katodischen Kurven entgegen.

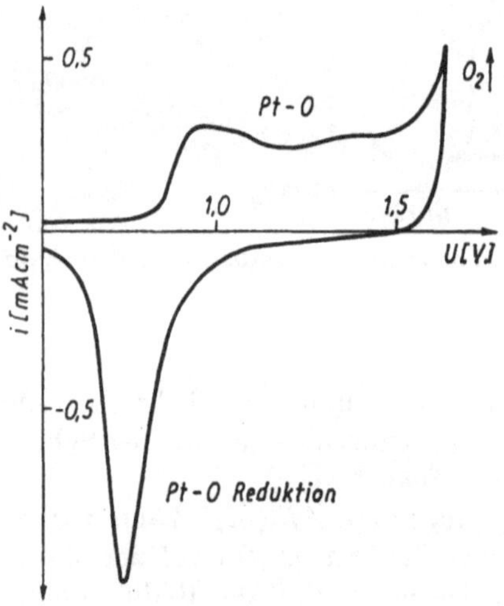

Abb. 7.2. Deckschicht-Diagramm für blanke Platinelektroden in sauerstofffreien H_2SO_4-Lösungen bei 298 K.
Potentialvorschubgeschwindigkeit: 100 mV/s; Potentiale bezogen auf das Gleichgewichts-Potential einer Wasserstoffelektrode (1 atm Druck) in der gleichen Lösung

Im Dreieckspannungs-Diagramm äußert sich der Auf- und Abbau von Sauerstoff-Deckschichten im Auftreten von anodischen bzw. katodischen Stromdichtemaxima (Abb. 7.2.). Ausgehend vom gleichen bedeckungsfreien Anfangszustand der Elektrode wie in Abb. 7.1. fließt bei Potentialänderung in anodischer Richtung zunächst nur ein für die Umladung der elektrochemischen Doppelschicht erforderlicher kapazitiver Strom. Seine Dichte hängt nach $i_c = C_D(\partial U/\partial t)$ von der Doppelschichtkapazität C_D und der Potentialvorschubgeschwindigkeit $\partial U/\partial t$ ab. Mit Beginn der Sauerstoffbedeckung, z. B. am Platin nach $Pt + H_2O \rightarrow PtO + 2H^+ + 2e^-$, nimmt die Stromdichte zu und durchläuft danach ein Maximum. Bei hinreichend positiven Potentialen kann schließlich die einsetzende Sauerstoffentwicklung zu einem erneuten Stromanstieg führen. Beim Rücklauf des Potentials in katodische Richtung wird die Sauerstoffdeckschicht wieder reduziert, was mit dem Auftreten eines katodischen Stromdichtemaximums verbunden ist.

Die für die Deckschichtbildung (Stromdichte i_S) verbrauchte Ladungsmenge Δq_a und damit die in der Deckschicht akkumulierte Sauerstoffmenge ergibt sich aus $\Delta q_a = \int i_S(U) \cdot dt = \int C_S(U) \cdot dU$. Sie kann direkt coulometrisch gemessen oder durch nachträgliche Integration aus dem Diagramm ermittelt werden. $C_S(U) = \partial q/\partial U = i_S/(\partial U/\partial t)$ wird auch als differentielle Deckschichtkapazität bezeichnet.

Wenn der Auf- bzw. Abbau der Sauerstoffbelegung bis zu deren potentialabhängigem Gleichgewicht hinreichend rasch verläuft, d. h., die Potentialvorschubgeschwindigkeit $\partial U/\partial t$ demgegenüber genügend klein ist, dann sind die zugehörigen Stromdichten proportional zu $\partial U/\partial t$. Bei höheren Vorschubgeschwindigkeiten steigen sie langsamer an und werden zunehmend von der mit $\partial U/\partial t$ linear ansteigenden kapazitiven Stromdichte i_c überlagert. Außerdem verschieben sich die Stromdichtemaxima in Richtung größerer Überspannungen.

Die Form der Deckschichtdiagramme hängt ganz wesentlich vom Elektrodenmaterial ab, in geringerem Maße auch von der gewählten Elektrolytlösung. Dies betrifft u. a. auch die Lage und Breite der belegungsfreien Potentialbereiche (Bereiche der alleinigen Doppelschichtumladung: $i = i_c$), in denen elektrochemische Reaktionen ohne störende Deckschichteinflüsse untersucht werden können. In dieser Hinsicht erweist sich insbesondere Gold als vorteilhaft.

7.4. Die Bindungsverhältnisse in der Sauerstoff-Deckschicht

Die Bindung zwischen einer Metalloberfläche und einem Sauerstoffatom trägt polaren Charakter, d. h., bei der Adsorption von Sauerstoffatomen entsteht in der Phasengrenzfläche eine zusätzliche Dipolschicht. Infolgedessen verändern sich analog wie bei der spezifischen Adsorption von Ionen oder Dipolmolekülen der Potentialverlauf und die Ladungsverteilung in der Doppelschicht. Diese Veränderungen und außerdem die gleichzeitige Blockierung eines Teils der freien Metalloberfläche beeinflussen in starkem Maße die kinetischen Erscheinungen. Das Studium der Sauerstoffschichten (Chemisorptions- oder Oxidschichten) auf Metall- oder auch Halbleiteroberflächen ist daher für die elektrochemische Kinetik von hervorragendem Interesse.

In der Regel tritt bei der Adsorption von Sauerstoff an Metallen eine Zunahme der Elektronenaustrittsarbeit [76] und eine Verschiebung des Nullladungspotentials nach positiveren Werten ein. Daraus geht hervor, daß die Sauerstoffatome das negative Ende der Dipolschicht bilden. Erfolgt die Adsorption des Sauerstoffs bei höheren Temperaturen, so kann man jedoch in einigen Fällen (z. B. beim Eisen) beobachten, daß die Elektronenaustrittsarbeit abnimmt. Die wahrscheinlichste Erklärung dafür besteht darin, daß bei genügend hoher Temperatur die Metallatome durch die Sauerstoffschicht nach außen wandern, wodurch sich die Richtung des Dipol-Potentialsprunges umkehrt.

Bei Erhöhung der adsorbierten Sauerstoffmenge nimmt die Wechselwirkung zwischen den Me—O-Gruppen an der Oberfläche des Metalls ständig zu und die anfängliche Adsorptionsschicht nimmt allmählich die Eigenschaften einer neuen Phase, einer Oxid- oder auch Oxidhydrat-Phase, an. Dies kann auch schon der Fall sein, ehe eine vollständig ausgebildete monoatomare Sauerstoffschicht erreicht ist. Im Gleichgewicht muß dann das Elektrodenpotential unabhängig von der Menge des Oxids sein, so daß die anodische bzw. katodische Ladekurve bei hinreichend kleinen Stromdichten eine horizontale Stufe aufweist. Die Länge dieser Stufe wird durch die Menge des entstehenden bzw. abgebauten Oxids bestimmt.

Häufig treten jedoch auch hier Hemmungserscheinungen auf. So kann z. B. insbesondere der Beginn des Reduktionsvorgangs bei vollständiger Bedeckung der Metalloberfläche mit Oxid erschwert sein, so daß das Elektrodenpotential anfangs negativere Werte annimmt und erst später wieder auf die dem Gleichgewicht entsprechenden positiveren Werte zurückgeht.

Die Bildung einer Oxidschicht kann allgemein erst beginnen, wenn das Potential der Metallelektrode einen genügend positiven Wert erreicht hat. Der erforderliche Mindestwert liegt infolge von Hemmungserscheinungen meist positiver als der Gleichgewichtswert der entsprechenden Metalloxid-Elektrode. Über die Wachstumsgesetze für die Schichten vgl. Kap. 9.

7.5. Zur Untersuchung von Oxidschichten

Sehr dünne Oxidschichten sind gewöhnlich mit bloßem Auge nicht zu erkennen. So ist beispielsweise die glänzende Oberfläche von Eisen oder Stahl unter üblichen Bedingungen stets mit einer Oxidhaut bedeckt. Die Bildung einer solchen Haut bei Berührung des Metalls mit Luft (Luftoxidschicht: Dicke 4···6 nm) läßt sich durch einen einfachen Versuch nachweisen. Bekanntlich wird eine gewöhnliche Eisenoberfläche von Quecksilber nicht benetzt. Zerbricht man jedoch ein in Quecksilber getauchtes Eisenstück, so daß es nicht mit Luft in Berührung kommt, dann wird die frische Bruchstelle sofort benetzt.

Zur näheren Untersuchung kann die Oxidschicht in manchen Fällen isoliert werden („stripping"-Prozeß), indem man das darunter liegende Metall durch geeignete Reagentien (z. B. trockene Iod-Methanol-Lösung), die das Oxid nicht angreifen, auflöst. Bei diesem Verfahren besteht jedoch die Gefahr, daß der Zustand des Oxids bei der Abtrennung verändert wird. Vielfach ist daher die direkte Untersuchung der aufgewachsenen Schicht erforderlich [77].

Die Schichtdicke kann auf optischem Wege durch Messung der Polarisationsänderungen im reflektierten Licht (z. B. Ellipsometrie) oder auf Grund von Interferenzerscheinungen (Interferenzfarben) bestimmt werden.

Schichten, die den elektrischen Strom schlecht leiten, machen sich durch eine Verminderung der Elektrodenkapazität bemerkbar, da die Elektronen im Metall und die Ionen in der Lösung einen von der Schichtdicke abhängigen größeren Abstand (δ) voneinander einnehmen [78]. Ist die Schichtdicke z. B. 2 nm und die Dielektrizitätskonstante (ε) gleich 5, so beträgt die Kapazität ($K = 4\pi\varepsilon_0/\delta$) ungefähr 2 $\mu F/cm^2$ gegenüber 10···20 $\mu F/cm^2$ für die Doppelschichtkapazität an der Grenzfläche Metall/Lösung.

Bei der Bestimmung der Schichtdicke durch Kapazitätsmessungen ist jedoch zu beachten, daß die Schicht häufig Poren enthält. Reichen auch nur wenige Poren bis an die Metalloberfläche, so wird dadurch eine bedeutende Kapazitätserhöhung hervorgerufen. Das Vorhandensein von Poren kann z. B. aus elektronenmikroskopischen Aufnahmen erkannt werden.

Zur Untersuchung der Kristallstruktur von aufgewachsenen Oxidschichten sind vor allem Elektronenbeugungsaufnahmen von Interesse. Im Unterschied zu den Röntgenstrahlen dringt ein Elektronenstrahlbündel nur bis zu einer wesentlich geringeren Tiefe in die Elektrode ein, so daß aus den Interferenzlinien noch deutlich die Kristallstruktur sehr dünner Schichten ($\approx$ 2 nm) ermittelt werden kann. Durch Verwendung extrem langsamer Elektronen (20···100 eV; *LEED*) mit entsprechend geringerer Eindringtiefe sind genauere Angaben auch über die besondere Struktur nur weniger Atomlagen am äußersten Rand der Schicht möglich geworden [79].

Aus Elektronenbeugungsaufnahmen hat sich ergeben, daß in vielen Fällen der Gitteraufbau der Oxidschicht mit dem Gitteraufbau des Grundmetalls weitgehend übereinstimmt, auch wenn die normale Kristallstruktur des Oxids von der des Metalls verschieden ist. Das Grundmetall übt somit eine orientierende Wirkung aus, die zu einer festen Haftung der Schicht auf der Metalloberfläche führt.

Abschließend sei hier nur noch auf einige oberflächenanalytische Methoden hingewiesen, auf die zur Aufklärung von oxidischen Deckschichten zurückgegriffen wird: In-situ-Methoden: Reflexionsspektroskopie und Mössbauer-Spektroskopie; ex-situ-Methoden: Elektronenspektroskopie für die chemische Analyse (*ESCA-UPS*, *XPS*), Auger-Elektronen-Spektroskopie (*AES*), Sekundärionenmassenspektroskopie (*SIMS*), Ionenstreuungsspektroskopie (*ISS*) Röntgenbeugung, Raster-Tunnel-Mikroskopie.

8. Katodische Metallabscheidung (Elektrokristallisation)

Die katodische Abscheidung von Metallen aus einer Elektrolytlösung ist sowohl mit einem Ladungs- als auch Materieübergang über die Phasengrenze einer Elektrode verbunden [82]. Bei festen Elektrodenmaterialien tritt dabei häufig eine erhebliche Kristallisationsüberspannung auf, die die Deutung vieler experimenteller Ergebnisse beträchtlich kompliziert (siehe dazu Kap. 4.4.). Wesentlich günstiger liegen die Verhältnisse bei flüssigen Elektrodenmetallen (insbesondere Hg und Amalgamen), da dort die besonders schwierigen Probleme der Keimbildung und des Kristallwachstums keine Rolle spielen.

8.1. Flüssige Elektrodenmetalle

Die stationäre Stromdichte bei der elektrolytischen Entladung von solvatisierten Metallionen an flüssigen Hg- bzw. Amalgamelektroden wird in vielen Fällen durch Diffusionsvorgänge begrenzt. Insbesondere wird bei der Abscheidung von Metallen, die mit Quecksilber Amalgame bilden (Ag, Cd, Cu, Pb, Zn), reine Diffusionsüberspannung beobachtet. Die Ursache dafür liegt in den recht großen Austauschstromdichten i_0 an diesen Elektroden.

Zur Untersuchung der Durchtrittsreaktion sind daher vor allem Messungen der Polarisationsimpedanz und potentiostatische bzw. galvanostatische Einschaltmessungen geeignet. Zum Beispiel ergibt sich durch Extrapolation der Widerstandskomponente der Faraday-Impedanz $R_f = R_D + R_d$ auf $1/\sqrt{\omega} \to 0$ der Durchtrittswiderstand R_D, aus dem dann nach Gl. (5.8a) die Austauschstromdichte berechnet werden kann [83].

Es hat sich gezeigt, daß i_0 vielfach noch von der Art der in der Lösung vorhandenen Anionen abhängt. So wird z. B. die Entladung von Bi^{3+}-Ionen aus einer 1n $HClO_4$-Lösung durch Zusätze von 0,05n Cl^-- oder 0,01n Br^--Ionen um den Faktor 10^3 beschleunigt. Dieser Effekt ist wahrscheinlich darauf zurückzuführen, daß in solchen Fällen die Halogenidionen mit den Metallionen

Komplexe bilden, deren Entladung einer geringeren Aktivierungsenergie bedarf als die der einfachen hydratisierten Ionen.

Der Reaktionsmechanismus bei der Anwesenheit von komplex gebundenen Metallionen ist vielfach untersucht worden [83a]. Dabei hat sich ergeben, daß die Entladung eines Metallions nicht über die Zwischenstufe des hydratisierten Ions zu verlaufen braucht, sondern direkt aus dem Komplex heraus erfolgen kann. Bei Anwesenheit verschiedener Arten von Komplexen konnte auf Grund der Konzentrationsabhängigkeit der Austauschstromdichte nachgewiesen werden, daß die Entladungsreaktion bevorzugt über Komplexe mit niedrigerer Koordinationszahl verläuft und daß höhere Komplexe daher häufig erst in einer vorgelagerten Reaktion zerfallen.

Bei der Abscheidung von Cd aus Cyanid-Lösungen ($c_{CN^-} > 0{,}05$ mol $\cdot\, l^{-1}$), die vorwiegend $[Cd(CN)_4]^{2-}$-Ionen enthalten, besteht z. B. die Durchtrittsreaktion in dem Vorgang

$$[Cd(CN)_3]^- + 2e^- \rightarrow Cd + 3\,CN^-.$$

Es muß daher die homogene Reaktion

$$[Cd(CN)_4]^{2-} \rightarrow [Cd(CN)_3]^- + CN^-$$

vorgelagert sein. Aus der Abhängigkeit der Austauschstromdichte i_0 von der Cyanidionen-Konzentration c_{CN^-} geht hervor, daß bei kleinen Werten von c_{CN^-} ($< 0{,}05$ mol $\cdot\, l^{-1}$) eine zweite Durchtrittsreaktion hinzukommt, bei der $Cd(CN)_2$ entladen wird.

In ähnlicher Weise erfolgt die Abscheidung von Zn aus alkalischer wäßriger Lösung bevorzugt über $Zn(OH)_2$ oder die Abscheidung von Nickel aus ammoniakalischer Lösung über $Ni(NH_3)_2{}^{+2}$.

Vielfach wird beobachtet, daß die vorgelagerten Zerfallsreaktionen im Vergleich zur Durchtrittsreaktion sehr rasch verlaufen und sich daher kinetisch nicht bemerkbar machen (z. B. durch das Auftreten einer Reaktions-Grenzstromdichte). Sie können jedoch z. B. mit Hilfe galvanostatischer Einschaltmessungen erkannt werden. Bei einer vorgelagerten homogenen Reaktion ist das Produkt $i \cdot \sqrt{\tau}$ (τ — Transitionszeit) bei nicht zu großen Stromdichten linear von i abhängig.

Mehrfach geladene Metallionen nehmen bei ihrer Entladung die Elektronen in der Regel nacheinander auf, z. B. $Cu^{2+} + e^- \rightarrow Cu^+$, gefolgt von $Cu^+ + e^- \rightarrow Cu$. Bei niedrigen Überspannungen ist der erste Elektronenübergang geschwindigkeitsbestimmend, während bei hohen Überspannungen beide Elektronen praktisch simultan übergehen.

8.2. Feste Elektrodenmetalle

Die experimentellen Untersuchungen bei der katodischen Metallabscheidung an festen Elektroden werden insbesondere dadurch erschwert, daß sich die Überspannung häufig mit der Zeit verändert, was hauptsächlich auf die Veränderung der Metalloberfläche durch die Abscheidung selbst zurückzuführen ist. Zur Aufklärung von Reaktionsmechanismen sind daher fast durchweg nichtstationäre Meßmethoden mit oszillographischer Beobachtung erforderlich [84].

Bei galvanostatischen Einschaltvorgängen oder bei Vorgabe kurzer periodischer Stromimpulse findet man häufig, daß die Überspannung nach einem steilen, der Umladung der Doppelschicht entsprechenden Anstieg zunächst ein Maximum erreicht und dann wieder langsam auf einen schließlich konstanten Wert absinkt. Da die Maxima bei Wiederholung der Stromimpulse ausbleiben, so sind sie offenbar der noch unveränderten Elektrodenoberfläche zuzuordnen. Sie ergeben vielfach eine Strom-Spannungs-Kurve der Form $|\eta| = a + b \cdot \log |i|$ und deuten daher auf reine Durchtrittsüberspannung hin. Die Abnahme der Überspannung nach Überschreiten des Maximums kann teilweise auf eine Vergrößerung der wirksamen Oberfläche durch neu gebildete Wachstumsstellen, teilweise auf eine Aktivierung der Oberfläche infolge von Reduktion anfänglich vorhandener Oxide oder adsorbierter Verunreinigungen zurückgeführt werden. Für den nach kürzerer oder längerer Zeit beobachteten stationären Zustand gelten die in Abschn. 4.4.3. dargestellten Zusammenhänge.

Besonders hohe Durchtrittsüberspannungen treten bei einer Reihe von Übergangsmetallen, insbesondere aber bei den Metallen der Eisen- und Platingruppe, auf. Bei diesen Metallen werden in der Regel gleichzeitig nur sehr geringe Austauschstromdichten von 10^{-6} bis 10^{-15} A/cm^2 beobachtet und auch die Gleichgewichts-Galvanispannungen nur sehr schwer eingestellt. Demgegenüber liegen die Austauschstromdichten von Ag, Cd, Hg, Cu im Bereich von 10 bis 10^{-4} A/cm^2.

Die hohe Überspannung ist wahrscheinlich darauf zurückzuführen, daß die solvatisierten oder komplex gebundenen Ionen dieser Metalle in der Lösung besonders stabil sind, so daß es zu ihrer Abscheidung einer hohen Aktivierungsenergie bedarf.

Die Abscheidbarkeit eines Metallions hängt allgemein von der Art und Festigkeit seiner Bindung an das Lösungsmittel oder an die in der Lösung vorhandenen Komplexbildner ab [85a]. Bei einer Ion-Dipol-Wechselwirkung, wie sie z. B. bei den edelgasähnlichen hydratisierten Ionen anzunehmen ist, wird die zur Abscheidung notwendige Aktivierungsenergie geringer sein als bei einer kovalenten Bindung des Ions an die Liganden in einem Durchdringungskomplex. So läßt sich z. B. Eisen aus einer Lösung des hydratisierten $Fe(H_2O)_6^{3+}$-Ions mit vergleichsweise geringer Überspannung, dagegen aus $Fe(CN)_6^{3-}$-ionenhaltiger Lösung praktisch überhaupt nicht abscheiden. Es wird vielfach angenommen, daß hohe Überspannungen immer dann zu erwarten sind, wenn an der Bindung des Ions im Komplex gleichzeitig Elektronen einer *d*-Schale und einer *s*- und *p*-Schale der nächst höheren Quantenzahl beteiligt sind. Ist hingegen die 3*d*-, 4*d*- oder 5*d*-Schale voll besetzt, wie z. B. beim Cu^+- oder Cd^{2+}-Ion, dann ist die Überspannung relativ gering.

8.3. Struktur und Erscheinungsform des abgeschiedenen Metalls

Bei zahlreichen technischen Verfahren der katodischen Metallabscheidung (Gewinnung und Raffination von Metallen, Galvanotechnik u. a.) sind insbesondere die Struktur und Erscheinungsform der Metallniederschläge von großem Interesse. Im allgemeinen sind die elektrolytisch abgeschiedenen Metalle polykristallin. Aus jedem primär gebildeten Kristallkeim entwickelt sich ein Einkristall, der gewöhnlich aus einer großen Zahl von Wachstumsschichten aufgebaut ist. Insgesamt kann der Niederschlag feinkörnig oder grobkörnig sein, je nachdem, ob beim Abscheidungsprozeß die Geschwindigkeit der Keimbildung oder die des Kristallwachstums überwiegt.

Unter besonderen Vorsichtsmaßnahmen ist es möglich, daß überhaupt nur ein einziger Keim gebildet wird, dessen Wachstum ohne Neubildung weiterer Keime zu größeren Einkristallen führt.

8.3.1. Primäre Wachstumsformen

Das Wachstum eines Metallkristalls erfolgt nicht netzebenenweise, sondern stufenförmig unter Ausbildung von mikroskopisch dicken Schichten [82, 85]. Dabei werden gewöhnlich zwei Stadien unterschieden. Zunächst bildet sich ein Flächenkeim, der nach allen Seiten (dreidimensional) wächst, bis eine gewisse Dicke ($10^{-4} \cdots 10^{-5}$ cm in Richtung senkrecht zur Unterlage) erreicht ist. Dann wird die Fläche parallel zur Unterlage „passiver", so daß der Keim nur noch in tangentialer Richtung weiterwächst. Die Ursachen für das Zurückbleiben des Wachstums in der Richtung senkrecht zur Unterlage sind Hemmungserscheinungen bei der Herausbildung neuer Gitterebenen auf den parallel zur Unterlage weiterwachsenden Schichten. Sie können auf einer erschwerten Keimbildung, z. B. infolge Adsorption und Einbau von Fremdstoffen, beruhen.

Zwischen der linearen Wachstumsgeschwindigkeit v_t in tangentialer Richtung und der Dicke h der Wachstumsschicht besteht häufig die Beziehung

$$h = \frac{I \cdot M}{zF\varrho \cdot l \cdot v_t} \tag{8.1}$$

(I — Stromstärke, M — Molmasse, ϱ — Dichte des Metalls, l — Länge der sich ausbreitenden Schicht). Aus der Beobachtung von v_t und l kann h berechnet werden.

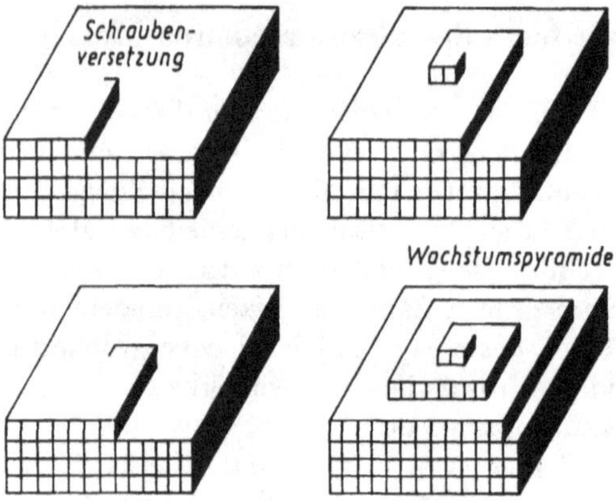

Abb. 8.1. Spiralwachstum an einer Schraubenversetzung unter Ausbildung von Wachstumspyramiden

Wie schon erwähnt, erfolgt der Einbau der abgeschiedenen Metallatome in das Gitter vorzugsweise an Stufen. Resultieren solche aus Schraubenversetzungen, so kann es zur Ausbildung von Wachstumsspiralen und schließlich zu Wachstumspyramiden kommen [86]. Dies führt u. a. zu einem Aufrauhen der Oberfläche.

Unter Umständen scheidet sich das Metall nicht in kompakter Form, sondern als feine, lange Kristallnadeln, sog. Whisker oder Dendriten, ab [86a]. Diese Whisker wachsen nur an der Stirnfläche weiter, während das Wachstum an den Seitenflächen infolge Adsorption kapillaraktiver Stoffe blockiert ist. Die Untersuchung des Whiskerwachstums ist von besonderem Interesse, weil hier die Größe der wachsenden Fläche genau bestimmt und Fragen der Keimbildung und des Einflusses von Inhibitoren auf die katodische Metallabscheidung besonders gut studiert werden können.

Für die Ausbildung eines Whiskers ist an seiner Stirnfläche eine bestimmte kritische Stromdichte i_{kr} erforderlich, bei deren Unterschreitung das Nadelwachstum aufhört. Es wurde festgestellt, daß i_{kr} mit zunehmender Konzentration an adsorbierbaren, insbesondere organischen Stoffen, in der Lösung stark ansteigt. Durch eine kurzzeitige Unterbrechung des Stromes kann das Wachstum der Stirnfläche durch Adsorption der Inhibitoren vollständig blokkiert werden.

Es wird angenommen, daß diese Erscheinungen auf die Konkurrenz von Adsorption und Einbau der organischen Moleküle in das abgeschiedene Metall zurückzuführen ist. Ist die Stromdichte genügend groß ($i \geqq i_{kr}$), so daß die Moleküle schneller eingebaut als adsorbiert werden, dann ist ein Weiterwachsen möglich. Im umgekehrten Fall wird die stationäre Oberflächenkonzentration der Moleküle so groß, daß eine Blockierung eintritt. Eine genauere Berechnung liefert für die kritische Stromdichte

$$i_{kr} = k \cdot \left(\frac{c_i}{r}\right)^{1/3}, \qquad (8.2)$$

wobei c_i die Konzentration der adsorbierbaren Substanz in der Elektrolytlösung und r den Radius der Wachstumsfläche bedeuten. k ist eine Konstante, die von der kristallographischen und geometrischen Orientierung der Fläche abhängt. Ein Kristallit, der sich aus einem dreidimensionalen Keim gebildet hat, wird daher an den verschiedenen Flächen unterschiedliche i_{kr}-Werte aufweisen. Durch das Anwachsen des Kristallits wird bei konstanter Stromstärke die Stromdichte immer kleiner, und es fällt zunächst das Wachstum an derjenigen Fläche aus, deren i_{kr}-Wert am größten ist. Schließlich wächst nur noch eine einzige Fläche weiter. Ist diese Fläche die Stirnfläche, so bildet sich ein Kristallfaden. Dagegen haben beim Auftreten von Wachstumsschichten offenbar die Seitenflächen der mikroskopischen Stufen die größeren kritischen Stromdichten, so daß der Kristallit nur noch in die Breite wächst.

8.3.2. Die wichtigsten Einflußfaktoren

Die wichtigsten Faktoren, die die Größe, Form und Verteilung der Kristallite einer polykristallinen Metallabscheidung beeinflussen können, sind die Stromdichte bzw. die Überspannung, die Kristallstruktur des abzuscheidenden Metalls, die Art des Unterlagenmaterials, die Konzentration und Zusammensetzung der Elektrolytlösung (insbesondere auch die Anwesenheit von Inhibitoren) und die Temperatur.

Nach H. Fischer [82] lassen sich im wesentlichen vier Grundtypen der polykristallinen Abscheidungen unterscheiden, zwischen denen jedoch auch Übergangsformen auftreten:

1. *FI-Typ:* Feldorientierter Isolationstyp. Isolierte Kristalle oder Kristallaggregate, die in Richtung der Stromlinien orientiert sind;
2. *BR-Typ:* Basisorientierter Reproduktionstyp. Meist grobkristalline, kompakte Abscheidung, die eine Fortsetzung der Kristalle der Unterlage darstellen;
3. *FT-Typ:* Feldorientierter Texturtyp. Kompaktes Gefüge mit Bündeln feiner Fasern parallel zu den Stromlinien, mit nur noch undeutlichen Kristallitgrenzen;
4. *UD-Typ:* Unorientierter Dispersionstyp. Mikrogefüge, das ohne Andeutung von Kristallitgrenzen in feinste, regellos orientierte Subpartikelchen aufgeteilt ist.

Bei den *FI*- und *FT*-Typen erfolgt das Weiterwachsen der Keime vorwiegend an den Stirnflächen wie bei der Ausbildung von Kristallnadeln. Beim *BR*-Typ wächst der Kristallit bevorzugt in tangentialer Richtung, was zur Ausbildung von Wachstumsschichten führt. Beim *UD*-Typ kommt es nur zur Ausbildung von dreidimensionalen Keimen, die weder als Nadeln noch als Wachstumsschicht weiterwachsen [87]. Die Keimbildungshäufigkeit muß hier groß sein.

8.3.2.1. Stromdichte

Bei sehr niedrigen Stromdichten sind die Überspannungen klein und infolgedessen die Keimbildungswahrscheinlichkeiten gering (siehe S. 147). Die Metalle scheiden sich daher gewöhnlich in grobkristalliner Form ab. Mit zunehmender Stromdichte und Überspannung werden die Keimbildungshäufigkeiten größer und die Niederschläge feinkörniger. Bei hinreichend hohen Überspannungen (meist im Bereich des Diffusionsgrenzstroms) können schließlich feindisperse Metallpulver abgeschieden werden [87a].

Besonders deutlich macht sich die Hemmung der Keimbildung bei der Abscheidung von Metallen auf Fremdmetallelektroden bemerkbar. Sie äußert sich dort in dem anfänglichen Auftreten einer sog. Überpolarisation, die darauf zurückzuführen ist, daß für die Bildung der ersten Keime auf der fremden Metallunterlage eine besonders hohe Überspannung notwendig ist. Sind die Keime in genügender Zahl gebildet, so ist für ihr Weiterwachsen nur noch eine geringere Überspannung erforderlich.

Sind die Stromdichte und die Überspannung so groß, daß gleichzeitig mit dem Metall Wasserstoff abgeschieden wird, so treten infolge der Gasblasenentwicklung meist poröse oder schwammige Niederschläge auf. Da die Lösung durch die Entladung der H^+-Ionen in der Nähe der Elektrodenoberfläche alkalisch werden kann, so können sich gelegentlich feste Hydroxide oder basische Salze ausbilden, die in den Metallniederschlag eingebaut werden und diesen feinkörnig und dunkel erscheinen lassen. Dies ist z. B. bei der Abscheidung von Eisen oder Chrom aus neutralen Lösungen zu beobachten.

8.3.2.2. Konzentration und Bewegung der Elektrolytlösung

Durch Erniedrigung der Konzentration der Metallionen in der Lösung kann die Diffusionsüberspannung erhöht und damit eine Kornverfeinerung erzielt werden (s. Gl. (4.136)). In der Praxis wird die Konzentration der abzuscheidenden Ionen vielfach durch komplexbildende Zusätze zur Lösung herabgesetzt. Eine intensivere Rührung der Elektrolytlösung setzt die Diffusionsüberspannung herab und ruft ein gröberes Korn hervor.

8.3.2.3. Inhibitoren

Unter einem Inhibitor versteht man jeden Stoff, der infolge seiner Adsorption an einer Elektrodenoberfläche die Geschwindigkeit einer elektrochemischen Reaktion (bei konstanter Überspannung) herabsetzt bzw. die Überspannung (bei konstanter Stromstärke) vergrößert, ohne im Endeffekt selbst an der Reaktion teilzunehmen.

Die Vergrößerung der Überspannung durch adsorbierte Inhibitoren kann verschiedene Ursachen haben [88]. Zum Teil ist sie auf eine Verkleinerung der wirksamen Elektrodenoberfläche zurückzuführen, wodurch die effektive Stromdichte erhöht wird. Andererseits werden durch die Adsorption der Inhibitoren vorwiegend die aktivsten Stellen der Oberfläche blockiert, so daß die abzuscheidenden Ionen entweder den Inhibitor verdrängen oder an weniger aktiven Stellen entladen werden müssen. Beide Vorgänge erfordern eine erhöhte Aktivierungsenergie. Die Blockierung der aktiven Stellen führt meist gleichzeitig zu einer starken Kristallisationsüberspannung, weil die Ionen gezwungen sind, sich unter Bildung zahlreicher neuer Keime vorwiegend auf den Kristallflächen abzuscheiden.

Schließlich können durch den Inhibitor auch rein chemische Teilreaktionen gehemmt werden, so daß es zu einer zusätzlichen Reaktionsüberspannung kommt.

Eine eindeutige Zuordnung der Inhibitorwirkung zu einer bestimmten Überspannungsart ist nur beschränkt möglich. Die Beobachtungen werden unter anderem dadurch erschwert, daß die Oberfläche bei der Elektrolyse (außer bei kurzzeitigen Einschaltvorgängen) ständigen Veränderungen unterliegt oder auch sekundäre Inhibitoren (z. B. Metallhydroxide durch Hydrolyse) gebildet werden können.

Auf den starken Einfluß von adsorptionsfähigen Substanzen auf die primären Wachstumsformen (Kristallnadeln und Wachstumsschichten) ist bereits hingewiesen worden.

Die Inhibitorwirkung vieler anorganischer und organischer Stoffe beruht nach neueren Untersuchungen in erster Linie auf einer nichtelektrostatischen Wechselwirkung mit den Metallatomen der Elektrode auf Grund von Dispersions- und kovalenten Bindungskräften.

So wird z. B. beobachtet, daß die inhibierende Wirkung organischer Stoffe auf die Abscheidung von Nickel aus schwach saurer Lösung mit der Zahl der freien Elektronenpaare im Molekül parallel geht, im übrigen jedoch von der Konstitution weitgehend unabhängig ist.

Die Wirksamkeit von Dispersionskräften zeigt sich z. B. bei der Inhibition durch substituierte Ammoniumionen. Sie äußert sich darin, daß die Überspannung sowohl mit zunehmender Substitution als auch mit zunehmender Größe der Substituenten beträchtlich anwächst. Auch die Salze des Pyridins, Chinolins und Acridins zeigen in der angegebenen Reihenfolge, d. h. mit zunehmender Molekülgröße, ansteigende Inhibitorwirkung.

Eine sehr spezifische Inhibitorwirkung wird bei einer Reihe von Thioverbindungen beobachtet. Sie wird häufig darauf zurückgeführt, daß diese Stoffe bei genügend großer katodischer Überspannung zu H_2S reduziert werden und Metallsulfid bilden, das als wirksamer Inhibitor bekannt ist. Diese Vorstellung wird dadurch gestützt, daß man in Nickelniederschlägen bei Anwesenheit von Thioverbindungen Sulfideinschlüsse findet. Eine weitere Ursache für die besondere Wirksamkeit von Thioverbindungen kann darin liegen, daß in Verbindungen wie Thioharnstoff, Trithion u. a. der Abstand der Schwefelatome in der Gruppe

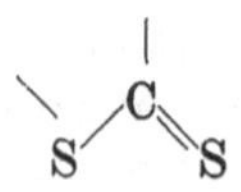

etwa 0,29 nm beträgt und damit z. B. nahezu identisch mit dem Fe—Fe-Abstand im α-Eisengitter ist. Die Inhibitorwirkung könnte daher in diesem Fall auf eine besonders starke orientierte Adsorption zurückzuführen sein. Tatsächlich haben genügend lösliche Trithione für Eisen eine ungewöhnlich starke Schutzwirkung, z. B. gegenüber Säuren.

Zu den praktisch besonders häufig verwendeten Inhibitoren gehören weiterhin eine Vielzahl von kolloiden Stoffen. Die Wirksamkeit von Kolloiden geht gewöhnlich mit ihrer Adsorbierbarkeit parallel. Besonders hohe Überspannungen können z. B. bereits durch geringe Zusätze von Proteinen (Gelatine 0,1 g/l

erreicht werden. Auch die durch Verarmung der Elektrodengrenzschicht an H^+-Ionen häufig gebildeten kolloiden Metallhydroxide rufen eine sekundäre Inhibition hervor. Dabei können in manchen Fällen sogar kolloide Deckschichten entstehen, die zu einer beträchtlichen Widerstandspolarisation führen.

Starke Inhibitoren bewirken auf Grund der Vergrößerung der Überspannung in der Regel eine Erhöhung der Keimbildungswahrscheinlichkeit und ergeben deshalb feinkörnige Niederschläge. Im Gegensatz dazu beobachtet man bei schwächerer Inhibition jedoch mitunter sogar eine Kornvergröberung. Dieses Verhalten kann darauf zurückgeführt werden, daß unter diesen Umständen die Überspannung generell nicht ausreicht, um dreidimensionale Kristallkeime zu erzeugen, so daß nur ein- oder zweidimensionale Keime entstehen können. Wird deren Bildungswahrscheinlichkeit durch schwache Inhibitoren herabgesetzt, so wachsen die wenigen vorhandenen Keime weiter und es entstehen größere Kristallite.

9. Metallauflösung und Passivität der Metalle (Korrosion) [89]

Bei der aktiven Auflösung eines Metalls in einer Elektrolytlösung gehen Metallionen von der Metallphase in die benachbarte Lösungsphase über. Die auf dem Metall zurückbleibenden überschüssigen Elektronen müssen entweder in einen äußeren Stromkreis abgeführt oder von einem Elektronenakzeptor X_o (Oxydationsmittel), z. B. $H^+ \cdot$ solv (Säurekorrosion) oder $O_2 \cdot$ solv (Sauerstoffkorrosion), aufgenommen werden. Es liegt dann eine zweifache Elektrode vor, und es sind zwei simultane Reaktionen zu betrachten (siehe dazu Abschn. 2.7.):

$$\mathrm{Me}^{z+}\text{ (Metalloberfläche)} \rightleftharpoons \mathrm{Me}^{z+} \cdot \text{solv} \qquad (r_1)$$

$$X_o + ze^- \rightleftharpoons X_r \qquad (r_2)$$

Im außenstromlosen Fall müssen zur Aufrechterhaltung der Elektroneutralität die Geschwindigkeiten beider Reaktionen gleich groß sein, was die Einstellung eines bestimmten Mischpotentials (Ruhepotentials) bedingt. Letzteres hängt von der jeweiligen Kinetik der Reaktionen (r_1) und (r_2) entsprechend den allgemeinen Gesetzmäßigkeiten (s. Kap. 4) ab. Dabei setzt sich die Gesamtstrom-Spannungs-Kurve aus zwei Teilstrom-Spannungs-Kurven mit jeweils eigenen kinetischen Parametern zusammen.

Für die Metallauflösung unter Deckschichtbildung oder durch eine auf der Metalloberfläche aufgewachsene Deckschicht mit Ionencharakter, z. B. $\mathrm{Me}^{z+}A^{z-}$ (A — Anion), gilt das Reaktionsschema:

$$\mathrm{Me}^{z+}\text{ (Metalloberfläche)} \rightleftharpoons \mathrm{Me}^{z+}\text{ (Deckschicht)} \rightarrow \mathrm{Me}^{z+} \cdot \text{solv} \qquad (r_3)$$

$$A^{z-} \cdot \text{solv} \rightleftharpoons A^{z-}\text{ (Deckschicht)} \qquad (r_4)$$

9.1. Kinetik und Mechanismus der aktiven Metallauflösung

Im einzelnen besteht die aktive Metallauflösung (Reaktion r_1) in dem Platzwechsel eines Metallions von einem Zustand (vorrangig Halbkristallage) in der Metalloberfläche auf eine Position in der lösungsseitigen Phasengrenzschicht, z. B. in der äußeren HELMHOLTZ-Fläche. Damit verbunden ist ein Wechsel der Liganden des Metallions. Seine nächsten Nachbarn im Oberflächenzustand sind auf der einen Seite die Bausteine der Metallphase, auf der anderen Seite adsorbierte Lösungsmittelmoleküle (z. B. Wasser) und deren Dissoziationsprodukte sowie gegebenenfalls weitere spezifisch adsorbierte Moleküle oder Ionen. Im Inneren der Lösung sind die Metallkationen schließlich allseitig von Lösungskomponenten umgeben, z. B. in Form von $Me^{z+}(H_2O)_x$, $(MeOH)^{(z-1)+}(H_2O)_x$, $Me^{z+}(NH_3)_x$, $(Me(CN)_x)^{z-x}$ u. a.

Es könnte erwartet werden, daß der Bruttovorgang des Metallionenausbaus ähnlich wie die Sublimation in die Gasphase und umgekehrt wie die Metallabscheidung mit Oberflächendiffusion in den konsekutiven Teilschritten

Me(Abbaustelle) $\rightarrow$ [Me(Kante) $\rightarrow$] Me(*ad*-Lage) $\rightarrow$ $Me^{z+} \cdot \text{solv} + ze^-$

abläuft. Ist der Übergang der Metallatome in die *ad*-Lage durch Oberflächendiffusion geschwindigkeitsbestimmend, so würde daraus mit Gl. (4.7) die Kristallisationsüberspannung

$$\eta_K = \frac{RT}{zF} \ln \frac{a_{ad,gl}}{a_{ad}}$$

resultieren, wobei $\eta_K > 0$ ist, da infolge der ungehemmter ablaufenden Durchtrittsreaktion $a_{ad} < a_{ad,gl}$ ist.

Andererseits ist jedoch zu beachten, daß die einer energetisch bevorzugten Abbaustelle, z. B. Halbkristall- oder Kantenlage, benachbarten Adsorptionsplätze von Lösungskomponenten, z. B. H_2O oder Anionen, besetzt sind. Deren Verdrängung bei der Bildung von *ad*-Atomen würde nicht nur ihre Desorption, sondern auch anschließende Platzwechselvorgänge der Teilchen in der relativ starren Nahordnungsstruktur der lösungsseitigen Phasengrenzschicht erfordern. Dieser Umstand macht es wahrscheinlich, daß in vielen Fällen ein direkter Übergang von Metallionen aus einer Abbaustelle in die Lösung bevorzugt wird. Ist dieser allein geschwindigkeitsbestimmend, dann ergibt sich die anodische Teilstromdichte der Metallauflösung nach Gl. (4.14) zu

$$\dot{i}_{a,\text{Me}} = \dot{i}_{0,\text{Me}} \cdot \exp\left(\frac{\alpha z F}{RT} \eta_{\text{Me}}\right), \tag{9.1}$$

wobei $i_{0,\mathrm{Me}}$ die Austauschstromdichte und η_{Me} die Überspannung der Metallionenelektrode bedeuten. Für einen häufig beobachteten Durchtrittsfaktor von etwa 0,5 und $z = 2$ führt dies z. B. zu einem TAFEL-Faktor $\partial\eta/\partial \log i$ von 60 mV. Tatsächlich weisen die TAFEL-Geraden aber auch vielfach davon abweichende Neigungen auf.

Dieser Umstand deutet auf kompliziertere Situationen hin, wie sie vor allem dann vorliegen können, wenn a) der Durchtritt der Metallionen unter potentialabhängiger Mitwirkung von Lösungskomponenten in einer Reaktion Me^{z+} (Abbaustelle) $+ X_r \rightarrow X_0$ erfolgt und/oder wenn b) infolge morphologischer Oberflächenveränderungen die Konzentration Γ der Abbaustellen selbst noch eine Funktion der Überspannung ist. Dann ergibt sich die Stromdichte nach Gl. (5.2a) mit $c^{**} = \Gamma$ durch die Beziehung

$$i = i_0 \cdot \frac{\Gamma}{\Gamma_{gl}} \cdot \frac{c_r^{**}}{c_{r,gl}^{**}} \cdot \exp\left(\frac{\alpha z F}{RT}\,\eta_{\mathrm{Me}}\right). \qquad (9.2)$$

Dem Metallionendurchtritt ist stets die Adsorption von Lösungsmittelmolekülen, z. B. H_2O-Molekülen, und in letzterem Beispiel die Dissoziationsreaktion $H_2O_{ad} \rightleftharpoons OH^-_{ad} + H^+ \cdot aq$ vorgelagert. Infolge der Wechselwirkung des Sauerstoffatoms im H_2O-Molekül mit dem Oberflächenelektronengas des Metalls kann die Schwächung einer der O—H-Bindungen und als Folge dessen eine deutlich größere Dissoziationskonstante des Wassers in der Adsorptionsschicht gegenüber dem Lösungsinneren erwartet werden. Im weiteren können Elektronenübergänge von den OH^-_{ad}-Ionen auf die Metallionen an den Abbaustellen stattfinden, so daß der Übergangszustand der Metallionen-Durchtrittsreaktion schematisch mit $[Me^{z+}(H_2O)_m(OH^-)_n]^{(z-n)+}$ beschrieben werden kann. Dies bedeutet, daß für den Metallionendurchtritt ein energetisch günstigerer Reaktionsweg mit einer geringeren positiven Ladung des Metallions im Übergangszustand gegeben ist.

Wegen der Mitwirkung von OH^--Ionen ($= X_r$) gemäß

$$Me^{z+}\ (\text{Abbaustelle}) + n\,OH^- \rightarrow (MeOH)^{(z-n)+}\ (\text{Abbaustelle})$$

und das damit verbundene Einbringen von n Elektronen in die Metallphase wird das Verhältnis $c^{**}_{OH^-}/c_{OH^-,gl}$ in Gl. (9.2) abhängig von der Überspannung η:

$$c^{**}_{OH^-}/c^{**}_{OH^-,gl} = \exp\left(\frac{nF}{RT}\,\eta\right)$$

und die Austauschstromdichte $i_0 = i_0' \cdot c^n_{OH^-}$ proportional zur n-ten Potenz der Konzentration der OH^--Ionen in der Lösung. Die Konzentration $c^{**}_{OH^-,gl}$

hängt von der Intensität der dissoziativen Wechselwirkung der adsorbierten Wassermoleküle mit den Abbaustellen und somit von der Art der letzteren (z. B. Halbkristallage auf verschieden indizierten Flächen, Kanten- und Spitzenlagen) ab. Bleibt die Art und Konzentration der Abbaustellen unabhängig von der Überspannung ($\Gamma = \Gamma_{gl}$), dann wird aus Gl. (9.2)

$$i_{\cdot} = i_0' \cdot c_{\mathrm{OH}^-}^n \cdot \exp\left(\frac{nF}{RT}\eta\right) \cdot \exp\left[\frac{\alpha \cdot (z-n)\,F}{RT}\eta\right]$$

$$= i_0' \cdot c_{\mathrm{OH}^-}^n \cdot \exp\left[\frac{n + \alpha(z-n)}{RT} F \cdot \eta\right]. \tag{9.3}$$

Daraus ergeben sich z. B. mit $\alpha = 0{,}5$ und $z = 2$ für $n = 1$ die TAFEL-Konstante $\partial\eta/\partial \log i = 40$ mV und die Reaktionsordnung $\partial \log i/\partial \log c_{\mathrm{OH}^-} = 1$. Diese kinetischen Parameter entsprechen z. B. einer von BOCKRIS u. Mitarb. [90] vorgeschlagenen Reaktionsfolge bei der aktiven Eisenauflösung:

$$\mathrm{Fe} + \mathrm{OH}^- \rightleftharpoons \mathrm{FeOH}_{ad} + e^-$$

$$\mathrm{FeOH}_{ad} \rightarrow \mathrm{FeOH}^+ \cdot aq + e^-$$

$$\mathrm{FeOH}^+ \cdot aq \rightleftharpoons \mathrm{Fe}^{2+} \cdot aq + \mathrm{OH}^-.$$

Demgegenüber wird von HEUSLER [91] die Abfolge

$$\mathrm{Fe} + \mathrm{H_2O} \rightleftharpoons \mathrm{FeOH}_{ad} + \mathrm{H}^+ \cdot aq + e^-$$

$$\mathrm{Fe}_s + \mathrm{FeOH}_{ad} \rightarrow \mathrm{Fe}_s\mathrm{FeOH}_{ad}$$

$$\mathrm{Fe}_s\mathrm{FeOH}_{ad} + \mathrm{OH}^- \cdot aq \rightarrow \mathrm{FeOH}^+ \cdot aq + \mathrm{FeOH}_{ad} + 2e^-$$

$$\mathrm{FeOH}^+ \cdot aq + \mathrm{H}^+ \rightleftharpoons \mathrm{Fe}^{2+} \cdot aq + \mathrm{H_2O}$$

vorgeschlagen, wobei Fe_s ausgezeichnete Abbaustellen (z. B. Halbkristallagen) bedeuten. Die daraus ableitbaren kinetischen Parameter entsprechen denjenigen, die sich aus Gl. (9.3) für den Fall $n = 2$, d. h. für die Mitwirkung von 2 OH^--Ionen an der Auflösungsreaktion, ergeben, nämlich $\partial\eta/\partial \log i = 30$ mV und $\partial \log i/\partial \log c_{\mathrm{OH}^-} = 2$.

Beide hier genannten Kombinationen von TAFEL-Konstanten und Reaktionsordnungen bezüglich der OH^--Ionen werden experimentell gefunden. Welche von beiden jeweils erfüllt ist, hängt offenbar wesentlich von der morphologischen Beschaffenheit und damit von der Vorgeschichte der Metalloberfläche ab. Auch kann gegenwärtig nicht mit Sicherheit entschieden werden, ob die Abhängigkeit der Auflösungsgeschwindigkeit von der Überspannung und dem pH-Wert ausschließlich auf die Mitwirkung von OH^--Ionen oder gemäß Gl. (9.2) auch auf eine Änderung der Konzentration Γ der Abbaustellen zurückzuführen ist.

9.2. Korrosionsvorgänge

9.2.1. Allgemeine Gesetzmäßigkeiten

Wie bereits eingangs dieses Kapitels erwähnt, müssen im Falle der außenstromlosen Korrosionsvorgänge stets die beiden Teilströme der anodischen Metallauflösung (r_1) und der katodischen Reduktionsreaktion (r_2) gleich groß sein, d. h.

$$I_1 = |I_2| = I_K. \tag{9.4}$$

I_K wird Korrosionsstromstärke genannt.

Bei gleichmäßiger Korrosion an homogenen Metalloberflächen (praktisch reine, deckschichtfreie Metalle) sind die Flächen, an denen die anodische und die katodische Reaktion ablaufen, im zeitlichen Mittel gleich groß. Dann gilt Gl. (9.4) auch für die Stromdichten:

$$i_1(\eta_1) = |i_2(\eta_2)| = i_K, \tag{9.5}$$

wobei i_K, die Korrosionsstromdichte, ein Maß für die Korrosionsgeschwindigkeit ist. η_1 und η_2 sind die Überspannungen der Reaktion r_1 bzw. r_2.

Das sich einstellende Mischpotential U_K, auch Korrosionspotential genannt, ergibt sich aus der jeweiligen Abhängigkeit der Teilstromdichten von den Überspannungen bzw. vom Elektrodenpotential U. Mit $\eta_1 = U - U_{gl,1}$ und $\eta_2 = U - U_{gl,2}$ folgt aus Gl. (9.5)

$$i_1(U_K - U_{gl,1}) = |i_2(U_K - U_{gl,2})|.$$

Bei alleiniger Durchtrittsüberspannung erhält man bei Vernachlässigung der jeweiligen Rückreaktion, d. h. wenn $U_{gl,1} \ll U_K \ll U_{gl,2}$, die Stromdichten:

$$i_1 = i_{0,1} \cdot \exp\left[\frac{\alpha_1 zF}{RT}(U_K - U_{gl,1})\right] \tag{9.6a}$$

$$|i_2| = i_{0,2} \cdot \exp\left[-\frac{\alpha_2 zF}{RT}(U_K - U_{gl,2})\right]. \tag{9.6b}$$

Daraus berechnet sich mit Gl. (9.5) für das Korrosionspotential

$$U_K = \frac{1}{\alpha_1 + \alpha_2} (\alpha_1 U_{gl,1} + \alpha_2 U_{gl,2}) + \frac{RT}{(\alpha_1 + \alpha_2) zF} \ln \frac{i_{0,2}}{i_{0,1}} \tag{9.7}$$

Durch Einführung der Elektrodenpolarisation $\Delta U = U - U_K$ anstelle der Überspannungen für die beiden Teilreaktionen lassen sich die Gln. (9.6) umformen und wegen $i = i_1 + i_2$ zusammenfassen zu

$$i = i_K \cdot \left[\exp\left(\frac{\alpha_1 zF}{RT} \Delta U\right) - \exp\left(-\frac{\alpha_2 zF}{RT} \Delta U\right)\right], \tag{9.8}$$

wobei i die direkt meßbare Gesamtstromdichte ist.

Die Korrosionsstromdichte i_K kann auf elektrochemischem Weg entweder durch Extrapolation der bei hinreichend großen Polarisationen zu erwartenden TAFEL-Geraden bis zum Schnittpunkt mit der Abszisse $\Delta U = 0$ (siehe dazu Abschn. 4.1.1.) oder aber aus dem Polarisationswiderstand $R_p = (d\Delta U/di)_{i=i_K}$, d. h. aus der Neigung der Strom-Spannungs-Kurve beim Korrosionspotential, ermittelt werden. In letzterem Zusammenhang folgt aus Gl. (9.8):

$$\left(\frac{di}{d\Delta U}\right)_{i=i_K} = \frac{1}{R_p} = i_K \cdot \frac{zF}{RT} (\alpha_1 + \alpha_2)$$

bzw.

$$i_K = \frac{RT}{zF} \frac{1}{\alpha_1 + \alpha_2} \cdot \frac{1}{R_p}. \tag{9.9}$$

Die Durchtrittsfaktoren α können aus den TAFEL-Konstanten b (Gl. (4.15)) entsprechend $\alpha = 2{,}303 RT/(bzF)$ bestimmt werden, so daß Gl. (9.9) auch in der Form

$$i_K = 0{,}434 \cdot \frac{b_1 \cdot b_2}{b_1 + b_2} \cdot \frac{1}{R_p}$$

geschrieben werden kann.

9.2.2. Korrosion unter Wasserstoffentwicklung („Säurekorrosion“)

Bei Abwesenheit von Sauerstoff und anderen oxydierend wirkenden Stoffen (z. B. CrO_4^-, NO_2^-, Fe^{+3}) im angreifenden wäßrigen Medium kann die Korrosion eines Metalls gemäß $Me \rightarrow Me^z + ze^-$ nur durch die katodische Wasserstoffabscheidung

$$z\,H^+ + ze^- \rightarrow \frac{z}{2}\,H_2$$

bzw.

$$z\,H_2O + ze^- \rightarrow \frac{z}{2}\,H_2 + z\,OH^-$$

ausgelöst und aufrechterhalten werden. Ihre Geschwindigkeit, d. h. die Korrosionsstromdichte $i_K = i_{Me} = |i_H|$, hängt ebenso wie das sich einstellende Mischpotential von den Gleichgewichtspotentialen und von den kinetischen Parametern (i_0, α) der beiden Teilreaktionen ab.

Prinzipiell können alle Metalle der Korrosion unterliegen, da ihre Gleichgewichtspotentiale entsprechend der NERNSTschen Gleichung bei hinreichend kleinen Metallionenkonzentrationen $c^{II}_{Me^z}$ in der Lösung negativer liegen können als die pH-abhängigen Gleichgewichtspotentiale der Wasserstoffelektrode. Üblicherweise aber bezeichnet man ein Metall als stabil (gegenüber Korrosion), wenn es sich bei $c^{II}_{Me^z} \geqq 10^{-6}$ mol/l nicht mehr auflöst; dem entspricht z. B. bei zweiwertigen Metallionen ein Grenzpotential von $U^0(Me/Me^{2+})$ minus 0,18 V. Somit unterliegt z. B. Kupfer im gesamten pH-Bereich keiner Säurekorrosion.

In anderen Fällen ist aber die zu erwartende Säurekorrosion sehr unedler Metalle kinetisch stark gehemmt, z. B. beim Zink in verdünnten Säuren infolge hoher Wasserstoffüberspannung oder beim Aluminium, Magnesium und Zink in neutralen Lösungen infolge Bildung von hemmenden Deckschichten. Andererseits kann die Hemmung der Wasserstoffentwicklung an katalytisch wirkenden Verunreinigungen in der Metalloberfläche (z. B. geringe Kupfermengen auf einer Zinkoberfläche) aufgehoben und damit der Korrosionsprozeß durch Lokalelementbildung beschleunigt werden.

Bei sauren Lösungen mit pH-Werten < 2 kann meist davon ausgegangen werden, daß die VOLMER-Reaktion (siehe dazu Kap. 8) der geschwindigkeitsbestimmende Teilschritt der Wasserstoffentwicklung ist. Da auch die Metallauflösung in der Regel durchtrittsbestimmt abläuft, gelten für die Kinetik der Korrosion die im vorhergehenden Abschnitt dargelegten Gesetzmäßigkeiten, insbesondere das Auftreten von katodischen und anodischen TAFEL-Geraden. Bei ihrer Auswertung (Bestimmung der TAFEL-Konstanten und Ermittlung von i_K durch Extrapolation zum Ruhepotential) muß jedoch auf verfälschende Einflüsse geachtet werden. Solche Einflüsse sind langsame Änderungen des Oberflächenzustands der Metalle während des Stromflusses, potentialabhängige Adsorption oberflächenaktiver Lösungsbestandteile oder Deckschichtbildungen. Sie können im allgemeinen durch das Nichtaufeinanderfallen der stationären Strom-Spannungs-Kurven bei deren Aufnahme in Richtung positiverer bzw. negativerer Potentiale erkannt werden.

Bei pH-Werten > 3 kann die Korrosionsgeschwindigkeit mehr und mehr durch die Andiffusion der H^+-Ionen bestimmt werden (siehe dazu Kap. 8) und schließlich bei Abwesenheit anderer Oxydationsmittel bei pH 5 bis 6 auf die sehr kleine Diffusionsgrenzstromdichte der H^+-Ionen ($2 \cdots 10\ \mu A/cm^2$) absinken.

9.2.3. Sauerstoffkorrosion

Für die Praxis besonders wichtig ist die Korrosion der Metalle im Kontakt mit mehr oder weniger dicken Filmen von Elektrolytlösungen an der Atmosphäre oder in Gebrauchswässern und natürlichen Wässern mit pH-Werten von 5 bis 9. Als katodische Teilreaktion spielt dann die Sauerstoffreduktion eine überragende Rolle, während die Wasserstoffentwicklung im allgemeinen vernachlässigbar gering ist (s. dazu Abb. 9.1.).

Ausnahmen aber sind z. B. Natrium und Magnesium in neutralen Medien oder Zink und Aluminium in alkalischen Lösungen; in solchen Fällen stellt sich ein so negatives Ruhepotential ein, daß die Reduktion von Wassermolekülen merklich oder sogar dominierend wird. Man spricht dann von Laugenkorrosion.

In der Regel liegen die sich bei Anwesenheit von Luftsauerstoff einstellenden (stromlosen) Mischpotentiale (Korrosionspotentiale) anfangs im Bereiche der diffusionsbeeinflußten Sauerstoffreduktion, häufig sogar im Diffusionsgrenzstrombereich. Im letzteren Fall wird die Korrosionsstromdichte unabhängig von der Art des Metalls und dem pH-Wert, aber abhängig von der Sauerstoffkonzentration und der Konvektion der Lösung. Fast immer aber bilden sich im weiteren Verlauf der Sauerstoffkorrosion mehr oder weniger schnell Deckschichten aus Hydroxiden oder Oxidhydraten aus (Rostbildung bei Eisenwerkstoffen). Ist der O_2-Reduktionsstrom größer oder gleich der Passivierungsstromstärke (s. Gl. (9.27)), dann kann das Metall spontan in den Passivzustand mit meist nur noch sehr kleiner Korrosionsstromdichte (Passivstromdichte) überführt werden.

Infolge der Ausbildung von Deckschichten unterschiedlichster Natur wird die Untersuchung der Kinetik und des Mechanismus der Sauerstoffkorrosion häufig sehr erschwert.

Betrachtet man zunächst den deckschichtfreien Zustand einer homogenen Metalloberfläche und den Fall, daß sich das Ruhepotential auf einen Wert im Diffusionsgrenzstrombereich der O_2-Reduktion einstellt, dann ist die Korro-

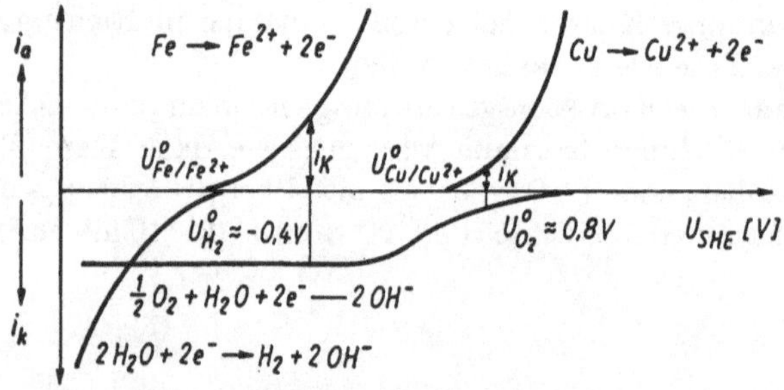

Abb. 9.1. Sauerstoffkorrosion in neutralen Lösungen

Katodische Teilstromkurven der Sauerstoff- sowie Wasserreduktion; anodische Teilstromkurven der Auflösung von Eisen (im Sauerstoff-Grenzstrombereich) sowie Kupfer (im Anfangsbereich der Sauerstoff-Reduktionskurve); i_K – Korrosionsstromdichte beim Ruhepotential

sionsstromdichte

$$i_K = -i_{gr,O_2} = zF \cdot \frac{c_{O_2}}{\delta}. \tag{9.10}$$

Je nachdem, ob die O_2-Reduktion bis zum H_2O (bzw. OH^-) oder nur bis zum H_2O_2 (HO_2^-) erfolgt, ist $z = 4$ bzw. $z = 2$ zu setzen. Dieser Fall liegt z. B. mit $z \approx 4$ häufig bei der Korrosion von Eisen und niedriglegierten Stählen in neutralen Medien vor.

Durch definierte Variation der Sauerstoffkonzentration und der Diffusionsschichtdicke δ, z. B. an einer rotierenden Scheibenelektrode, gemäß Gl. (4.52):

$$i_{gr,O_2} = -0{,}62zFD_{O_2}^{2/3} \cdot \nu_{Lb}^{-1/6}\omega^{1/2}c_{O_2}$$

und Messung des jeweiligen Ruhepotentials kann die Strom-Spannungs-Kurve der Metallauflösung ermittelt werden. Dieses außenstromlose Verfahren ist insbesondere für hochohmige Lösungen (z. B. natürliche Wässer oder wäßrig-organische Medien) von Interesse, da hierbei keine *IR*-Abfälle in der Lösung berücksichtigt werden müssen. Andererseits können durch Vergleich mit in sauerstofffreier Lösung direkt aufgenommenen Strom-Spannungs-Kurven spezifische Einflüsse, z. B. pH-Änderungen im Grenzflächenbereich (Alkalisierung als Folge der O_2-Reduktion) oder von homogenen Reaktionen des Sauerstoffs mit den Korrosionsprodukten ($Fe^{2+} \rightarrow Fe^{3+}$), praxisnäher untersucht werden.

Bei Vorhandensein von Deckschichten ist das Verhältnis der Flächen A_K und A_{O_2}, an denen Korrosion bzw. Sauerstoffreduktion stattfinden, von besonderer Bedeutung. Beim Ruhepotential muß generell gelten:

$$I_K = |I_{O_2}|$$

bzw. für den Fall konstanter Stromdichten i_K und i_{O_2} auf den Flächen A_K bzw A_{O_2}:

$$i_K \cdot A_K = |i_{O_2} \cdot A_{O_2}|.$$

Wird die Metalloberfläche sowohl für die anodische als auch katodische Teilreaktion in gleicher Weise partiell durch eine nichtleitende Deckschicht (z. B. dichte Hydroxid- oder Oxidhydratschicht) blockiert, so verringert sich die Korrosionsstromstärke, während die wahren Korrosionsstromdichten an den unbedeckten Flächenanteilen und damit das Korrosionspotential unverändert bleiben. Dies führt zu einer ungleichmäßigen, lokal begrenzten Korrosion.

Eine solche kann in verstärktem Maße dann auftreten, wenn z. B. bei manchen porenhaltigen, elektronenleitenden Beschichtungen, wie etwa im Falle von Kupfer/Nickel/Chrom-Schichten auf Stahl, das Flächenverhältnis A_{O_2}/A_K und dabei, verbunden mit einer Positivierung des Korrosionspotentials, i_K in den Poren groß wird (Lochfraßkorrosion).

Wird allerdings das Verhältnis A_{O_2}/A_K so groß, daß bei zunächst konstanter O_2-Reduktionsstromdichte die Korrosionsstromdichte i_K die Passivierungsstromdichte i_{max} erreicht, so bildet sich unter weiterer Potentialpositivierung eine Passivschicht aus, an der $i_K = i_p$ sehr klein wird und gleichzeitig i_{O_2} weit unter die Diffusionsgrenzstromdichte absinkt (s. dazu Kap. 9.3.).

9.3. Passivität der Metalle

9.3.1. Allgemeines

Bei der anodischen Auflösung von Metallen macht man in zahlreichen Fällen die Beobachtung, daß die Stromdichte bei allmählicher Erhöhung der Überspannung anfangs in erwartetem Sinne zunimmt, nach Erreichen eines bestimmten Polarisationswertes jedoch plötzlich stark absinkt. Diese Erscheinung wird als Passivität der Metalle bezeichnet [89].

Es kann heute als gesichert gelten, daß der passive Zustand eines Metalls durch eine porenfreie, meist oxidische Deckschicht mit einer Dicke zwischen wenigen bis einigen Hundert Nanometer hervorgerufen wird, die den unmittelbaren Übergang eines Metallions vom Metall in die Lösung wesentlich behindert. Da dadurch die Korrosion eines Metalls sehr stark herabgesetzt wird, so ist das Auftreten der Passivität von großer technischer Bedeutung. Die Passivierbarkeit hängt außer von der Natur des Metalls auch von der Zusammensetzung der Elektrolytlösung ab. Ein besonders eindrucksvolles Beispiel ist etwa die Resistenz des Eisens gegenüber konzentrierter Salpetersäure, während verdünnte Salpetersäure Eisen dagegen sehr stark angreift. Auf Aluminium bildet sich bei anodischer Polarisation in neutraler Lösung eine Passivschicht aus Al_2O_3; diese ist jedoch in sauren und alkalischen Lösungen gut löslich, so daß dort die Passivierung verhindert wird.

Die stationären anodischen Strom-Spannungs-Kurven haben bei passivierbaren Metallelektroden häufig die in Abb. 9.2. dargestellten Formen. Das Elektrodenpotential U_p, bei dem die markante Änderung der Stromdichte eintritt, wird Passivierungspotential genannt. Im Bereich zwischen U_p und U_F, dem Aktivierungs- oder FLADE-Potential, findet der Auf- bzw. Abbau der schützenden Passivschicht statt.

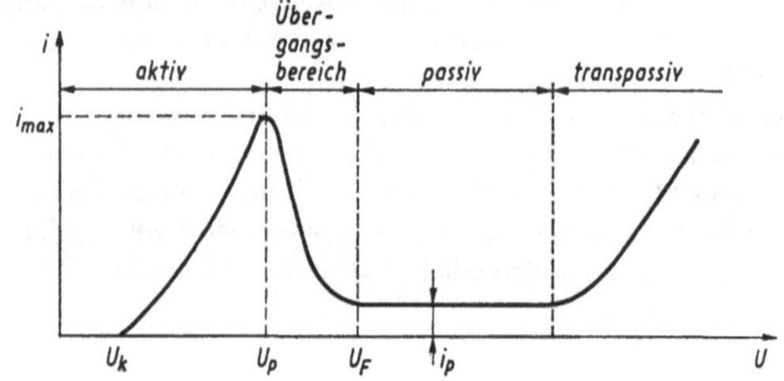

a)

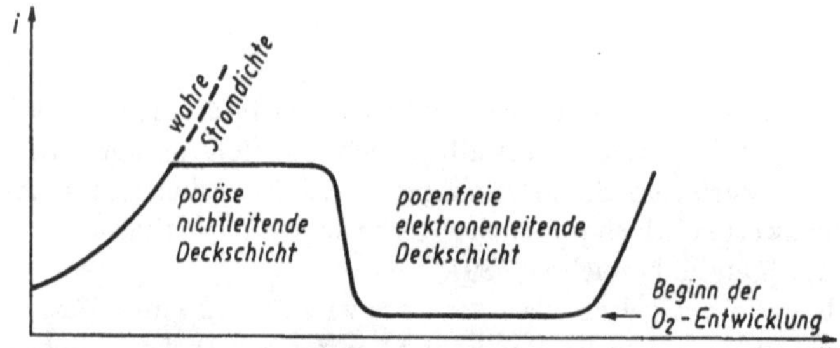

b)

Abb. 9.2a. und 9.2b. Typische Strom-Spannungs-Kurven der Metallauflösung bei Bildung passivierender Deckschichten

U_K – Korrosionspotential (aktiv); U_p – Passivierungspotential; i_{max} – Passivierungsstromdichte; U_F – Aktivierungs- oder FLADE-Potential; i_p – Passivstromdichte

Die im passiven Zustand noch verbleibende geringe Korrosionsstromdichte wird als Passivstromdichte i_p bezeichnet. Sie resultiert im stationären Zustand allein aus einem Metallionenfluß durch die Passivschicht, während die Schichtbildungsreaktion $H_2O \rightleftharpoons O^{2-}$ (Passivschicht) $+ 2H^+ \cdot$ solv im Gleichgewicht ist. Ein späterer Wiederanstieg der Stromdichte im Transpassivbereich ist bei elektronenleitenden Deckschichten gewöhnlich auf die anodische Abscheidung von gasförmigem Sauerstoff zurückzuführen.

9.3.2. Zum Passivzustand des Eisens

Eine wohlausgebildete (d. h. weitgehend von Wasser- oder Hydroxylioneneinlagerungen freie) Passivschicht auf Eisen weist eine inverse Spinell-Struktur auf, die dem Magnetit $Fe_{3-\Delta}O_4$ zugeordnet werden kann. Verschiedene experimentelle Befunde weisen darauf hin, daß die Schicht ein mit dem Abstand von der Metall/Oxid-Grenzfläche von Fe_3O_4 bis $Fe_{2,67}O_4$ (identisch mit γ-Fe_2O_3) kontinuierlich zunehmendes Eisendefizit aufweist.

Ein Strom durch die passive Eisenelektrode kann innerhalb der Oxidschicht sowohl ein Ionenstrom als auch ein Elektronenstrom sein. Der Ladungstransport durch die Phasengrenze Metall/Oxid kann durch Eisenionen- und/oder Elektronendurchtritt erfolgen. Er ist offenbar nur wenig gehemmt, wenn das metallische Eisen mit seinem Gleichgewichtsoxid ($\approx Fe_3O_4$) im Kontakt steht. Für den Ladungstransport durch die Phasengrenze Oxid/Elektrolytlösung bestehen die drei Möglichkeiten: a) Metallionendurchtritt (Korrosion), b) Sauerstoffioneneinbau bzw. -ausbau und c) Elektronendurchtritt (Redoxreaktion).

Der Korrosionsvorgang im Passivbereich des Eisens besteht in dem irreversiblen Übergang dreiwertiger Eisenionen vom Oxid in die Elektrolytlösung: $Fe^{3+} \cdot ox \rightarrow Fe^{3+} \cdot$ solv. Seine Geschwindigkeit (Stromdichte i_K) ist von der Potentialdifferenz $U_{2,3}$ an der Phasengrenze Oxid/Lösung und von den dortigen Eigenschaften des Passivoxids abhängig.

Der Schichtaufbau bzw. -abbau verläuft über die elektrochemische Bruttoreaktion $H_2O \rightleftharpoons O^{2-} \cdot ox + 2H^+ \cdot$ solv, deren Geschwindigkeit (Stromdichte i_s) ebenfalls von der Potentialdifferenz $U_{2,3}$ und den Eigenschaften des Passivoxids in der Grenzfläche Oxid/Lösung abhängt.

Das Elektrodenpotential der passiven Eisenelektrode $U_{1,3}$ wird bestimmt durch die Summe

$$U_{1,3} = U_{1,2} + U_{\text{oxid}} + U_{2,3}.$$

($U_{1,2}$ — Potentialdifferenz an der Phasengrenze Metall/Oxid)

Die Größen $U_{1,2}$, U_{oxid} und $U_{2,3}$ hängen von der Stromdichte i ab. Letztere setzt sich aus einem Anteil i_K für die Korrosion und einem Anteil i_s für den Schichtaufbau bzw. -abbau zusammen:

$$i = i_K + i_s.$$

Im stationären Zustand des passiven Eisens sind das Elektrodenpotential $U_{1,3}$ und die Stromdichte i sowie die Zusammensetzung und Dicke der Passivschicht zeitlich konstant. Unter diesen Bedingungen muß daher die Schichtbildungsreaktion $H_2O \rightleftharpoons O^{2-} \cdot ox + 2H^+ \cdot \text{solv}$ im Gleichgewicht sein ($i_s = 0$), so daß die Stromdichte i gleich der Passivstromdichte $i_p = i_{K,\text{stat}}$ wird. Die Potentialdifferenz $U_{2,3}$ entspricht dann dem Gleichgewichtspotential der Schichtbildungsreaktion:

$$U_{2,3,\text{stat}} = U_{2,3}^0 + (RT/2F) \ln a_{O^{2-} \cdot ox} \cdot a_{H^+}^2,$$

wobei $a_{O^{2-}} \cdot ox$ die Aktivität der O^{2-}-Ionen im Oxid und a_{H^+} die Aktivität der Wasserstoffionen in der Elektrolytlösung bedeuten.

In sauren Lösungen ist die (stationäre) Passivstromdichte in einem weiten Bereich unabhängig vom Elektrodenpotential $U_{1,3}$. Ein solches Verhalten kann nur damit erklärt werden, daß $U_{2,3,\text{stat}}$ und damit die Zusammensetzung des Passivoxids an der Phasengrenze zur Elektrolytlösung von $U_{1,3}$ unabhängig ist. Eine Änderung $\Delta U_{1,3}$ des Elektrodenpotentials führt demgemäß solange zu einem Schichtwachstum bzw. -abbau, bis die damit verbundene Änderung ΔU_{ox} des Potentialabfalls im Inneren der Passivschicht gleich $\Delta U_{1,3}$ geworden ist. Bei konstanter spezifischer Leitfähigkeit des Passivoxids bedeutet dies eine experimentell auch bestätigte lineare Abhängigkeit der stationären Schichtdicke vom Elektrodenpotential $U_{1,3}$.

Zur Deutung der örtlich veränderlichen stöchiometrischen Zusammensetzung der Passivschicht auf Eisen ist von Vetter [93] und Wagner [94] ein Modell entwickelt worden. Seine wesentliche Basis ist die Vorstellung, daß bei Ausschluß eines Elektronendurchgangs durch die Passivschicht, d. h. bei Abwesenheit eines Redoxsystems in der Lösung, thermodynamisches Gleichgewicht der Elektronen in der Oxidschicht angenommen werden kann. Wegen der damit gegebenen Konstanz des elektrochemischen Potentials (Fermi-Potential) $\tilde{\mu}_e = \mu_e - F \cdot \varphi$ der Elektronen gilt in jedem Abstand x von der Phasengrenze Metall/Oxid $d\mu_e/dx = F \cdot d\varphi/dx = -F \cdot E(i)$, wobei $E(i)$ die den Ionenstrom i in der Schicht bewirkende elektrische Feldstärke ist. Da $\mu_e(n)$ und $E(n, i)$ von der Zusammensetzung des Passivoxids FeO_n abhängen, beschreibt diese Gleichung den örtlichen Verlauf der Zusammensetzung $n(x)$ und des inneren elektrischen Potentials $\varphi(x)$, der nur noch von der Stromdichte i abhängt. Hierbei entspricht ein höherer Oxydationsgrad n einem kleineren Wert des chemischen Potentials μ_e der Elektronen. Während die metallseitige Zusammensetzung des Passivoxids $\approx Fe_3O_4$ dem Gleichgewichtsoxid im Kontakt mit Fe entspricht, wird die oben erwähnte weitgehende Unabhängigkeit der lösungsseitigen Zusammensetzung $Fe_{2,67}O_4$ vom Elektrodenpotential dadurch erklärt, daß bei nahezu stöchiometrisch aufgebautem γ-Fe_2O_3 das FERMI-Potential in der Bandlücke weit genug von den Bandkanten entfernt liegt und Änderungen des chemischen Potentials μ_e somit nur geringfügige Stöchiometrieänderungen zur Folge haben.

9.4. Mechanismus und Kinetik der Deckschichtbildung

Nach einer im wesentlichen von W. J. MÜLLER stammenden Theorie entstehen hemmende Deckschichten dadurch, daß bei genügend großer Auflösungsgeschwindigkeit des Metalls das Löslichkeitsprodukt eines Salzes, Hydroxids oder Oxids in unmittelbarer Nähe der Elektrodengrenzfläche überschritten wird und die sich dabei bildenden festen Verbindungen auf der Oberfläche niederschlagen. Spätere Untersuchungen haben ergeben, daß sich Deckschichten vielfach auch durch direkte Reaktion des Metalls mit den in der Lösung vorhandenen Anionen oder mit den Lösungsmittelmolekülen (z. B. Wasser) bilden können. Solche Reaktionen sind z. B.

$$Me + nCl^- \rightarrow MeCl_n + ne^-$$

$$2Me + 2nOH^- \rightarrow Me_2O_n + nH_2O + 2ne^-$$

$$2Me + nH_2O \rightarrow Me_2O_n + 2nH^+ + 2e^- .$$

Für einen derartigen Mechanismus spricht unter anderem die Beobachtung, daß die anodische Bildung von Hydroxid- oder Oxidschichten auch in stark sauren Lösungen stattfindet, in denen auch bei hohen Stromdichten die durch Migration verursachte Verarmung an H^+-Ionen in Elektrodennähe keine so große pH-Erhöhung hervorrufen könnte, daß dadurch eine Ausfällung von Hydroxid oder Oxid möglich wäre.

Das Wachstumsverhalten und die Eigenschaften der entstehenden Deckschicht hängen in bedeutendem Maße von ihrer elektrischen Leitfähigkeit und dem Leitungsmechanismus ab. Eine Schicht kann z. B. praktisch nichtleitend, vorwiegend ionenleitend oder vorwiegend elektronenleitend sein.

9.4.1. Schlechtleitende Deckschichten [95]

Wenn die primär sich ausbildende Schicht sehr schlecht leitend ist, so steigt bei konstanter scheinbarer (d. h. auf die Abmessung der Elektrodengrenzfläche bezogener) Stromdichte die wahre Stromdichte auf den zunächst noch freien Teilen der Oberfläche mit zunehmender Bedeckung an. Dadurch tritt in den Poren der Schicht eine ständig größer werdende Polarisation auf, die zu einem neuen Elektrodenvorgang führen kann (z. B. Aufoxydation der Metallionen in eine höhere Wertigkeitsstufe, z. B. $Cr^{3+} \rightarrow CrO_4^{2-}$, oder Sauerstoff-Entwicklung), unter Umständen aber auch die Ausbildung einer Deckschicht mit andersartigen Eigenschaften ermöglicht. Ist dies nicht der Fall, so schließt sich die schlechtleitende Deckschicht nach und nach vollständig und das Elektrodenpotential steigt bis zum Funkendurchschlag an. Eine Depolarisation durch eine anodische Sauerstoffentwicklung z. B. nach der Reaktion

$$2\,H_2O \rightarrow 4\,H^+ + O_2 + 4\,e^-$$

ist in diesem Fall selbst bei Überspannungen in der Größenordnung von 100 V kaum möglich, da obige Reaktion nur ablaufen kann, wenn Elektronen durch die geschlossene Passivschicht transportiert werden können.

Schlechtleitende Oxid-Deckschichten treten z. B. beim Al, Ti und Ta auf. Passive Al-, Ti- und Ta-Elektroden verhindern weitgehend den Stromdurchgang in anodischer Richtung und wirken deshalb als Gleichrichter für Wechselstrom. Eine ähnliche Sperrwirkung haben auch manche Salzschichten, wie $ZnSO_4$, $ZnCl_2$ u. a. [95a]. Voraussetzung für die Sperrwirkung ist, daß die schlechtleitenden festen Verbindungen unmittelbar auf dem Metall aufwachsen, nicht aber erst sekundär (z. B. durch Hydrolyse) in geringer Entfernung von der Grenzfläche (Schleierbildung) entstehen.

Poröse schlechtleitende Deckschichten, bei denen die Stromleitung praktisch ausschließlich in den elektrolytgefüllten Poren stattfindet, lassen sich daran erkennen, daß ihr Widerstand dem Elektrolytwiderstand proportional ist.

Bei der Ausbildung einer schlechtleitenden Deckschicht sind charakteristische galvanostatische Einschaltkurven zu beobachten. Die scheinbare Stromdichte i_s und die wahre Stromdichte in den Poren i_w sind miteinander durch die Gleichung

$$i_s = i_w \cdot (1 - \Theta) \qquad (9.11)$$

verknüpft, wenn Θ der Bedeckungsgrad der Elektrodenoberfläche ist. Die zeitliche Änderung von Θ ergibt sich aus der Differenz zwischen Bildungs- und Auflösungsgeschwindigkeit der Deckschicht.

Unter Berücksichtigung des FARADAYschen Gesetzes folgt für die Geschwindigkeit der Deckschichtbildung

$$\left(\frac{d\Theta}{dt}\right)_{\text{Bildung}} = k \cdot i_s, \tag{9.12}$$

wobei die Konstante k den durch die Strommengeneinheit auf der Flächeneinheit erzeugten Bedeckungsgrad angibt.

Die Auflösungsgeschwindigkeit der Deckschicht kann bei definierten Konvektionsbedingungen in der Lösung als konstant angesehen werden. Sie läßt sich über die Beziehung

$$\left(\frac{d\Theta}{dt}\right)_{\text{Auflösung}} = k \cdot i_K \tag{9.13}$$

durch eine Korrosionsstromdichte i_K charakterisieren.

Für die zeitliche Änderung von Θ gilt somit insgesamt

$$\frac{d\Theta}{dt} = \left(\frac{d\Theta}{dt}\right)_{\text{Bildung}} - \left(\frac{d\Theta}{dt}\right)_{\text{Auflösung}} = k \cdot (i_s - i_K). \tag{9.14}$$

Da i_s bei galvanostatischen Einschaltvorgängen konstant ist, erhält man durch Integration von Gl. (9.14)

$$\Theta = k \cdot (i_s - i_K) \cdot t. \tag{9.15}$$

Die zur vollständigen Bedeckung der Elektrodenoberfläche ($\Theta = 1$) erforderliche Zeit ist danach

$$\tau = \frac{1}{k \cdot (i_s - i_K)}. \tag{9.16}$$

Für die wahre Stromdichte in den Poren ergibt sich aus Gl. (9.11), (9.15) und (9.16)

$$i_w = \frac{i_s}{(1 - \Theta)} = \frac{i_s}{k \cdot (i_s - i_K)\,(\tau - t)} = \frac{k'}{(\tau - t)}. \tag{9.17}$$

Gleichung (9.17) liefert somit im $i_w - t$-Diagramm eine Hyperbel. Nimmt man die Strom-Spannungs-Kurve für die Diffusionspolarisation in den Poren als linear an, so folgt auch für $U = f(t)$ eine hyperbelförmige Kurve (Abb. 9.3a.):

$$U = \frac{k''}{\tau - t} \tag{9.18}$$

9.4.2. Vorwiegend ionenleitende Deckschichten

Bei der Ausbildung von ionenleitenden Schichten, wie z. B. Silberhalogenidschichten, verläuft der Wachstumsvorgang zunächst in ähnlicher Weise wie bei sehr schlecht leitenden Schichten, da der Widerstand der Deckschicht gewöhnlich größer ist als der der Elektrolytlösung in den Poren. Auch hier kann sich die Deckschicht schließlich vollständig schließen. Die gesamte Stromleitung und das weitere Aufwachsen der Schicht erfolgt dann praktisch ausschließlich durch die Wanderung der am Aufbau der Schicht beteiligten Kationen und/oder Anionen. Hierfür ist ein Gefälle des elektrochemischen Potentials der Ionen erforderlich. Wegen der gewöhnlich sehr hohen Feldstärken innerhalb der Schicht ($10^6 \cdots 10^7$ V/cm) ist dabei überwiegend der elektrische Anteil für die Bewegung der Ionen maßgebend. Da die Wanderung der Ionen über Zwischengitterplätze und Leerstellen (in manchen Fällen bevorzugt längs der Korngrenzen) erfolgt und für den damit verbundenen Platzwechsel bestimmte Aktivierungsenergien erforderlich sind, so gilt für die Ionenströme innerhalb der Schicht nicht mehr das Ohmsche Gesetz, sondern eine exponentielle Abhängigkeit von der Feldstärke [96].

Die zeitliche Zunahme der Dicke l einer geschlossenen ionenleitenden Schicht erfolgt analog zu Gl. (9.14) nach der Beziehung

$$\frac{dl}{dt} = K \cdot (i_s - i_K). \tag{9.19}$$

Für galvanostatische Einschaltvorgänge (i_s = konst.) folgt daraus durch Integration

$$l = K \cdot (i_s - i_K) \cdot t. \tag{9.20}$$

Nimmt man näherungsweise an, daß der spezifische Widerstand ϱ der Schicht konstant bleibt und daß der Potentialabfall U_s über der Deckschicht eine lineare Funktion der Stromdichte ($U_s = \varrho \cdot l \cdot i_s$) ist, so ergibt sich für die Spannungs-Zeit-Kurve bei ge-

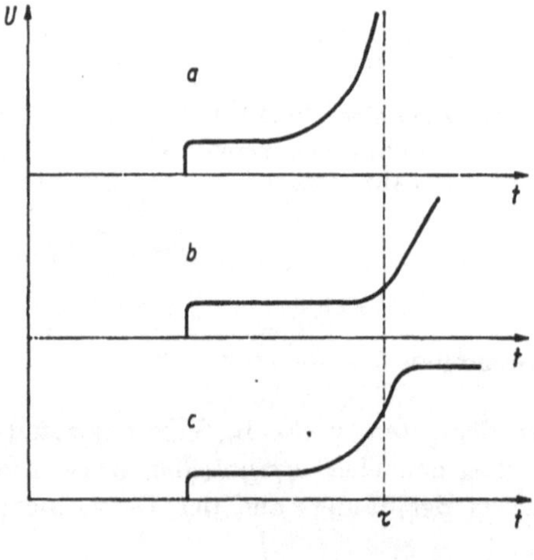

Abb. 9.3. Schematische galvanostatische Potential-Zeit-Kurven bei der anodischen Bildung von Deckschichten

a) praktisch nichtleitende Deckschichten;
b) vorwiegend ionenleitende Deckschichten;
c) vorwiegend elektronenleitende Deckschichten

schlossener Deckschicht

$$U(t) - U(\tau) = K \cdot \varrho \cdot i_s \cdot (i_s - i_K) \cdot (t - \tau), \tag{9.21}$$

d. h. eine lineare Abhängigkeit der Spannung von der Zeit (Abb. 9.3b.).

Diese Spannungs-Zeit-Kurve unterscheidet sich damit beträchtlich von der bei praktisch nichtleitenden Deckschichten. Ist die Korrosionsstromdichte vernachlässigbar klein ($i_K \ll i_s$), so wächst $U(t)$ quadratisch mit i_s an.

9.4.3. Vorwiegend elektronenleitende Schichten

Eine bevorzugte Elektronenleitfähigkeit (etwa 10^3mal größer als die Ionenleitfähigkeit) haben vor allem die Oxidschichten von Fe, Ni, Co, Zn und den Edelmetallen. Dies geht unter anderem daraus hervor, daß die Galvanispannung zwischen den erwähnten oxidbedeckten Metallen und Elektrolytlösungen, in denen Redoxsysteme enthalten sind, in der Regel die der NERNSTschen Gleichung entsprechenden Konzentrationsabhängigkeiten zeigen.

Schichten mit Dicken < 1 nm werden in der Regel von den Elektronen durchtunnelt. Dickere Schichten (> 2 nm) sind infolge des überstöchiometrischen Gehalts des Oxids an Metall zumeist n-Halbleiter. In Schichten mit örtlich uneinheitlicher Stöchiometrie sind aber auch p-n-Übergänge nicht auszuschließen.

Die Bildung einer elektronenleitenden Oxiddeckschicht erfolgt in vielen Fällen durch eine unmittelbare elektrochemische Reaktion des Metalls mit OH^--Ionen oder H_2O-Molekülen:

$$2\,Me + 2n\,OH^- \rightarrow Me_2O_n + n\,H_2O + 2ne^- \tag{r_2}$$

$$2\,Me + n\,H_2O \rightarrow Me_2O_n + 2n\,H^+ + 2e^- .$$

Die Gleichgewichts-Elektrodenpotentiale $U_{gl,2}$ dieser Reaktionen sind gewöhnlich mehrere Hundert Millivolt positiver als das Gleichgewichts-Elektrodenpotential $U_{gl,1}$ des direkten Metallionenübergangs

$$Me \rightarrow Me^z + ze^- . \tag{r_1}$$

Bei Abwesenheit eines äußeren Stromflusses stellt sich daher an partiell mit Oxid bedeckten Elektroden eine Mischspannung U_M ein, bei der einerseits Metallionen in Lösung gehen, andererseits das Oxid reduziert wird. Wie aus den Teilstrom-Spannungs-Kurven der beiden Vorgänge (Abb. 9.4.) zu ersehen ist, kann die anodische Bildung von Oxid erst dann einsetzen, wenn die Polarisation so groß wird, daß das Elektrodenpotential $U_{gl,2}$ (Stromdichte i_x) erreicht wird.

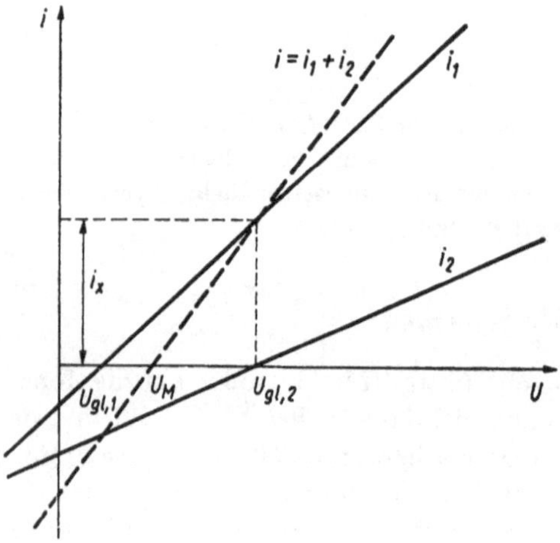

Abb. 9.4. Teil- und Gesamtstrom-Spannungs-Kurven (linearisiert) einer partiell mit Passivoxid bedeckten Elektrode. Bedeckungsgrad $\Theta = 0{,}5$

Für das Ansteigen der Polarisation bei konstanter Stromstärke gibt es verschiedene Ursachen:

Es ist z. B. möglich, daß bei der anodischen Auflösung des zunächst aktiven Metalls durch Überschreiten des Löslichkeitsprodukts eines Salzes des Metalls mit den Anionen der Lösung oder durch Hydrolyse zunächst eine poröse nichtleitende Deckschicht (z. B. $FeSO_4$ bei Eisen in H_2SO_4-Lösung) entsteht. Dabei nimmt die wahre Stromdichte in den Poren und damit die Polarisation zu, bis das Elektrodenpotential $U_{gl,2}$ erreicht ist. Es beginnt dann die Bildung der elektronenleitenden Oxidschicht, während sich die primär entstandene nichtleitende Deckschicht gewöhnlich wieder auflöst. Die nacheinander erfolgende Abscheidung solcher verschiedenartiger Deckschichten führt häufig zu einer stufenförmigen Strom-Spannungs-Kurve (Abb. 9.2b.).

Zahlreiche Untersuchungen haben jedoch ergeben, daß die Ausbildung einer porösen nichtleitenden Deckschicht keine unbedingte Voraussetzung für den Passivierungsvorgang ist [97]. So lassen sich z. B. Ni in Schwefelsäure und Fe in Natronlauge [97a] auch bei dauerndem Schleifen der Metalloberfläche anodisch passivieren [97b].

Diese Befunde weisen darauf hin, daß das Elektrodenpotential $U_{gl,2}$ auch allein schon auf Grund der Durchtrittspolarisation an der unbedeckten Metalloberfläche erreicht werden kann. Dies ist insbesondere bei Metallionen-Elektroden mit sehr geringen Austauschstromdichten zu erwarten (wie z. B. bei den oben erwähnten Metallen Ni und Fe).

Der prinzipielle Verlauf der galvanostatischen Spannungs-Zeit-Kurve läßt sich bei Ausbildung vorwiegend elektronenleitender Schichten in folgender Weise abschätzen:

Der Zusammenhang zwischen i_s und i_w ist anfangs wieder durch die Beziehung $i_s = i_w \cdot (1 - \Theta)$ gegeben. Die Oxidschicht (Bedeckungsgrad Θ) ist trotz ihrer Elektronenleitfähigkeit solange nicht am Stromtransport beteiligt, wie infolge der zunächst geringen Polarisation noch kein elektronenverbrauchender Vorgang (z. B. Anionenentladung) stattfinden und der Ionenstrom durch die Oxidschicht als vernachlässigbar klein angesehen werden kann.

Die wahre Stromdichte setzt sich additiv aus den beiden Teilstromdichten i_1 und i_2 zusammen, so daß

$$i_w = i_1 + i_2 \tag{9.22}$$

und nach Gl. (9.11)

$$i_s = (i_1 + i_2)(1 - \Theta). \tag{9.23}$$

Da für die Bildung der Oxidschicht nur der Anteil $i_2\,(1 - \Theta)$ verbraucht wird, so ist

$$\frac{d\Theta}{dt} = k \cdot i_2 \cdot (1 - \Theta). \tag{9.24}$$

Für i_s = konst. und lineare Teilstrom-Spannungs-Kurven folgt aus Gl. (9.24) und (9.23) durch Integration

$$U(t) = U_{gl,2} + \frac{U_{gl,2} - U_M}{\exp\left[B \cdot (\tau - t)\right] - 1} \tag{9.25}$$

B ist eine Konstante, die von k, i_x und den Neigungen der beiden Teilstrom-Spannungs-Kurven abhängt. Die Größe

$$\tau = \frac{1}{B} \cdot \ln \frac{i_s}{i_s - i_x} \tag{9.26}$$

gibt analog zu Gl. (9.16) die Zeit an, nach der eine vollständige Bedeckung erreicht ist. Für $t = \tau$ würde U nach Gl. (9.25) unendlich groß werden. Dieser Fall tritt in praxi nicht ein, da bei genügend hoher Polarisation in der Regel Schichtdickenwachstum und Sauerstoffentwicklung einsetzen. Die galvanostatische Einschaltkurve (Abb. 9.3c.) biegt daher ab, wenn eine zeitlich konstante Sauerstoffüberspannung an der Oxidschicht für die Stromdichte i_s erreicht ist.

9.5. Passivierung und Aktivierung

Die Passivierung eines Metalls kann allgemein nur dann eintreten, wenn die Stromdichte i größer ist als die Stromdichte i_{max} der aktiven Metallauflösung beim Passivierungspotential U_p. Nach Bildung der Passivschicht sinkt die Stromdichte auf die Passivstromdichte ab (Abb. 9.2a.).

Die für die Stromdichte $i_{\max}$, die kritische passivierende Stromdichte, erforderliche Polarisation kann entweder durch eine äußere Spannungsquelle oder durch ein in der Lösung vorhandenes Redoxsystem hervorgerufen werden. Die Wirksamkeit eines Redoxsystems hängt wesentlich von dem Verlauf der katodischen bzw. anodischen Teilstrom-Spannungs-Kurven des Redoxsystems ab. Das aktive Metall kann ohne äußeren Stromfluß passiviert werden, wenn die passivitätserzeugenden Bedingungen

$$|I_{\text{redox}}(U_p)| \geqq I_{\max}(U_p)$$
$$U_p \leqq U_{gl,\text{redox}} \tag{9.27}$$

erfüllt sind. Dieser Fall liegt z. B. beim Eisen in konzentrierter Salpetersäure vor. Bei anderen Oxydationsmitteln, wie Ce^{4+}-, CrO_4^{2-}- oder Fe^{3+}-Ionen in saurer Lösung sind die Bedingungen (9.27) häufig nicht erfüllt. Diese Redoxsysteme können jedoch einen vorhandenen Passivzustand unter Ausbildung einer Mischspannung (im Passivbereich) erhalten, sie haben eine passivitätserhaltende Wirkung.

Allgemein kann der Passivzustand nur aufrechterhalten werden, wenn die von außen vorgegebene anodische Stromdichte i größer oder gleich der stationären Passivstromdichte i_p ist oder wenn die Lösung einen Stoff enthält, der mit der Stromdichte $|i| \geqq i_p$ elektrochemisch reduziert werden kann.

Nach Abschalten eines äußeren passivierenden Stroms löst sich die Passivschicht nach und nach auf, und das Metall wird nach einer gewissen Zeit aktiv. Das Elektrodenpotential fällt dabei zunächst auf das Ruhepotential des passiven Metalls ab, geht dann jedoch beim Aktivierungspotential, häufig auch FLADE-Potential U_F genannt, sprunghaft auf den Wert des aktiven Metalls zurück. Dieser Vorgang wird als Ausschalt- oder Selbstaktivierung bezeichnet. Die Aktivierungszeit hängt von der Auflösungsgeschwindigkeit der Schicht und ihrer Dicke ab.

Die Aktivierung eines passiven Metalls kann auch durch einen katodischen Stromfluß hervorgerufen werden. Diese katodische Stromaktivierung erfolgt bei einem Elektrodenpotential $U < U_F$ durch Reduktion der Oxidschicht, wobei entweder nach

$$MeO_n + nH_2O + 2ne^- \rightarrow Me + 2nOH^-$$

eine Rückbildung des Metalls stattfindet oder nach

$$MeO_n + (n - m)\,H_2O + 2(n - m)\,e^-$$
$$\rightarrow MeO_m + 2 \cdot (n - m)\,OH^- \;(m < n)$$

ein niederwertiges Oxid entsteht, das sich in der Elektrolytlösung schnell auflöst, oder niederwertige Metallionen in die Lösung übergehen gemäß

$$MeO_n + me^- + nH_2O \rightarrow Me^{(2n-m)+} + 2nOH^- \; (m < 2n).$$

Zwischen der katodischen Aktivierungsstromdichte i_A und der Aktivierungszeit t_A wird bei galvanostatischer katodischer Stromaktivierung mitunter die Beziehung

$$i_A \cdot t_A = \text{konst.} \tag{9.28}$$

beobachtet [98], wobei das Produkt, d. h. die Ladungsmenge, im wesentlichen von der Dicke der Passivschicht abhängt. Daraus kann bei Kenntnis der Bruttoreaktionsgleichung für die Reduktion die in der Passivschicht enthaltene Oxidmenge und bei Kenntnis ihrer Dichte und des Rauhigkeitsfaktors schließlich auch die Schichtdicke bestimmt werden.

Man kann die Passivschicht als einen Verlustkondensator der Kapazität C_s mit einem dazu parallel geschalteten Ohmschen Widerstand R_s auffassen. Durch R_s fließt ein ständiger Strom, dessen Dichte im stationären Zustand der Passivstromdichte i_p entspricht. Unter Zugrundelegung dieses Ersatzschaltbilds läßt sich für die Aktivierungszeit die experimentell bestätigte Beziehung

$$t_A = R_sC_s \cdot \ln \frac{|i|}{|i| - i_p} \tag{9.29}$$

ableiten.

Der Abbau einer Passivschicht erfolgt häufig nicht gleichmäßig, sondern unter Ausbildung von aktiven Löchern (Lochfraß). Wenn diese Löcher oberhalb eines bestimmten Flächenanteils Θ_A durch die lokale anodische Stromdichte nicht wieder ausgeheilt werden können, so breitet sich die Aktivierung nach und nach über die gesamte Elektrodenoberfläche aus. Die zur Auslösung dieser spontanen Aktivierung notwendige aktive Fläche kann außerordentlich klein sein. Bei passiven Eisenoberflächen hat Θ_A in 1n H_2SO_4 z. B. die Größenordnung 10^{-3}.

Eine Aktivierung kann weiterhin auch einfach durch Berührung der passiven Elektrode mit einem aktiven Metall hinreichend großer Oberfläche (Berührungsaktivierung) oder durch Zusatz aktivierender Stoffe (z. B. Cl^--Ionen) zur Elektrolytlösung erfolgen. Die aktivierenden Stoffe können durch Herabsetzung der Durchtrittsüberspannung für die Metallionen an der Grenzfläche Oxid/Lösung die lokale Korrosionsstromdichte an bevorzugten Stellen wesentlich erhöhen, was häufig zur Lochbildung führt [99].

9.6. Flade-Potential

Das FLADE-Potential läßt sich gewöhnlich am einfachsten bei der Ausschaltaktivierung beobachten. Es ist dann das Potential, von dem aus eine sprungartige Potentialänderung in den Aktivbereich des Metalls erfolgt. Bei der Aufnahme von stationären Strom-Spannungs-Kurven unter potentiostatischen Bedingungen entspricht das FLADE-Potential demjenigen Elektrodenpotential, bei dem von positiveren Werten herkommend der Steilanstieg der Stromdichte beginnt.

Für die Deutung der Natur des FLADE-Potentials ist insbesondere seine pH-Abhängigkeit von Interesse. Für eine Reihe von Metallen (Fe, Pd, Au u. a.) gilt die Beziehung

$$U_F = U^0 - 0{,}059\ \mathrm{pH}\ (298\ \mathrm{K}), \tag{9.30}$$

z. B. für Eisen im pH-Bereich 1…6:

$$U_F = (0{,}58 - 0{,}059\ \mathrm{pH})\ \mathrm{V}\ (\mathrm{SHE}).$$

U_F ändert sich also wie das Gleichgewichts-Potential einer Oxidelektrode. Da U^0 überdies in einigen Fällen mit den Standard-Gleichgewichtspotentialen bestimmter Oxid-Elektroden einigermaßen übereinstimmt, liegt es nahe, das FLADE-Potential als Gleichgewichts-Potential von Reaktionen der Art

$$\mathrm{Me} + n\,\mathrm{H_2O} \rightleftharpoons \mathrm{MeO}_n + 2n\,\mathrm{H^+} + 2ne^-$$

oder

$$\mathrm{MeO}_n + (m - n)\,\mathrm{H_2O} \rightleftharpoons \mathrm{MeO}_m + 2(m - n)\,\mathrm{H^+} + 2(m - n)\,e^-$$

aufzufassen [10], z. B. beim Eisen:

$$2\mathrm{Fe_3O_4} + \mathrm{H_2O} \rightleftharpoons 3\gamma\text{-}\mathrm{Fe_2O_3} + 2\,\mathrm{H^+} + 2e^-.$$

Nicht selten sind die beobachteten U^0-Werte allerdings keinen der bekannten, stöchiometrisch einheitlich zusammengesetzten Oxid- bzw. Oxidhydrat-Phasen sicher zuzuordnen. Dies ist insbesondere dann der Fall, wenn die Passivschicht aus einem Oxid besteht, dessen Zusammensetzung sich mit dem Abstand von der Metalloberfläche kontinuierlich verändert. So besteht z. B. für das Passivoxid des Eisens die Vorstellung, daß gemäß der Formel $\mathrm{Fe}_{3-\Delta}\mathrm{O}_4$ eine Schicht mit variierendem Eisenunterschuß Δ vorliegt, wobei metallseitig $\Delta \approx 0$ und lösungsseitig $\Delta \approx 0{,}33$ ($\triangleq \gamma$-$\mathrm{Fe_2O_3}$) gilt. Aus diesem Modell wurde das FLADE-Potential $U_F = 0{,}58$ V (SHE) als Gleichgewichtspotential einer Magnetitelektrode der Zusammensetzung $\mathrm{Fe_{2,83}O_4}$ bei pH = 0 abgeschätzt [94].

10. Reaktionen an Halbleiterelektroden [103]

10.1. Merkmale der Halbleiter

Halbleiter sind Stoffe, deren elektrische Leitfähigkeit eine Mittelstellung zwischen den metallischen Leitern und den Isolierstoffen einnimmt. Typische Beispiele sind Silicium, Germanium, Galliumarsenid oder Cadmiumsulfid. Ihre spezifische Leitfähigkeit liegt wegen der sehr viel geringeren Ladungsträgerkonzentrationen als bei metallischen Leitern im Bereich von 10^{-9} bis 10^2 Ohm^{-1} cm^{-1}. Sie nimmt im allgemeinen mit steigender Temperatur exponentiell zu. Auf der Basis des Bändermodells der Kristallelektronen lassen sich Halbleiter als Feststoffe definieren, bei denen der Bandabstand zwischen dem bei 0 K vollständig gefüllten Valenzband und dem darüberliegenden Leitungsband höchstens 2,5···3 eV beträgt, wobei das Fermi-Niveau E_F in der verbotenen Zone zwischen beiden Bändern liegt.

Die Anzahl der für den Stromfluß zur Verfügung stehenden Ladungsträger, nämlich Elektronen in dem weitgehend leeren Leitungsband und positiv geladene Löcher (Defektelektronen) im ursprünglich gefüllten Valenzband können in verschiedener Weise erzeugt werden. Durch thermische Anregung wird eine mit der Temperatur zunehmende Anzahl von Elektronen aus dem Valenzband unter Zurücklassung der entsprechenden Anzahl von Löchern in das Leitungsband angehoben. Wenn keine weiteren Ladungsträger, z. B. von Fremdatomen, beigesteuert werden, spricht man von Eigenleitung. Dagegen herrscht Störstellenleitung vor, wenn die Ladungsträger vorwiegend von Fremdatomen oder Gitterstörstellen geliefert werden. Überwiegen dabei die negativen Elektronen im Leitungsband, so ist der Halbleiter n-leitend. Im Fall von p-Leitung wird der Stromfluß vorwiegend von den effektiv positiven Löchern gewährleistet, die zurückbleiben, wenn Elektronen aus dem Valenzband von Störstellen eingefangen werden. Sehr wichtig (z. B. für das Verständnis des elektrochemischen Verhaltens von oxidischen Deckschichten auf Metalloberflächen) sind inhomogene halbleitende Strukturen, bei denen Bereiche mit p- bzw. n-Leitung aneinandergrenzen.

10.1.1. Eigenleitung

Bei reiner Eigenleitung entstehen die Ladungsträger durch thermische Anregung paarweise, d. h., die Konzentration c_n der Elektronen im Leitungsband muß gleich der Konzentration c_p der Löcher im Valenzband sein: $c_n = c_p$. Diese Konzentrationen lassen sich — wie in Abb. 10.1 veranschaulicht — mit Hilfe der Zustandsdichtefunktion $D(E)$ und der FERMI-DIRAC-Verteilungsfunktion $f(E) = 1/[\exp{(E - E_F)/(kT)} + 1]$ berechnen:

$$c_n = \int_{E_L}^{E_L'} D(E)\, f(E)\, dE \tag{10.1a}$$

$$c_p = \int_{E_V'}^{E_V} D(E)\, [1 - f(E)]\, dE\,. \tag{10.1b}$$

Dabei bedeuten E die Energie der Elektronenzustände und E_F die FERMI-Energie.

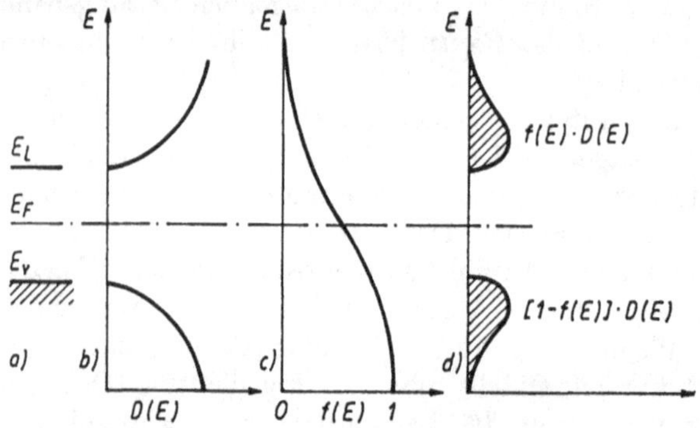

Abb. 10.1. Schema zur Veranschaulichung der Ladungsträgerdichten bei Eigenleitung

a) Bändermodell; b) Zustandsdichte $D(E)$; c) Verteilungsfunktion $f(E)$; d) Ladungsträgerkonzentration in den Bändern

Da die Integranden wegen des exponentiellen Abfalls von $f(E)$ bzw. $[1 - f(E)]$ nur in der Nähe der Bandkantenenergien E_L (Leitungsband) bzw. E_V (Valenzband) von Null verschieden sind, können die Integrationsgrenzen E_L' und E_V' durch $+\infty$ bzw. $-\infty$ ersetzt werden. Für Bandabstände $(E_L - E_F) \gg kT$

bzw. $(E_F - E_V) \gg kT$ erhält man dann

$$c_n = N_L \exp\left[-(E_L - E_F)/(kT)\right] \tag{10.2a}$$

$$c_p = N_V \exp\left[-(E_F - E_V)/(kT)\right] \tag{10.2b}$$

N_L und N_V sind die stoffeigenen effektiven Zustandsdichten des Leitungs- bzw. Valenzbands.

Das FERMI-Niveau E_F entspricht dem elektrochemischen Potential $\tilde{\mu}_e$ der Elektronen im Halbleiter. Es liegt bei Eigenhalbleitern nur für $T = 0$ K genau in der Mitte zwischen den Bandkantenenergien E_L und E_V. Bei höheren Temperaturen nähert sich das FERMI-Niveau dem Band mit der kleineren effektiven Masse der Ladungsträger.

10.1.2. Massenwirkungsgesetz der Ladungsträger

Für einen gegebenen Halbleiter ist bei einer bestimmten Temperatur das Produkt der Ladungsträgerkonzentrationen

$$c_n \cdot c_p = N_L N_V \cdot \exp\left[-(E_L - E_V)/(kT)\right] \tag{10.3}$$

konstant. Es hängt dann nur noch vom Bandabstand $(E_L - E_V)$ ab, da die FERMI-Energie E_F in dieser Gleichung nicht mehr auftritt. Im Fall der Eigenleitung ist $c_n = c_p = c_i$. Bei Zimmertemperatur beträgt c_i z. B. für eigenleitendes Germanium bzw. Silicium etwa 10^{13} bzw. 10^{10} Ladungsträger pro Kubikzentimeter, d. h., es kommt erst auf rund 10^9 Ge- oder 10^{12} Si-Atome ein bewegliches Elektron und ein Loch. Der Unterschied zwischen Ge und Si erklärt sich im wesentlichen aus dem unterschiedlichen Bandabstand (bei Ge 0,66 eV, bei Si 1,09 eV).

10.1.3. Störstellenleitung

In das Gitter eines Halbleiterkristalls eingebaute Fremdatome, die mehr Valenzelektronen als die Atome des Wirtsgitters haben, können Elektronen an das Leitungsband abgeben, während Fremdatome geringerer Wertigkeit durch Aufnahme von Elektronen aus dem Valenzband daselbst Löcher erzeugen. Dadurch kann die Leitfähigkeit um Größenordnungen erhöht werden. Liefert z. B. jede Störstelle ein Elektron an das Leitungsband, so reicht ein Fremdatom auf 10^8 Ge oder 10^{11} Si-Atome aus, um die Elektronenkonzentration im Vergleich zur Eigenleitung um eine Größenordnung zu steigern, während wegen der Konstanz des Produkts $c_n \cdot c_p$ die Löcherkonzentration um eine Größenordnung abnimmt. Die im Überschuß vorliegenden Ladungsträger werden Majoritätsträger, die Ladungsträger mit kleinerer Konzentration Minoritätsträger genannt. Fremdatome, die Elektronen an das Leitungsband abgeben, heißen Donatoren (Elektronenspender). Im Bänderschema werden sie durch diskrete Niveaus dicht unter der Kante E_L des Leitungsbands veranschaulicht (Abb. 1.20). Die Energie der an die Donatoren gebundenen Elektronen liegt somit oberhalb der des Valenzbands, so daß ihre Überführung in das Leitungsband sehr erleichtert ist. Beispiele sind Phosphoratome in Silicium oder Antimonatome in Germanium, die anstelle der vier Bindungselektronen der Halbleiteratome fünf Außenelektronen mitbringen. Umgekehrt verhalten sich Fremdatome mit nur drei Außenelektronen, wie Bor oder Indium. Sie neigen dazu, das fehlende Elektron aus dem Valenzband des Wirtsgitters aufzunehmen und dort zusätzliche positiv geladene Löcher zu erzeugen. Sie werden Akzeptoren (Elektronenfänger) genannt. Allgemein führt die als Dotierung von Halbleitern bezeichnete Einlagerung von Donatoren zur n-Leitung und der Einbau von Akzeptoren zu p-Leitung.

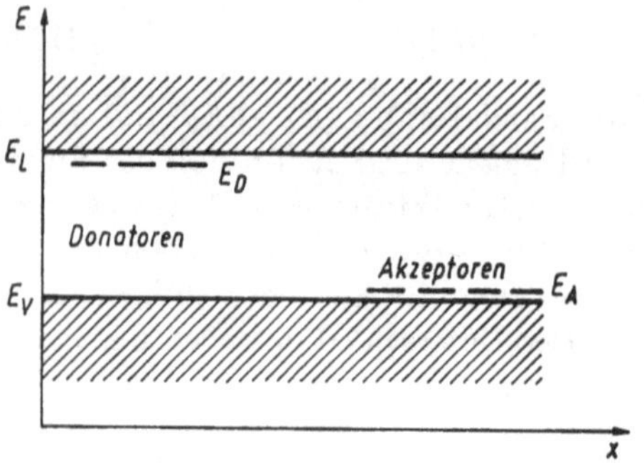

Abb. 10.2. Lage der Donator- bzw. Akzeptorterme im Bändermodell

10.2. Transportvorgänge in Halbleitern

Wird an einen Halbleiter über metallische Kontakte eine elektrische Spannung angelegt, so fließt unter dem Einfluß des örtlich aufgebauten elektrischen Felds ein Migrationsstrom. Dieser setzt sich additiv zusammen aus einem Anteil i_L, der von den Elektronen im Leitungsband getragen wird, und einem Anteil i_V der Löcher im Valenzband, welcher in entgegengesetzter Richtung fließt. Für die Gesamtstromdichte i_{ges} gilt somit:

$$i_{ges} = i_L + i_V .$$

Außer bei sehr hohen Feldstärken gilt in Halbleitern das OHMsche Gesetz (Gl. (2.40)). Die elektrische Leitfähigkeit läßt sich analog zu Abschnitt 2.9.2. durch die Ladungsträgerkonzentrationen und -beweglichkeiten beschreiben.

Andererseits sind bei inhomogenen Halbleiterstrukturen mit örtlich unterschiedlichen Ladungsträgerkonzentrationen zwei weitere Stromanteile zu berücksichtigen, nämlich die Diffusionsstromdichten der Elektronen bzw. der Löcher. Für diese sowie das Zusammenwirken von Migration und Diffusion gelten die in den Abschnitten 2.9.1. und 2.9.3. dargelegten Gesetzmäßigkeiten. Die genannten Transportvorgänge werden geschwindigkeitsbestimmend, wenn der elektrochemische Umsatz der Ladungsträger an der Elektrodengrenzfläche vergleichsweise ungehemmter erfolgt.

10.3. Halbleiterelektroden im Gleichgewicht

An den Berührungsstellen zwischen einem Halbleiter und einer Elektrolytlösung zeigen sich in der Regel Abweichungen gegenüber dem Verhalten der Grenzfläche metallischer Leiter/Elektrolytlösung. Der Mechanismus der elektrochemischen Erscheinungen kann wegen des Zusammenspiels verschiedener Volumen- und Grenzflächeneffekte ziemlich kompliziert sein.

Betrachtet sei der Fall eines n-Halbleiters und einer Elektrolytlösung, in der sich ein Redoxsystem mit den Komponenten $X_r \cdot$ solv und $X_o \cdot$ solv befindet. Solange sich die beiden Phasen nicht berühren, wird das FERMI-Niveau (= elektrochemisches Potential der Elektronen) des Redoxsystems $E_{F,\mathrm{redox}}$ von dem des Halbleiters $E_{F,H}$ (z. B. bei Silicium $E_F = -4{,}2$ eV) verschieden sein, und zwar fällt $E_{F,\mathrm{redox}}$ häufig in die verbotene Zone zwischen Valenz- und Leitungsband des Halbleiters (Abb. 10.3). In diesem Fall stellt sich nach der Berührung der Phasen wie bei einer inerten metallischen Elektrode das elektrochemische Redoxgleichgewicht mit einheitlichen $E_F = \bar{\mu}_e$ ein, indem Elektronen zwischen dem Halbleiter und dem Redoxsystem ausgetauscht werden. Dadurch bildet sich eine Ladungsdoppelschicht aus, die je nach der Wirkung des Redoxsystems als Oxydations- oder Reduktionsmittel elektrolytseitig durch negativ oder positiv geladene Überschußionen in der HELMHOLTZ-Schicht und auf der Halbleiterseite von der positiven bzw. negativen Raumladung in einer an Ladungsträgern verarmten oder angereicherten Grenzschicht mit einer Dicke bis zu etwa 10^{-4} cm gebildet wird.

Das Auftreten dieser Raumladungszone hat im Gegensatz zu metallischen Leitern mit ihrer viel größeren Ladungsträgerkonzentration (ca. 10^{23} Elektronen pro cm^3) die Ausbildung einer elektrischen Potentialdifferenz zwischen dem Inneren und der Oberfläche des Halbleiters zur Folge. Im Energiebandschema

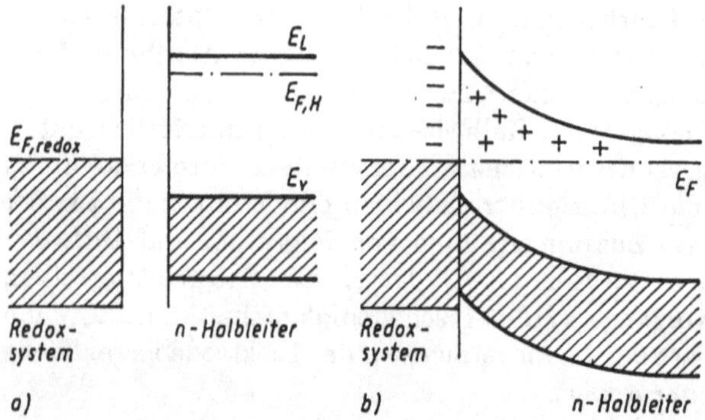

Abb. 10.3. Bänderschema einer Halbleiterelektrode

a) Halbleiter und Elektrolytlösung voneinander getrennt; b) Bandverbiegung bei Kontakt. $E_{F,H}$ – FERMI-Niveau des Halbleiters; $E_{F,redox}$ – FERMI-Niveau des Redoxsystems; E_F – gemeinsames FERMI-Niveau; E_L und E_V – Bandkanten des Leitungs- bzw. Valenzbands

ist somit wegen der zu fordernden Konstanz des elektrochemischen Potentials der Elektronen $\tilde{\mu}_e = \mu_e - F \cdot \varphi$ ein relatives Absinken oder Erhöhen der Bänder im Halbleitervolumen und eine positive oder negative Bandkrümmung im Bereich der Raumladungszone zu verzeichnen. Innerhalb der Raumladungszone, insbesondere aber in der Halbleiteroberfläche, entsteht ein Mangel oder eine Anreicherung an Majoritätsträgern, was einen erhöhten bzw. verminderten Widerstand dieser Verarmungs- bzw. Anreichungsschicht bedingt. Eine sehr starke Verarmung an Ladungsträgern kann wegen der Konstanz des Produkts $c_n \cdot c_p$ (Gl. (10.3.)) zu einer Inversionsschicht führen, in der die Konzentration an Löchern größer wird als die der freien Elektronen.

Für p-Leiter gelten die analogen Überlegungen in Anwendung auf Defektelektronen (Löchern) als Majoritätsträger.

10.4. Halbleiterelektroden bei Stromfluß

Im allgemeinen Fall ist die Dynamik des Redoxgleichgewichts an einer Halbleiterelektrode durch zwei Austauschstromdichten i_0^L und i_0^V gekennzeichnet, die dem Elektronenaustausch über das Leitungsband bzw. dem Defektelektronenaustausch über das Valenzband zuzuordnen sind. Diese Prozesse lassen sich wie folgt formulieren:

$$X_o + e^- \text{ (Leitungsband)} \rightleftharpoons X_r \qquad (r_1)$$

$$X_r + h^+ \text{ (Valenzband)} \rightleftharpoons X_o \qquad (r_2)$$

wobei h^+ ein positiv geladenes Loch (hole) bedeutet. Die beiden Austauschstromdichten sind für ein gegebenes Redoxsystem häufig von sehr unterschiedlicher Größe und bei undotierten Halbleitern wegen deren geringer Ladungsträgerdichte kleiner als bei metallischen Elektroden.

Wird an die Halbleiterelektrode eine Überspannung angelegt, so fließt ein Strom. Die resultierende Stromdichte setzt sich nach

$$i = i^L + i^V = \overrightarrow{i_k^L} + \overleftarrow{i_k^V} + \overleftarrow{i_a^L} + \overrightarrow{i_a^V} \tag{10.4}$$

aus je zwei katodischen und anodischen Teilstromdichten zusammen, die den Reaktionen (r_1) und (r_2) entsprechen.

Beim Ablauf der Redoxreaktion an einer metallischen Elektrode ist die Gesamtstromdichte durch Gl. (4.13) gegeben, die bei alleiniger Durchtrittshemmung, d. h. Konstanz der Konzentrationen aller Reaktionsteilnehmer an den Rändern der Durchtrittsschicht, zu Gl. (4.14) führt. Diese Unabhängigkeit der Konzentrationen von der Überspannung ist im Falle von Halbleiterelektroden zwar auch weiterhin für c_o^{**} und c_r^{**}, nicht aber mehr für die Ladungsträgerkonzentration $c^{**}(c_n$ und $c_p)$ zu gewährleisten. Vielmehr ändern sich letztere, weil der überwiegende Anteil der Überspannung auf die Raumladungszone in der Randschicht des Halbleiters entfällt, während die Überspannung η^{**} über der Durchtrittsschicht demgegenüber nur gering bleibt. Für den Grenzfall $\eta^{**} = 0$ ist somit nur die Abhängigkeit der Konzentrationen c^{**} von der Überspannung η zu betrachten.

Ausgehend vom Bändermodell für den Gleichgewichtszustand der Redoxelektrode (Abb. 10.3) verschiebt eine Überspannung das Fermi-Niveau E_F (elektrochemisches Potential der Elektronen) und die Bandkantenenergien E_L und E_V im Inneren des Halbleiters um den Betrag $|F \cdot \eta|$. An der Halbleiteroberfläche, d. h. am halbleiterseitigen Rande der Durchtrittsschicht, bleiben die Bandkantenenergien wegen der Voraussetzung $\eta^{**} = 0$ konstant, während die Fermi-Energie im Falle des Elektronengleichgewichts (keine Hemmung durch z. B. Transportvorgänge) denselben Wert wie im Halbleiterinneren beibehalten muß (Abb. 10.4). Dies hat zur Folge, daß sich die Differenzen $(E_L - E_F)$ und $(E_F - E_V)$ und damit nach Gl. (10.2) die Ladungsträgerkonzentrationen c_n und c_p an der Halbleiteroberfläche verändern. Und zwar verkleinert (vergrößert) eine katodische (anodische) Überspannung ($\eta < 0$ bzw. $\eta > 0$) die Differenz $(E_L - E_F)$ und erhöht (erniedrigt) exponentiell die Besetzungsdichte des Leitungsbands mit Elektronen. Umgekehrt erniedrigt (erhöht) eine katodische (anodische) Überspannung wegen der Konstanz des Produkts $c_n \cdot c_p$ die Besetzungsdichte des Valenzbands mit positiven Löchern. Somit werden bei katodischer Überspannung die zu c_n

proportionale Stromdichte $\overrightarrow{i_k^L}$ und bei anodischer Überspannung die zu c_p proportionale Stromdichte $\overrightarrow{i_a^V}$ gegenüber den Werten i_0^L und i_0^V verstärkt:

$$\overrightarrow{i_k^L} = -i_0^L \cdot \exp\left[-F\eta/(RT)\right] \qquad (10.5a)$$

$$\overrightarrow{i_a^V} = i_0^V \cdot \exp\left[F\eta/(RT)\right]. \qquad (10.5b)$$

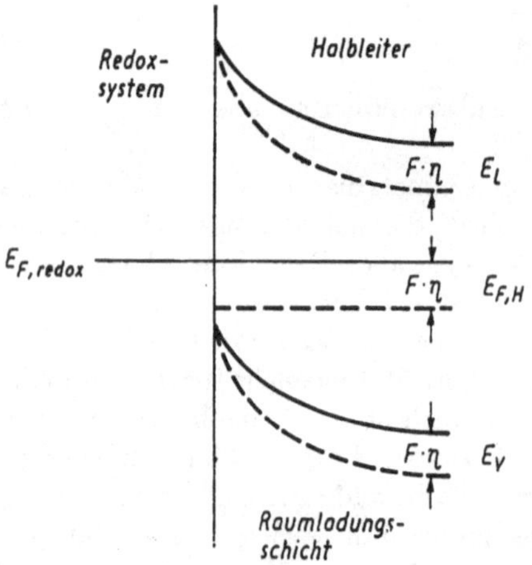

Abb. 10.4. Verschiebung des FERMI-Niveaus $E_{F,H}$ eines Halbleiters sowie derBandkanten im Kontakt mit einem Redoxsystem bei Anlegen einer anodischen Überspannung
Ausgezogene Kurve: im Gleichgewicht; gestrichelte Kurve: mit Überspannung

Die Teilstromdichten $\overleftarrow{i_k^V}$ und $\overleftarrow{i_a^L}$ sind demgegenüber wegen $\eta^{**} = 0$ unabhängig von der Überspannung: $\overleftarrow{i_k^V} = -i_0^V$ und $\overleftarrow{i_a^L} = i_0^L$.

Insgesamt ergibt sich dann für die Gesamtstromdichte mit Gl. (10.4):

$$i = i_0^L \{1 - \exp\left[-F\eta/(RT)\right]\} + i_0^V \{\exp\left[F\eta/(RT)\right] - 1\}. \qquad (10.6)$$

In Abb. 10.5 ist schematisch der Verlauf der Teilstrom-Spannungs-Kurven dargestellt. Daraus ist zu ersehen, daß der Ladungsaustausch bei höheren anodischen Überspannungen vorwiegend über das Valenzband und bei höheren katodischen Überspannungen überwiegend über das Leitungsband erfolgt. Bei dotierten Halbleitern liegen die Gleichgewichts-FERMI-Niveaus $E_{F,H} = E_{F,\text{redox}}$ meist in der Nähe einer der Bandkanten, so daß bei n-Leitern $(E_L - E_F) \ll (E_F - E_V)$ und bei p-Leitern $(E_F - E_V) \ll (E_L - E_F)$. Dann unterscheiden sich nach Gl. (10.2) die Ladungsträgerkonzentrationen c_n und c_p und damit die Austauschstromdichten i_0^L und i_0^V sehr stark voneinander. Dies hat zur Folge, daß bei n-Leitern im wesentlichen nur die Stromdichte i^L und bei p-Leitern die Stromdichte i^V gemessen wird.

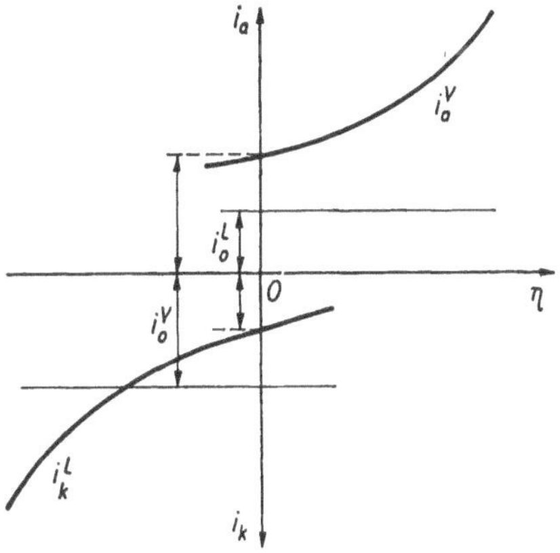

Abb. 10.5. Anodischer und katodischer Abschnitt der Durchtritts-Strom-Spannungs-Kurve für eine Redoxreaktion an einer Halbleiterelektrode

i_0^V und i_0^L – Austauschstromdichten für das Valenz- bzw. Leitungsband.

Das vorstehend zugrundegelegte Modell ist vereinfacht und entspricht nicht immer den praktischen Gegebenheiten. Häufig spielen zusätzlich spezielle Oberflächenzustände der Elektronen an der Halbleiteroberfläche oder innerhalb sehr dünner Oxidzwischenschichten eine wichtige Rolle; auch adsorbierte Stoffe haben einen Einfluß auf die Elektronenverteilung. Ein weiteres interessantes Phänomen bilden die Inversionsschichten, die sich ausbilden, wenn die Bandverbiegung in der Raumladungszone so stark ist, daß der Leitungstyp vom *n*- zum *p*-Typ oder umgekehrt umschlägt. Dadurch kann ein sehr schmaler *p*-*n*-Übergang entstehen. Schließlich können an der Halbleiter/Lösungs-Grenzfläche außer Redoxreaktionen auch elektrochemische Reaktionen mit Ionenübergängen (z. B. Ge^{2+} bei Germanium) stattfinden. Sie führen zur anodischen (korrosiven) Auflösung des Halbleiters, wovon z. B. in der Ätztechnik gezielt Gebrauch gemacht werden kann.

10.5. Fotoeffekte an Halbleiterelektroden

Fotoeffekte können an Halbleiterelektroden durch Wechselwirkung von Photonen mit Elektronen sowohl des Halbleiters als auch der Komponenten des Redoxsystems in der Elektrolytlösung hervorgerufen werden. Besonders bedeutungsvoll sind die durch Lichteinstrahlung bewirkte Erhöhung der Stromdichten sowie die Ausbildung von Fotospannungen. Die Erforschung und Nutzung der Fotoeffekte hat in den letzten Jahren einen bedeutenden Aufschwung genommen. Als Triebkraft wirkt vor allem die Nutzbarmachung fotogalvanischer Prozesse, wie z. B. die Umwandlung von Sonnenenergie in elektrische Energie (Solarzellen)

In Halbleitern werden bei der Absorption genügend energiereicher Lichtquanten verschiedenartige Elementarprozesse ausgelöst. Wenn die Energie der Lichtquanten $h \cdot \nu$ größer ist als der Bandabstand ($E_L - E_V$), so können Elektronen aus dem Valenzband in das Leitungsband angeregt werden. Dabei entstehen paarweise Ladungsträger in Form von Elektronen und Löchern. Weiterhin können Ladungsträger auch durch optische Befreiung aus den Störstellen dicht oberhalb des Valenzbands gebildet werden (siehe dazu Abb. 10.2). Die hierfür erforderliche Quantenenergie ist naturgemäß deutlich kleiner als bei der Bildung von Trägerpaaren durch Interbandübergänge. Bei Anliegen einer elektrischen Spannung über der Elektrode gelangen je nach Richtung des elektrischen Felds die Elektronen oder die Löcher an die Halbleiteroberfläche und führen dort zu erhöhtem Angebot an Ladungsträgern und damit zu einem Ansteigen der jeweiligen Stromdichten. Das elektrische Feld verhindert dabei gleichzeitig die Rekombination der Ladungsträger, weil Elektronen und Löcher in verschiedene Richtung wandern.

Wird die Belichtung des Halbleiters abgebrochen, so klingt die zusätzliche Ladungsträgerkonzentration innerhalb von 10^{-6} bis 10^{-1} s wieder ab.

In der Elektrolytlösung können sowohl die reduzierte (X_r) als auch die oxydierte (X_o) Komponente des Redoxsystems durch Strahlung angeregt werden [104]. Liegt das durch Lichtabsorption erhöhte Energieniveau ($E_{F,\text{redox}} + h \cdot \nu$) der Komponente X_r oberhalb der Bandkantenenergie E_L, so können Elektronen beschleunigt, d. h. mit größerer Stromdichte $\overleftarrow{i_a^L}$, in den Halbleiter übertreten. Bei der Komponente X_o bewirkt die Lichtabsorption eine Energieverminderung ($E_{F,\text{redox}} - h \cdot \nu$) des Defektelektrons. Führt diese zu einem kleineren Wert als E_V, so wird die Lochbildung im Valenzband des Halbleiters begünstigt, d. h. die Stromdichte $\overleftarrow{i_k^V}$ erhöht.

Die von Lichtquanten im Halbleiter erzeugten Ladungsträger beiderlei Vorzeichens werden unter dem Einfluß innerer elektrischer Felder oder wegen ihrer unterschiedlichen Beweglichkeiten getrennt und zwar in dem Sinne, daß die zusätzlichen Elektronen zum positiveren und die zusätzlichen Löcher zum negativeren Ende der Raumladungszone wandern. Dies führt zu einem mehr oder weniger starken Abbau der Raumladung und damit zu einer Verkleinerung der Bandverbiegung. Die Fermi-Energie im Halbleiter wird relativ zu ihrem Wert ohne Belichtung, der sich im Gleichgewicht mit einem Redoxsystem in der angrenzenden Elektrolytlösung eingestellt hatte ($E_{F,H} = E_{F,\text{redox}}$), um den Betrag $F \cdot U_{\text{Foto}}$ verändert. Wird die so angeregte Halbleiterelektrode mit einer inerten Metallelektrode verbunden, an der das Redoxgleichgewicht eingestellt ist, so besteht zwischen beiden Elektroden die Fotospannung U_{Foto}. Während der Belichtung kann somit ein Strom fließen, der für die direkte Umwandlung von Strahlungsenergie (z. B. Sonnenlicht) in elektrische Energie führt [105].

11. Literaturverzeichnis

Monographien zum Gesamtgebiet der elektrochemischen Kinetik

W. J. ALBERY: "*Electrode Kinetics*", Clarendon Press, Oxford 1975

J. O'M. BOCKRIS und A. K. N. REDDY: "*Modern Electrochemistry*", Volume 2, Plenum Press, New York 1970

B. E. CONWAY: "*Theory and Principles of Electrode Processes*", Ronald Press New York 1965

T. ERDEY-GRUZ: „*Kinetik der Elektrodenprozesse*", Akademiai Kiado, Budapest 1975

A. N. FRUMKIN, V. S. BOGOCKIJ, Z. A. JOFA und B. N. KABANOV: „*Kinetika elektrodnych processov*" (Kinetik der Elektrodenvorgänge), Izd-vo MGU (Verlag der Moskauer Staatlichen Universität) 1952

R. LANDSBERG und H. BARTELT: „*Elektrochemische Reaktionen und Prozesse*", VEB Deutscher Verlag der Wissenschaften, Berlin 1977

K. J. VETTER: „*Elektrochemische Kinetik*", Springer-Verlag, Berlin—Göttingen—Heidelberg 1961

W. VIELSTICH und W. SCHMICKLER: „*Elektrochemie*", II: „*Kinetik elektrochemischer Systeme*", Verlag Steinkopff, Darmstadt 1976

Einige Sammelwerke mit ausführlichen Abhandlungen über zahlreiche Teilprobleme der elektrochemischen Kinetik

Advances in Electrochemistry and Electrochemical Engineering (Ed. DELAHAY, GERISCHER, TOBIAS), Interscience Publishers, New York

Modern Aspects of Electrochemistry (Ed. BOCKRIS, CONWAY), Butterworths, London

Physical Chemistry (Ed. EYRING, HENDERSON, JOST), Academic Press, New York

Reactions of Molecules at Electrodes (Ed. N. S. HUSH), Wiley Interscience, London

Comprehensive Treatise of Electrochemistry (Ed. BOCKRIS, CONWAY, YEAGER, WHITE), Plenum Press, New York

(Band, Seite und Jahr der Herausgabe wird bei den entsprechenden Zitaten angegeben).

Zusammenstellung von Zahlenwerten kinetischer Kenngrößen für elektrochemische Reaktionen

B. E. CONWAY: Electrochemical Data, Elsevier, Amsterdam 1952

R. PARSONS: Handbook of Electrochemical Constants, Butterworths, London 1959

N. TANAKA und R. TAMAMUSHI bzw. M. SPIRO: Electrochim. Acta **9** (1964), 963, 1531

[1] *Zusammenfassende Übersichten über den Einfluß der Doppelschichtstruktur auf die Kinetik elektrochemischer Reaktionen:*
L. Gierst in: Trans. Symp. Electrode Proc., Philadelphia 1959, John Wiley, New York 1961, S. 109.
A. N. Frumkin, J. electrochem. Soc. **107** (1960), 461.
R. Parsons in: Advances in Electrochemistry and Electrochemical Engineering, Vol. I (1961), S. 1.
P. Delahay in: Progress in Polarography, Vol. I, Intersc. Publ., New York—London 1962, S. 72.
L. Antropov: "*Theoretical Electrochemistry*", Mir Publishers, Moskau 1972.
P. Delahay: "*Double Layer and Electrode Kinetics*" John Wiley, New York 1965.
[2] S. Trasatti in: Advances in Electrochemistry and Electrochemical Engineering, Vol. 10 (1977).
W. Schmickler, Ber. Bunsenges. Phys. Chem. **92** (1988), 1203
[3] R. Parsons in: Modern Aspects of Electrochemistry, Vol. I (1954), S. 103.
A. Eberhagen, Fortschr. Physik 8 (1960), 245.
[4] *Zur Frage des absoluten Elektrodenpotentials:*
H. Strehlow: Z. Elektrochem. **56** (1952), 119.
[5] *Ausführliche Darstellungen über die Struktur der Doppelschicht:*
D. C. Grahame: Chem. Rev. **41** (1947), 441; Z. Elektrochem. **59** (1955), 740, 773; **62** (1958) 264.
D. C. Grahame und B. Soderberg: J. chem. Phys. **22** (1954), 449.
A. N. Frumkin: J. electrochem. Soc. **107** (1960), 461.
R. J. Watts-Tobin: Phil. Mag. **6** (1961), 133.
N. F. Mott und R. J. Watts-Tobin: Electrochim. Acta **4** (1961), 79.
J. O'M. Bockris, M. A. V. Devanathan und K. Müller: Proc. Roy. Soc. A **274** (1963), 55.
C. A. Barlow jr.: The Electrical Double Layer in Physical Chemistry, Vol. IX A, New York 1970.
R. M. Reeves in: "*Modern Aspects of Electrochemistry*", Vol. 9 (1974).
B. E. Conway: Adv. Colloid Interface Sci. 8 (1977), 91.
[6] *Zur Struktur der Doppelschicht an Halbleiter/Elektrolyt-Grenzflächen:*
"*The Electrochemistry of Semiconductors*" (ed. by P. J. Holmes), Academic Press, London—New York 1962.
E. A. Efimov und J. G. Erusalimcik: „*Elektrochimija germanija i kremnija*" (Elektrochemie des Germaniums und Siliziums), Goschimizdat, Moskva 1963.
H. Gerischer in: Advances in Electrochemistry and Electrochemical Engineering, Vol. I (1961), S. 139.
H. Gerischer in: Physical Chemistry, Vol. IX A (1970), S. 463.
H. Gerischer: Ber. Bunsenges. phys. Chem. **77** (1973), 771.
[7] *Zusammenstellung und Einschätzung der Meßmethoden:*
B. B. Damaskin: Uspechi Chim. **30** (1961), 220.
P. Schubert, Z. Chem. **4** (1964), 11.

[8] D. C. GRAHAME: Techn. Report to the Office of Naval Research. No. 14 (1954); J. Am. chem. Soc. **76** (1954), 4819.
[9] M. A. V. DEVANATHAN: Trans. Faraday Soc. **50** (1954), 373.
[10] *Über Korrekturen der* POISSON*schen Gleichung bei Berücksichtigung des Eigenvolumens der Ionen und der örtlich veränderlichen DK:*
M. J. SPAARNEY: Rec. trav. chim. **77** (1958), 872.
M. BRODOWSKY und H. STREHLOW: Z. Elektrochem. **63** (1959), 262.
[11] J. O'M. BOCKRIS, M. A. V. DEVANATHAN und K. MÜLLER: Proc. Roy. Soc. A **274** (1963), 55.
[12] *Über die Bindungskräfte bei der Adsorption:*
T. N. ANDERSEN und J. O'M. BOCKRIS: Electrochim. Acta **9** (1964), 347.
J. KOUTECKY: Adv. in Chem. Phys. **9** (1965), 85.
[13] a) Radiochemische Methoden:
J. A. KAFALAS und H. C. GATOS: Rev. Sci. Instrum. **29** (1958), 47.
K. SCHWABE und W. SCHWENKE: Electrochim. Acta **9** (1964), 1003.
b) Elektrochemische Methoden:
W. LORENZ und H. MÜHLBERG: Z. Elektrochem. **59** (1955), 730, 736.
M. A. V. DEVANATHAN und S. G. CANAGARATNA: Electrochim Acta **8** (1963), 77.
[14] s. dazu A. N. FRUMKIN: Trans. Symp. Electrode Proc., Philadelphia 1959, John Wiley, New York—London 1961, S. 1.
[15] s. dazu z. B. D. C. GRAHAME: Chem. Rev. **41** (1947), 441.
[16] *Zusammenfassende Übersicht über die Adsorption organischer Stoffe:*
A. N. FRUMKIN und B. B. DAMASKIN in: Modern Aspects of Electrochemistry, Vol. III (1964), S. 149.
B. B. DAMASKIN, O. PETRII und V. BATRAKOV: "*Adsorption of Organic Compounds at Electrodes*", Plenum Press, New York 1971.
[17] *Über Adsorptionsisothermen:*
A. N. FRUMKIN: Z. Physik **35** (1926), 792.
M. A. V. DEVANATHAN: Proc. Roy. Soc. A **264** (1961), 133; A **267** (1962) 256.
P. DELAHAY: "*Double Layer and Electrode Kinetics*", John Wiley, New York 1965.
[18] *Bestimmung der adsorbierten Menge aus Kapazitätsmessungen:*
R. PARSONS: Trans. Faraday Soc. **55** (1959), 999.
M. BREITER und P. DELAHAY: J. Am. chem. Soc. **81** (1959), 2938.
J. R. MILLER: Electrochim. Acta **9** (1964), 1453.
Radiochemische Methoden:
E. BLOMGREN und J. O'M. BOCKRIS: Nature **186** (1960), 305.
H. WROBLOWA und M. GREEN: Electrochim. Acta **8** (1963), 679.
J. O'M. BOCKRIS, M. GREEN und D. A. J. SWINKELS: J. electrochem. Soc. **111** (1964), 736, 743.
[19] *Über den Einfluß der Adsorption organischer Stoffe auf die Kinetik elektrochemischer Reaktionen:*
A. N. FRUMKIN: Electrochim. Acta **9** (1964), 465.
Zur Kinetik der Adsorption organischer Stoffe:
W. LORENZ: Z. Elektrochem. **62** (1958), 192.

H. H. BAUER: J. electroanal. Chem. **1** (1960), 363.
P. DELAHAY: J. phys. Chem. 67 (1963), 135.
P. DELAHAY: "*Double Layer and Electrode Kinetics*", John Wiley, New York 1965.
[20] *Über Nulladungspotentiale:*
A. N. FRUMKIN: Z. Elektrochem. **59** (1955), 807.
H. J. OEL und H. STREHLOW: Z. phys. Chem. N.F. **4** (1955), 89.
L. J. ANTROPOV: Kinetics of Electrode Processes and Null Points of Metals, Council of Scientific and Industrial Research, New Delhi, India 1960.
R. S. PERKINS und T. N. ANDERSON: Potentials of Zero Charge at Electrodes in Modern Aspects of Electrochemistry, Vol. V (1969), S. 203.
[20a] S. TRASATTI: J. electroanal. Chem. **33** (1971), 351.
[21] *Ausführliche Zusammenstellung der vom Comite International de Thermodynamique et de Cinetique Electrochimiques (CITCE) empfohlenen Begriffsbildungen, Definitionen und Symbole:*
s. bei J. VAN RYSSELBERGHE: Electrochim. Acta **9** (1964), 1343.
[22] *Über ad-Atome:*
W. LORENZ: Z. phys. Chem. **202** (1953), 275; Z. Elektrochem. **57** (1953), 382; Z. Naturforschung 9a (1954), 716; Z. phys. Chem. N.F. **17** (1958), 136; **19** (1959), 377.
W. MEHL und J. O'M. BOCKRIS: J. chem. Phys. **27** (1957), 818; Can. J. Chem. **37** (1959), 190.
H. GERISCHER: Z. Elektrochem. **62** (1958), 256; Electrochim. Acta **2** (1960), 1.
W. J. LORENZ, H. D. HERMANN, N. WÜTHRICH und F. HILBERT: J. electrochem. Soc. **121** (1974), 1167.
[23] B. LEVIC: Disc. Faraday Soc. **1** (1947), 37.
N. IBL, Y. BARRADA und G. TRÜMPLER: Helv. chim. Acta **37** (1954), 583.
J. JORDAN, R. A. JAWICK und W. E. RANZ: J. Am. chem. Soc. **80** (1958), 3846.
[24] *Zur Thermodynamik elektrochemischer Reaktionen:*
s. die einschlägigen Lehrbücher, insbesondere G. KORTÜM: „*Lehrbuch der Elektrochemie*", Verlag Chemie, Weinheim/Bergstr. 1972.
E. LANGE und H. GÖHR: „*Thermodynamische Elektrochemie*", Hüthig-Verlag, Heidelberg 1962.
[25] C. WAGNER und W. TRAUD: Z. Elektrochem. **44** (1938), 391.
[26] *Über die näherungsweise Berechnung bzw. Unterdrückung von Diffusionspotentialen:*
s. D. A. MAC INNES: "*The Principles of Electrochemistry*", Reinhold, New York 1939.
J. J. HERMANS: Rec. trav. chim. **58** (1939), 99.
[27] *Über Bezugselektroden:*
D. J. G. IVES und G. J. JANZ: "*Reference Electrodes, Theory and Practice*", Academic Press, New York 1961.
J. N. BUTLER in: Advances in Electrochemistry and Electrochemical Engineering, Vol. VII (1970), S. 77.
[28] A. M. AZZAM und J. O'M. BOCKRIS: Nature **165** (1950), 403.
R. PIONTELLI und Mitarb.: Z. Elektrochem. **56** (1952), 86; **58** (1954) 54, 86; **59** (1955) 64; 778.

S. BARNATT: J. electrochem. Soc. **99** (1952), 549; **108** (1961) 102.
M. EISENBERG, C. W. TOBIAS und C. R. WILKE: J. electrochem. Soc. **102** (1955), 415.

[29] *Sammlung von Zahlenwerten für Standard-Bezugsspannungen bzw. -Elektrodenpotentiale:*
W. M. LATIMER: "*The Oxidation States of the Elements and their Potentials in Aqueous Solutions*", Prentice-Hall, New York 1959.
R. PARSONS: "*Handbook of Electrochemical Constants*", Butterworths, London 1959.
LANDOLT-BÖRNSTEIN: „*Zahlenwerte und Funktionen*" (6. Aufl.), Band II, Teil 7, Springer-Verlag, Berlin—Göttingen—Heidelberg 1960.

[30] M. POURBAIX und Mitarb.: „*Atlas d'equilibres electrochimiques*", Gauthier-Villars, Paris 1963.

[31] *Ausführliche Darstellung der hydrodynamischen Gesetzmäßigkeiten im Hinblick auf ihre Anwendung in der elektrochemischen Kinetik:*
V. G. LEVIC: "*Physicochemical Hydrodynamics*", Prentice-Hall, New York 1962.
J. S. NEWMAN: "*Electrochemical Systems*", Prentice-Hall, New York 1973.

[32] *Über natürliche Konvektion:*
s. z. B. M. G. FOUAD und T. GOUDA: Electrochim. Acta **3** (1960), 233; **9** (1964), 1071.

[33] *Ausführliche Darstellung der gebräuchlichsten elektrochemischen Meßmethoden, -anordnungen und -einrichtungen:*
P. DELAHAY: "*New Instrumental Methods in Electrochemistry*", Interscience Publishers, New York 1954.
J. J. LINGANE: "*Electroanalytical Chemistry*", Interscience Publishers, New York 1958.
B. B. DAMASKIN: "*The Principles of Current Methods for the Study of Electrode Reactions*", Mc Graw-Hill, New York 1967.
C. H. HAMANN: Meßtechnik **80** (1972), 7.
E. YEAGER und A. J. SALKIND (Ed.): "*Techniques of Electrochemistry*", Wiley Interscience, New York 1972.
Z. GALUS: "*Fundamentals of Electrochemical Analysis*", J. Wiley, New York 1976.
R. E. WHITE, J. O'M. BOCKRIS, B. E. CONWAY und E. YEAGER (Ed.): "*Comprehensive Treatise of Electrochemistry*", Vol. 8: "*Experimental Methods in Electrochemistry*", Plenum Press, New York 1984.
E. YEAGER, J. O'M. BOCKRIS, B. E. CONWAY und S. SARANGAPANI (Ed.): "*Comprehensive Treatise of Electrochemistry*", Vol. 9: "*Electrodes: Experimental Techniques*", Plenum Press, New York 1984.

[34] *Beispiele für die Kombination elektrochemischer mit anderen physikalischen Untersuchungsmethoden:*
a) Übersicht:
D. M. KOLB: Ber. Bunsenges. phys. Chem. **92** (1988), 1175
b) Ellipsometrie:
A. K. N. REDDY, M. GENSHAW und J. O'M. BOCKRIS: J. electroanal. Chem. **8** (1964), 406.

F. GORN und K. J. VETTER: Z. phys. Chem. N.F. **77** (1972); 317.
c) Absorptionsspektroskopie:
J. W. STROSEK und T. KUWANA: J. electroanal. Chem. **16** (1968), 471.
d) Reflexionsspektroskopie:
W. N. JANSEN, T. KUWANA und R. A. OSTERYOUNG: J. Am. Chem. Soc. **88** (1966), 1062.
A. H. REED und E. YEAGER: Appl. Opt. **7** (1968), 451.
W. J. PLIETH: Chem. Ing. Techn. **44** (1972), 221.
e) Laser-Raman-Spektroskopie:
M. FLEISCHMANN et al.: J. Chem. Soc. **3** (1973), 80; Chem. Phys. Letters **26** (1974), 163; J. Raman Spectrosc. **4** (1976), 269.
B. PETTINGER, U. WENNING und D. M. KOLB: Ber. Bunsenges. phys. Chem. **82** (1978), 1326.
f) Elektronenspin-Resonanz:
B. KASTENING: Chem. Ing. Techn. **42** (1970), 190.
J. B. GOLDBERG und A. J. BARD: J. phys. Chem. **75** (1971), 3281.
g) Felddesorptions-Massenspektroskopie:
H. D. BECKEY: "*Field Ionisation Mass Spectroscopy*", Pergamon, Oxford 1971.

[35] *Über die Voraussetzungen für die Einstellung stationärer Bedingungen:*
U. F. FRANCK: Z. phys. Chem. N.F. **3** (1955), 183.
W. SCHENK: Electrochim. Acta **5** (1961), 301.
J. OSTERWALD: Electrochim. Acta **7** (1962), 523.

[36] *Zur gleichzeitigen Erfassung des* OHM*schen Widerstands in einer schlechtleitenden Deckschicht:*
s. z. B. M. BREITER und TH. GUGGENBERGER: Z. Elektrochem. **60** (1956), 594.

[37] *Elektronische Unterbrecher:*
A. HICKLING: Trans. Faraday Soc. **33** (1937), 1540; **36** (1940), 1226.
D. STAICOPOULOS, E. YEAGER und F. HOVORKA: J. electrochem. Soc. **98** (1951), 68.

[38] *Über den Aufbau und die Kenndaten elektronischer Potentiostaten:*
A. HICKLING: Trans. Faraday Soc. **38** (1942), 27.
A. L. HODGKIN, A. F. HUXLEY und B. KATZ: J. Physiol. **116** (1952), 424.
A. BEWICK und M. FLEISCHMANN: Electrochim. Acta **8** (1963), 89.

[39] *Über die Ursachen für die Abweichung der Spannung vom Sollwert:*
J. OSTERWALD: Electrochim. Acta **9** (1964), 451.

[40] *Näheres über die Meß- und Auswertemethodik:*
a) potentiostatischer Einschaltvorgang:
H. GERISCHER: Z. Elektrochem. **59** (1955), 604.
W. VIELSTICH und H. GERISCHER: Z. phys. Chem. N.F. **3** (1955), 32; **4** (1955), 10.
H. GERISCHER und K. STAUBACH: Z. phys Chem. N.F. **6** (1956), 118.
b) Doppelimpuls-Verfahren:
M. FLEISCHMANN und M. LILER: Trans. Faraday Soc. **54** (1957), 1370.
c) Dreieckspannungs-Methode:
C. A. KNORR und F. G. WILL: Z. Elektrochem. **64** (1960), 258, 270.

R. N. Adams: "*Electrochemistry at Solid Electrodes*", Marcel Dekker, New York 1969.
d) Vorgabe konstanter Zellspannung:
W. Vielstich und P. Delahay: J. Am. chem. Soc. **79** (1957), 1874.
e) Rechteckspannungsimpuls:
W. M. Smit und M. D. Wijnen: Rec. trav. chim. **79** (1960) 5, 204, 288.
[41] *Näheres zur Meß- und Auswertemethodik:*
a) galvanostatischer Einschaltvorgang:
P. Delahay und Mitarb.: J. Am. chem. Soc. **75** (1953), 2486, 4205; **76** (1954), 874, 5314.
H. Gerischer: Ber. Bunsenges. phys. Chem. **59** (1955), 604.
T. Berzins und P. Delahay: Ber. Bunsenges. phys. Chem. **59** (1955), 792.
L. Gierst: Proc. 7th Meeting CITCE, Butterworths, London 1957, S. 49.
F. C. Anson: Analyt. Chem. **33** (1961), 939.
b) Rechteckstromimpuls:
W. Lorenz: Z. Elektrochem. **58** (1954), 912.
M. D. Wijnen und W. M. Smit: Rec. trav. chim. **79** (1960), 288.
c) Differentialmethode:
H. Kozlovska und B. E. Conway: J. Electroanal. Chem. **7** (1964), 109.
[42] H. Gerischer und M. Krause: Z. phys. Chem. N.F. **10** (1957), 264.
H. Matsuda, S. Oka und P. Delahay: J. Am. chem. Soc. **81** (1959), 5077.
M. Costa: Compt. Rend. 254 (1962), 2973.
[43] *Über Ersatzschaltbilder:*
H. Gerischer: Z. phys. Chem. **198** (1951), 286; Z. Elektrochem. **55** (1951), 98.
D. C. Grahame: J. electrochem. Soc. **99** (1952), 370C.
J. E. B. Randles: Trans. Symp. Electrode Proc., Philadelphia 1959, John Wiley, New York 1961, S. 209.
J. H. Sluyters: Rec. trav. chim. **79** (1960), 1092.
[44] *Näheres zur Meß- und Auswertemethodik:*
J. Randles: Disc. Faraday Soc. 1 (1947), 11.
J. Randles und Mitarb.: Trans. Faraday Soc. **48** (1952), 937, 951; **51** (1955), 54.
P. Delahay und J. Trachtenberg: J. Am. chem. Soc. **79** (1957), 2355; **80** (1958), 2094.
H. Gerischer: Z. Elektrochem. **58** (1954), 9.
H. Gerischer und W. Mehl: Z. Elektrochem. **59** (1955), 1049.
G. C. Barker: Trans. Symp. Electrode Proc., Philadelphia 1959, John Wiley, New York 1961, S. 325.
M. Boyer und L. Viet: Electrochim. Acta 8 (1963), 795.
M. Sluyters-Rehbach und J. H. Sluyters: "Sine Wave Methods in the Study of Electrode Processes" in: A. J. Bard: Electroanal. Chem., Vol. 4, Marcel Dekker, New York 1970.
D. D. Macdonald: "*Transient Techniques in Electrochemistry*", Plenum Press, New York 1977.

R. D. ARMSTRONG, M. F. BELL und A. A. METCALTE: J. electroanal. Chem. **77** (1977), 287.

[44a] *Bestimmung der Doppelschichtkapazität aus Abschaltkurven:*
H. B. MORLEY und F. E. W. WETMORE: Canad. J. Chem. **34** (1956), 359.
V. E. PAST und Z. A. JOFA: Zh. fiz. chim. SSSR **33** (1959), 1230.
B. E. CONWAY und P. L. BOURGAULT: Trans. Faraday Soc. **58** (1962), 593.

[45] *Über theoretische Ansätze zur Berechnung des Elektronendurchtritts:*
H. GERISCHER: Z. phys. Chem. **26** (1960), 223, 325; **27** (1961), 48.
N. S. HUSH: Trans. Faraday Soc. **57** (1961), 557.
R. A. MARCUS: J. chem. Phys. **43** (1965), 679.
V. G. LEVICH in: Physical Chemistry, Vol. IX B, Academic Press, New York 1970, S. 985.
R. R. DOGONADZE sowie J. M. HALE in: "*Theory of Molecular Electrode Kinetics*", Wiley Interscience, London 1971.
W. SCHMICKLER und W. VIELSTICH: Electrochimica Acta **18** (1973), 883.
P. P. SCHMIDT und H. B. MARK jr.: J. chem. Phys. **58** (1973), 4290.
W. SCHMICKLER: Electrochimica Acta **21** (1976), 161.

[46] *Zur Definition des Durchtrittsfaktors:*
St. G. CHRISTOV: Z. Elektrochem. **67** (1963) 117.
P. VAN RYSSELBERGHE: Electrochim. Acta **8** (1963), 709.

[47] *Bestimmung kinetischer Kenngrößen bei kleinen Überspannungen:*
R. D. WALES: Electrochim. Acta **9** (1964), 1675.

[47a] s. dazu A. N. FRUMKIN, D. A. RETHY und N. V. NIKOLAEVA-FEDOROVICH: Electrochim. Acta **8** (1963), 177.

[48] *Über elektrochemische Reaktionsordnungen:*
R. PARSONS: Trans. Faraday Soc. **47** (1951), 1332.
K. J. VETTER: Trans. Symp. Electrode Proc., Philadelphia 1959, John Wiley, New York 1961, S. 47.
C. H. HAMANN: Ber. Bunsenges. phys. Chem. **71** (1967), 6.

[49] N. IBL und R. MÜLLER: Z. Elektrochem. **59** (1955), 671.
G. WRANGLEN: Acta chim. scand. **12** (1958), 1543.

[50] W. VIELSTICH: Z. Elektrochem. **57** (1953), 646.
M. FLEISCHMANN und H. R. THIRSK: Electrochem. Acta **2** (1960), 22.

[51] G. WRANGLEN und O. NILSSON: Electrochim. Acta **7** (1962), 121.
H. SCHLICHTING: „*Grenzschicht-Theorie*", Verlag G. Braun, Karlsruhe 1965.

[51a] W. VIELSTICH: Z. Elektrochem. **57** (1953), 646.

[52] *Zur Theorie der Scheibenelektrode:*
s. [31]; über die Scheibenelektrode mit Ring s. A. N. FRUMKIN und Mitarb.: Dokl. Akad. Nauk SSSR **126** (1959), 115; J. electroanal. Chem. **1** (1959), 84.
W. J. ALBERY und M. L. HITCHMAN: "*Ring Disc Electrodes*", Clarendon Press, Oxford 1971.
J. HEITBAUM und W. VIELSTICH: Angew. Chem. **86** (1974), 756.
zur Auswertung von Meßergebnissen s. z. B. J. GALUS und R. N. ADAMS: J. phys. Chem. **67** (1963), 866.

K. J. KRETSCHMER, C. H. HAMANN und B. FASSBENDER: J. Electroanal. Chem. **60** (1975), 231.

B. GOSTISA-MIHELCIC und W. VIELSTICH: Ber. Bunsenges. phys. Chem. **77** (1973), 476.

[52a] D. P. GREGORY und A. C. RIDDIFORD: J. chem. Soc. 1956, S. 3756.

[53] *Literatur zur Polarographie:*

J. HEYROVSKY und R. KALVODA: „*Oszillographische Polarographie mit Wechselstrom*", Akademie-Verlag, Berlin 1960.

J. KOUTECKY und J. KORYTA: Electrochim. Acta **3** (1961), 318.

R. BRDICKA, V. HANUS und J. KOUTECKY in: "*Progress in Polarography*" (ed. P. ZUMANN, I. M. KOLTHOFF), Vol. I, S. 145, Interscience, New York 1962.

H. SCHMIDT und M. VON STACKELBERG: „*Die neuartigen polarographischen Methoden, ihr Prinzip und ihre Möglichkeiten*", Verlag Chemie, Weinheim/Bergstr. 1962.

H. W. NÜRNBERG und M. VON STACKELBERG: J. electroanal. Chem. **5** (1961), 181, 350; **4** (1962), 1.

J. KORYTA: Electrochim. Acta 8 (1963), 471.

L. MEITES: "*Polarographic Techniques*", Interscience Publishers, New York 1965.

H. W. NÜRNBERG und B. KASTENING: „*Polarographische und voltammetrische Methoden, Methodicum Chimicum*", Band I/2, Thieme-Verlag, Stuttgart 1973.

[54] D. ILKOVIC: Coll. Czech. Chem. Comm. **6** (1934), 498.

J. KOUTECKY: Czech. J. Phys. **2** (1953), 50.

[55] *Methoden zur Messung vor- oder nachgelagerter chemischer Reaktionen:*

R. BRDICKA, V. HANUS und J. KOUTECKY: "*Progress in Polarography*", Interscience Publisher, New York 1962, S. 145.

W. JAENICKE und H. HOFFMANN: Ber. Bunsenges. phys. Chem. **66** (1962), 803.

H. STREHLOW in: "*Investigation of Rates and Mechanisms of Reactions*", Interscience Publisher, New York 1963, S. 799.

[56] *Zur Reaktionsüberspannung:*

a) an der rotierenden Scheibenelektrode:

J. KOUTECKY und V. G. LEVIC: Dokl. Akad. Nauk SSSR **117** (1957), 441.

R. R. DOGONADZE: Zhur. fiz. Chim. **32** (1958), 2437;

b) an der Hg-Tropfelektrode:

(homogen) R. BRDICKA: Z. Elektrochem. **64** (1960), 16.

J. KORYTA: Z. Elektrochem. **64** (1960), 23.

J. KOUTECKY und J. KORYTA: Electrochim. Acta **3** (1961), 318.

(heterogen) S. G. MAIRANOVSKY und L. J. LISCHCHETA: Coll. Czech. Chem. Comm. **25** (1960), 3025.

c) an der strömenden Hg-Elektrode:

J. KORYTA: Chem. listy **46** (1952), 246; Coll. czech. chem. Comm. **19** (1954), 433; **20** (1955), 1125.

[57] *Zur Theorie des Kristallwachstums:*

M. VOLMER: „*Die Kinetik der Phasenbildung*", Verlag Steinkopff, Dresden—Leipzig 1939.

H. Fischer: „*Elektrolytische Abscheidung und Elektrokristallisation von Metallen*", Springer-Verlag, Berlin—Göttingen—Heidelberg 1954.

[57a] M. Volmer und A. Weber: Z. phys. Chem. **119** (1926), 277.
W. Lorenz: Z. Naturforschung **9a** (1954), 716.
M. Fleischmann und H. R. Thirsk: Electrochim. Acta **2** (1960), 22.

[58] *Weitere Einzelheiten über die Keimbildung:*
s. z. B. R. Kaischew, E. Budewski und J. Malinowski: Z. phys. Chem. **204** (1955), 348.
E. Budewski, W. Bostanoff, T. Witanoff, Z. Stoinoff, A. Kotzewa und R. Kaischew: Electrochim. Acta **11** (1966), 1697.
N. A. Pangarov: Electrochim. Acta **7** (1962), 139; **9** (1964), 721.

[58a] W. Lorenz: Z. phys. Chem. **17** (1958), 136.

[58b] R. Kaischew und B. Mutaftschiew: Z. phys. Chem. **204** (1955), 334.

[58c] T. Erdey-Gruz: Z. phys. Chem. **172** (1935), 157.
D. Postl, G. Eichkorn und H. Fischer: Z. phys. Chem. **77** (1972), 138, 149.

[59] K. J. Vetter: Z. Electrochem. **56** (1952), 931.

[60] *Zur Überlagerung von Diffusions- und Durchtrittsüberspannung:*
a) an der rotierenden Scheibenelektrode:
A. N. Frumkin und G. Tedoradse: Z. Elektrochem. **62** (1958), 251.
b) an der Hg-Tropfelektrode:
J. Koutecky: Coll. czech. chem. Comm. **18** (1953), 597; Chem. listy **47** (1953), 323.
R. Brdicka: Coll. czech. chem. Comm. **19** (1954), 41.
J. E. B. Randles in: "*Progress in Polarography*", Vol. I, Intersc. Publ., New York—London 1962, S. 123.

[60a] *Beispiele für rotierende Doppelelektroden:*
C. H. Hamann und W. Vielstich: J. electroanal. Chem. **32** (1971), 459.
S. Clarenbach, E. W. Grabner und E. Brauer: Ber. Bunsenges. phys. Chem. **77** (1973), 908.

[60b] Yu. B. Ivanov und W. G. Levich: Dokl. Akad. Nauk SSSR **126** (1959), 1029.
W. J. Albery und S. Bruckenstein: Trans. Faraday Soc. **62** (1966), 1920.

[61] s. dazu K. J. Vetter: Z. phys. Chem. **194** (1950), 284.

[62] H. Gerischer: Z. phys. Chem. **198** (1951), 286; **201** (1952), 55.
K. J. Vetter: Z. phys. Chem. **199** (1952), 285.

[63] *Impedanzspektrum:*
a) bei vor- und nachgelagerten heterogenen Reaktionen bzw. Ad- und Desorptionsvorgängen:
W. Lorenz: Z. phys. Chem. **218** (1962), 259, 272;
b) bei Kristallisationsreaktionen:
W. Lorenz: Z. phys. Chem. N. F. **19** (1959), 377.

[64a] J. E. B. Randles: Trans. Faraday Soc. **44** (1948), 327.

[64b] A. Sevcik: Coll. Czech. chem. Comm. **13** (1948), 349.

[65] *Ausführliche Übersichten:*
J. Horiuti: Trans. Symp. Electrode Proc., Philadelphia 1959, J. Wiley, New York—London 1961, S. 17.

A. N. Frumkin in: Advances in Electrochemistry and Electrochemical Engineering, Vol. I (1961), S. 65; Vol. III (1963), S. 267.
B. E. Conway und M. Salomon: Electrochim. Acta **9** (1964), 1599.
M. Breiter: "*Electrochemical Processes in Fuel Cells*", Springer-Verlag, Berlin—Heidelberg—New York 1969.
[66] J. O'M. Bockris und S. Srinivasan: Electrochim. Acta **9** (1964), 31.
S. Trasatti: J. electroanal. Chem. **33** (1971), 351; **39** (1972), 163.
[67] L. I. Krishtalik in: Advances of Electrochemistry and Electrochemical Engineering, Vol. VII (1970), S. 283.
W. Vielstich: "*Fuel Cells*", Wiley Interscience, New York 1970.
S. Ernst und C. H. Hamann: J. electroanal. Chem. **60** (1975), 97.
[68] *Über die Art der Wasserstoffadsorption:*
B. E. Conway und J. O'M. Bockris: Canad. J. Chem. **35** (1957), 1124.
M. Breiter: Electrochim. Acta **7** (1962), 25.
F. G. Will: J. electrochem. Soc. **112** (1962), 451.
M. Salomon und B. E. Conway: J. phys. Chem. **68** (1964), 2009; Ber. Bunsenges. phys. chem. **68** (1964), 331.
[69] *Über Bildung und Abbau von Wasserstoffadsorptionsschichten:*
M. Breiter, C. A. Knorr und W. Völkl: Z. Electrochem. **59** (1955), 681.
H. Dietz und H. Göhr: Electrochim. Acta **8** (1963), 343.
M. W. Breiter: Ann. New York Acad. Sci. **101** (1963), 709.
M. Bonnemay und H. Kagan: Electrochim. Acta **9** (1964), 337.
[70] *Zur Bestimmung der wahren Oberflächengröße aus Kapazitätsmessungen:*
R. J. Brodd und N. Hackermann: J. electrochem. Soc. **104** (1957), 704.
M. R. Turpin und M. K. Testerman: J. electrochem. Soc. **109** (1962), 168.
[71] *Über die Adsorptionsisotherme von* Temkin:
M. J. Temkin: Zh. fiz. chim. **15** (1941), 296.
R. Parsons: Trans. Faraday Soc. **54** (1958), 1053.
B. E. Conway und E. Gilleadi: Trans. Faraday Soc. **58** (1962), 2493.
[72] *Zur Sauerstoffelektrode:*
M. Breiter in: Advances in Electrochemistry and Electrochemical Engineering, Vol. I (1961), S. 123.
L. Müller und L. N. Nekrassov: J. electroanal. Chem. **9** (1965), 282.
C. H. Hamann: Ber. Bunsenges. phys. Chem. **71** (1967), 612.
J. Hoare: "*The Electrochemistry of Oxygen*", J. Wiley and Sons, New York 1968.
V. S. Bagotzki, M. R. Tarazevich und V. Filinovski: Soviet Electrochemistry **5** (1969), 1158.
M. R. Tarazevich und Mitarb.: Elektrokhimiya **6** (1970), 372, 376, 1307, 1468.
E. Yeager in: Electrode Materials and Processes for Energy Conversion and Storage, The Electrochemical Society, Princeton 1977.
A. Damjanovich und A. T. Ward in: Electrochemistry: The Past Thirty and the next Thirty Years, Plenum Publ., Co., New York 1977.
P. Fischer, J. Heitbaum und W. Vielstich: Chem. Ing. Techn. **52** (1980), 423.

[73] *Ausführliche Darstellung über Entstehung, Struktur und Eigenschaften von Sauerstoffchemisorptions bzw. -oxidschichten:*
„Passivierende Filme und Deckschichten" (hrsg. von H. Fischer, K. Hauffe und W. Wiederholt), Springer-Verlag, Berlin—Göttingen—Heidelberg 1956.
K. Hauffe: *„Oxydation von Metallen und Metallegierungen"*, Springer-Verlag, Berlin—Göttingen—Heidelberg 1956.
D. A. Vermilyea in: Advances of Electrochemistry and Electrochemical Engineering, Vol. III (1963), S. 211.
L. Young: "*Anodic Oxide Films*", Academic Press, London—New York 1961; "*Oxides and Oxide Films*" (Ed. J. W. Diggle), Marcel Dekker, New York 1973.
[74] s. dazu W. Bold und M. Breiter: Electrochim. Acta **5** (1961), 145, 169.
[75] K. J. Vetter und D. Berndt: Z. Elektrochem. **62** (1958), 378.
L. Müller und L. Nekrassov: Electrochim. Acta **9** (1964), 1015.
[76] *Über den Einfluß der Adsorption von Gasen auf das Oberflächenpotential von Metallen:*
R. V. Culver und F. C. Tompkins in: Advances in Catalysis, Vol. XI, Academic-Press, New York—London 1959, S. 67.
A. Eberhagen: Fortschr. Physik **8** (1960), 245.
T. Delchar, A. Eberhagen und F. C. Tompkins: J. Sci. Instr. **40** (1963), 105.
[77] *Übersicht über experimentelle Methoden zur Untersuchung dünner Oxidschichten auf Metallen:*
A. Politycki in: *„Passivierende Filme und Deckschichten"*, Springer-Verlag, Berlin—Göttingen—Heidelberg 1956.
[78] L. Young: Proc. Roy. Soc. A **244** (1958), 41; Trans. Faraday Soc. **55** (1959), 632.
[79] M. S. Zei, G. Qiao, G. Lehmpfuhl und D. M. Kolb: Ber. Bunsenges. phys. Chem. **91** (1987), 349
[80] J. O'M. Bockris: J. chem. Phys. **24** (1956), 817.
B. E. Conway und E. Gileadi: Trans. Faraday Soc. **58** (1962), 2493.
J. G. N. Thomas: Trans. Faraday Soc. **57** (1961), 1603.
B. E. Conway und M. Salomon: Electrochim. Acta **9** (1964), 1599.
[81] *Zur Unterscheidung der beiden Mechanismen mit Hilfe radioaktiver Isotope:*
K. J. Rosental und V. J. Veselovsky: Dokl. Akad. Nauk SSSR **111** (1956), 637.
[82] *Ausführliche Darstellung der Vorgänge bei der katodischen Metallabscheidung:*
H. Fischer: *„Elektrolytische Abscheidung und Elektrokristallisation von Metallen"*, Springer-Verlag, Berlin—Göttingen—Heidelberg 1954.
M. Fleischmann und H. R. Thirsk in: Advances in Electrochemistry and Electrochemical Engineering, Vol. III (1963).
A. Brenner: "*Electrodeposition of Alloys — Principles and Practice*", Academic-Press New York—London 1963.
J. O'M. Bockris und A. R. Despic in: Physical Chemistry, Vol. IX B (1970), S. 611.
[83] *Zur Bestimmung der Austauschstromdichte:*
a) elektrochemische Verfahren:
A. M. Baticle: Electrochim. Acta **8** (1963), 595.

b) radiochemische Verfahren:
W. W. Lossev, M. A. Dembrovski, A. J. Molodow und W. W. Gorodezki: Electrochim. Acta 8 (1963), 387.

[83a] s. dazu H. Gerischer: Z. phys. Chem. **202** (1953), 292.

[84] *Über Meßverfahren für den Metallionen-Übergang speziell an festen Elektroden:*
W. Lorenz: Z. Elektrochem. **58** (1954), 912.
H. Gerischer und R. P. Tischer: Z. Elektrochem. **61** (1957), 1159.
W. Mehl und J. O. M. Bockris: J. chem. Phys. **27** (1957), 818.
H. Gerischer: Z. Elektrochem. **62** (1958), 256.
A. R. Despic und J. O.'M. Bockris: J. chem. Phys. **32** (1960), 389.
M. Fleischmann und H. R. Thirsk: Electrochim. Acta **2** (1960), 22.
J. Mindowicz: Electrochim. Acta **5** (1961), 202; 8 (1963), 961.

[84a] J. Koryta in: Advances of Electrochemistry and Electrochemical Engineering, Vol. VI (1967), S. 289.

[85] *Zur Kinetik der Metallabscheidung:*
s. auch T. Hurlen: Electrochim. Acta **7** (1962), 653; daselbst weitere Literatur.

[86] R. Kaischew, E. Budewski und J. Malinowski: Z. phys. Chem. **204** (1955), 348.

[86a] D. A. Vermilyea und Mitarb.: J. chem. Phys. **27** (1957), 814; **28** (1958), 720; J. electrochem. Soc. **106** (1959), 66.
L. Graf und W. Weser: Electrochim. Acta **2** (1960), 145.

[87] *Über die Kristallorientierung bei der Abscheidung:*
H. Fischer: Z. Elektrochem. **59** (1955), 612.
N. A. Pangarov: Electrochim. Acta **7** (1962), 139; **9** (1964), 721.

[87a] N. Ibl: Chemie Ing. Techn. **45** (1973), 182.

[88] *Ausführliche Übersicht über die Inhibitorwirkung:*
H. Fischer: Electrochim. Acta **2** (1960), 50.

[89] *Ausführliche Darstellungen und Übersichten zur anodischen Metallauflösung und Passivität:*
T. P. Hoar in: Modern Aspects of Electrochemistry, Vol. II (1959), S. 262.
L. Young: "*Anodic Films*", Academic-Press, New York 1961.
D. A. Vermilyea in: Advances in Electrochemistry and Electrochemical Engineering, Vol. III (1963), S. 211.
J. O'M. Bockris und A. R. Despic in: Physical Chemistry, Vol. IX B (1970), S. 611.
H. Kaesche: „*Die Korrosion der Metalle*“, Springer-Verlag, Berlin 1979.

[90] J. O'M. Bockris, D. Drazic und A. R. Despic: Electrochim. Acta **4** (1961), 325.

[91] K. E. Heusler: Ber. Bunsenges. phys. Chem. **62** (1958), 582.

[92] *Ausführliche Darstellung und Übersichten zur Korrosion:*
F. Tödt: „*Korrosion und Korrosionsschutz*, de Gruyter, Berlin 1961.
H. Gerischer: „*Korrosion*“, Verlag Chemie, Weinheim/Bergstr. 1958.
U. R. Evans: "*The Oxidation and Corrosion of Metals*", E. Arnold Publ., London 1960; 1. Suppl. Vol. (1968), 2. Suppl. Vol. (1976).
„*Einführung in die Korrosion der Metalle*“, Verlag Chemie, Weinheim 1965.

H. H. Uhlig: "*Corrosion and Corrosion Control*", J. Wiley, New York 1971; „*Korrosion und Korrosionsschutz*", Akademie-Verlag, Berlin 1974.
H. Orth: „*Korrosion und Korrosionsschutz*". Wiss. Verlagsges. m.b.H., Stuttgart 1974.
H. Kaesche: „*Die Korrosion der Metalle*", Springer-Verlag, Berlin 1979.
[93] K. J. Vetter: Electrochim. Acta **16** (1971), 1923.
[94] C. Wagner: Ber. Bunsenges. phys. Chem. **77** (1973), 1090.
[95] s. dazu L. Young: Canad. J. Chem. **37** (1959), 276, 1620.
[95a] K. Schwabe: Electrochim. Acta **1** (1959), 357.
[96] N. Cabrera und N. F. Mott: Rep. Prog. Phys. **12** (1949), 163.
[97] H. H. Uhlig und P. F. King: J. electrochem. Soc. **106** (1959), 1.
Y. M. Kolotyrkin und W. M. Knajsheva: Zh. fiz. Chim. SSSR **30** (1956), 9.
[97a] Ni: K. Schwabe und G. Dietz: Z. Elektrochem. **62** (1958), 751.
Fe: K. Schwabe: Z. phys. Chem. **214** (1960), 343.
[97b] *Zusammenfassende Übersicht über Schabmethoden:*
E. Lange und H. Göhr: „*Thermodynamische Elektrochemie*" (Kap. 22), Hüthig-Verlag, Heidelberg 1962.
[98] U. F. Franck: Z. Naturforsch. 4a (1949), 378.
[99] H. H. Strehblow: Werkstoffe und Korrosion **27** (1976), 793.
K. E. Heusler und L. Fischer: Werkstoffe und Korrosion **27** (1976), 550, 780.
[100] s. dazu K. J. Vetter: Z. Elektrochem. **62** (1958), 642.
K. G. Weil: Z. Elektrochem. **62** (1958), 638.
M. J. Pryor: J. Electrochem. Soc. **106** (1959), 557.
H. H. Uhlig und P. F. King: J. electrochem. Soc. **107** (1960), 1.
K. G. Weil: J. electrochem. Soc. **110** (1963), 640.
C. Wagner: Ber. Bunsenges. phys. Chem. **77** (1973), 1090.
[101] H. Göhr und E. Lange: Z. Elektrochem. **63** (1959), 673.
[102] *Über die Bestimmung der Passivschichtdicke:*
P. Weisgerber: Electrochim. Acta **8** (1963), 937.
F. Gorn und K. J. Vetter: Z. phys. Chem. N. F. 77 (1972), 317; **86** (1973), 113.
[103] H. Gerischer in: Advances in Electrochemistry and Electrochemical Engineering, Vol. 1 (1961), S. 139.
H. Gerischer in: Physical Chemistry, Vol. IX A (1970), S. 463.
H. Gerischer: J. electrochem. Soc. **125** (1978), 218 C.
[104] s. dazu auch W. Jaenicke in: Advances in Electrochemistry and Electrochemical Engineering, Vol. 10 (1977).
[105] *Über fotogalvanische Elemente:*
H. Gerischer: Ber. Bunsenges. phys. Chem. **77** (1973), 771.
H. Tributsch: Nach. Chem. Techn. Lab. **26** (1978), 509.

12. Sachwortverzeichnis

FSC
www.fsc.org
MIX
Papier | Fördert gute Waldnutzung
FSC® C083411

Zeitfracht Medien GmbH
Ferdinand-Jühlke-Straße 7
99095 Erfurt, Deutschland
produktsicherheit@kolibri360.de